Zu diesem Buch

In seinem allgemeinverständlichen Buch nimmt der Physiker Paul Halpern den Leser auf eine atemberaubende Reise in die Welt der Schwarzen Löcher, Weißen Löcher und Wurmlöcher mit, jener Himmelskörper, die theoretisch zeitlich und räumlich weit voneinander entfernte Regionen des Universums miteinander verbinden können. Durch Analogien, die die oft «verrückten» Konsequenzen der aktuellen Kosmologie anschaulich vor Augen führen, erläutert er die kühnen gedanklichen Konstrukte, die eines Tages Reisen durch das Universum vielleicht so unspektakulär machen, wie es heute Transatlantikflüge sind. Bitte einsteigen ins Raumschiff Enterprise und volle Fahrt voraus zurück in die Zukunft!

Paul Halpern lehrt Physik an der State University of New York und ist Professor für Mathematik und Physik am Philadelphia College of Pharmacy and Science. Er hat viele populärwissenschaftliche Bücher veröffentlicht.

Paul Halpern

Löcher im All

Modelle für Reisen durch Zeit und Raum

Deutsch von
Hainer Kober

rororo
Rowohlt

rororo science
Lektorat Jens Petersen

Veröffentlicht im Rowohlt Taschenbuch Verlag GmbH,
Reinbek bei Hamburg, August 1997
Die deutsche Erstausgabe erschien 1994 unter dem Titel
«Wurmlöcher im Kosmos: Modell für Reisen durch Zeit und Raum»
im List Verlag, München/Leipzig

Die Originalausgabe erschien 1992 unter dem Titel
«Cosmic Wormholes: The Search for Interstellar Shortcuts»
im Verlag Dutton (Penguin Books), New York

Umschlaggestaltung Barbara Hanke (Foto: PICTOR, International)

Gesamtherstellung Clausen & Bosse, Leck
Printed in Germany
1690-ISBN 3 499 60356 x

Inhalt

Einleitung

In den letzten Jahrzehnten hat sich die Menschheit aufgemacht, in den riesigen Räumen des Alls nach anderen Lebensformen zu suchen. Doch es hat sich immer deutlicher herausgestellt, daß diese Bemühungen durch zwei gravierende Hindernisse entscheidend eingeschränkt werden: die gewaltige Ausdehnung des Alls und das Schneckentempo von Raumreisen. Angesichts der heutigen Geschwindigkeit von Raumschiffen müßte man für einen Ausflug zum Mars beispielsweise einige Monate rechnen, und eine Reise nach Alpha Centauri, dem nächstgelegenen Stern, würde Hunderttausende von Jahren dauern. Reisen zu Planeten in anderen Sonnensystemen, unter anderem zu solchen, von denen man meint, auf ihnen könnte sich Leben entwickeln, würden buchstäblich Jahrmillionen in Anspruch nehmen. Offenbar wird der gegenwärtige technische Entwicklungsstand dem Wunsch des Menschen nicht gerecht, sich mühelos durch den Kosmos zu bewegen und die fernen Randgebiete seiner Welt zu erforschen.

Gibt es Hoffnung für eine interstellare Kontaktaufnahme in der Zukunft? Obgleich die Wahrscheinlichkeit groß ist, daß man eines Tages neue Schnelltransportmittel entwickeln wird, die weit leistungsfähigere Energiequellen nutzen werden als heute, so ist es doch unwahrscheinlich, daß sich die Geschwindigkeiten erheblich steigern lassen. Im übrigen hat Einsteins spezielle Relativitätstheorie, empirisch längst erhärtet, der Geschwindigkeit solcher Reisen eine klare Obergrenze gezogen – die Lichtgeschwindigkeit. Nach dieser Theorie ist die Ausbreitung des Lichtes in Form sichtbarer Strahlen oder unsichtbarer Radioübertragungen stets rascher als die Bewegung von Materie. Deshalb muß die Raumreise zu einem anderen Planeten länger dauern als der Weg des Lichtes von der Erde zu diesem Planeten. In den meisten Fällen würde schon diese Zeitspanne ein paar Jahrzehnte oder Jahrhunderte umfassen. Deshalb hätte die konventionelle Raketentechnik, und wäre sie noch so raffiniert, erhebliche Nachteile für lange Raumfahrten.

Doch die Physiker sind ein einfallsreiches Völkchen und nicht so leicht geneigt, bei einem Problem wie der Raumfahrt klein beizugeben. Vor ein paar Jahren dachte Carl Sagan bei der Arbeit an dem Roman *Contact* über die Frage nach, ob die Angehörigen außerirdischer Zivilisationen angesichts der bekannten astrophysikalischen Einschränkungen zur Erde reisen könnten oder nicht. Verständlicherweise wollte Sagan seiner Science-fiction-Geschichte einen realistischen Anstrich geben, indem er eine solche Reise in allen physikalischen Einzelheiten beschrieb. Da er nicht in der Lage war, auf diese Frage selbst eine befriedigende Antwort zu finden, rief er einen seiner besten Freunde an, den Physiker Kip Thorne vom California Institute of Technology.

Kip Thorne ist Kosmologe, ein Mann von großer Kreativität und mit der besonderen Fähigkeit begabt, schwierige physikalische Sachverhalte einfach zu erklären. Da er keiner Schwierigkeit ausweicht, ging er Sagans Frage, unterstützt von seinem Schüler Michael Morris, mit großem Eifer an. Gemeinsam erarbeiteten sie eine theoretische Grundlage für praktikable interstellare Reisen.

Die von ihnen entwickelte Theorie ist wahrhaft revolutionär. In einem eleganten Beweis zeigten sie, daß es theoretische Himmelsobjekte, sogenannte *Wurmlöcher*, gibt, die auseinanderliegende Teile des Universums dergestalt überbrücken, daß zwischen zwei so verbundenen Abschnitten direkte Reisen möglich sind. Mit anderen Worten, zwischen Regionen des Universums, die Milliarden Milliarden Kilometer voneinander getrennt sind, läßt sich nach Morris' und Thornes Auffassung eine kosmische Verbindung schaffen, die eine nahezu augenblickliche Verbindung zwischen den beiden Regionen ermöglicht. Auf diese Weise könnten wir die schwindelerregenden Entfernungen, mit denen wir es bei transgalaktischen Reisen normalerweise zu tun haben, erheblich verringern.

Seit der Veröffentlichung der Theorie passierbarer Wurmlöcher ist auf diesem Gebiet eine Vielzahl von Forschungsarbeiten durchgeführt worden. Durch Morris' und Thornes außerordentliches Konzept hat das Interesse an der Idee der augenblicklichen Beförderung einen unerhörten Aufschwung erlebt. Zum erstenmal bekommt damit ein Gebiet, das zwar schon immer höchst faszinierend war, aber auch als außerordentlich spekulativ galt, für die Physiker fast so etwas wie Wirklichkeitscharakter. Erst seit es diese Theorie gibt, können wir eine realistische Vorstellung von rascher Personen- und Warenbeförderung in transgalaktischen Verkehrsnetzen entwickeln. In den letzten Jahren ist damit ein entscheidender theoretischer Fortschritt auf dem Gebiet der Astrophysik erzielt worden. Unsere Träume, einmal die unermeßlichen Räume des Alls erforschen zu können, haben eine wissenschaftliche Grundlage erhalten.

Die Theorie der Wurmlöcher hat inzwischen sogar das Fernsehen erobert. In der Serie *Raumschiff Enterprise – Das nächste Jahrhundert* dienen Wurmlöcher als transgalaktisches Verkehrsmittel. Wenn die Science-fiction hier wieder einmal die Wirklichkeit vorwegnimmt, wie es ihr so häufig mit traumwandlerischer Sicherheit gelingt, dann gehen wir herrlich aufregenden Zeiten entgegen.

Trotz seiner verblüffenden Ähnlichkeit mit den Phantasieprodukten der Science-fiction-Autoren beruht das Wurmloch-Konzept auf Jahren sorgfältiger Vorarbeiten und Forschung. Obwohl es das Modell des passierbaren Wurmlochs in seiner gegenwärtigen Form erst seit drei Jahren gibt, ist der Ansatz, mit Hilfe der Relativitätstheorie Raumtunnel zu konstruieren, erheblich älter. Seit langem wissen Physiker, daß nach einer der Vorhersagen des Einsteinschen Modells außerordentlich massereiche Sterne am Ende zu seltsamen Objekten, sogenannten Schwarzen Löchern, zusammenstürzen. Diese geheimnisvollen kosmischen Objekte ziehen aufgrund ihrer geringen Größe und enormen Gravitation alle Materie in ihrer Umgebung auf ihr Zentrum zu, wobei sie Bewegung nur in diese eine Richtung zulassen. Selbst das Licht vermag ihnen nicht zu entkommen, wenn es in ihre Nachbarschaft gerät; daher der Name: *Schwarzes Loch.*

Für unseren Zusammenhang ist bemerkenswert, daß eine Implikation der Wurmloch-Theorie besagt, daß die Schwarzen Löcher, wenn sie rotieren, paarweise durch Tunnel verbunden sind. Jedes rotierende Schwarze Loch hat also einen Gefährten in einem anderen Teil des Universums (oder in einem ganz anderen Universum). Eine Zeitlang hat man gemeint, daß Raumschiffe diese Tunnel passieren und derart in einer anderen Region des Kosmos auftauchen könnten. Doch da unterwegs enorme Gravitationskräfte auf das Raumschiff einwirken würden und es nicht die Möglichkeit hätte, ihnen unbeschadet zu entgehen, ist man inzwischen zu der Überzeugung gelangt, daß der Versuch, zwischen zwei Schwarzen Löchern hin- und herzureisen, ein fataler Fehler wäre.

Unter anderem hat man versucht, dieses theoretische Problem zu umgehen, indem man *Weiße Löcher* (negative Schwarze Löcher) postulierte. Genauso wie erstere absolute Absorber von Materie und Energie sind, sind letztere absolute Emitter, «kosmische Geysire». Dabei ließ sich errechnen, daß man theoretisch in ein Schwarzes Loch einfahren, einen Verbindungstunnel passieren und aus einem Weißen Loch unversehrt in einem anderen Teil des Universums auftauchen könnte (vorausgesetzt, man würde die enormen Gravitationskräfte überstehen). Doch leider wären diese Passagen in Gestalt von Weißen Löchern instabil und würden fast augenblicklich zerfallen, so daß ihre Benutzung praktisch unmöglich wäre. Im übrigen ist unklar, ob es diese theoretischen Konstrukte in der Natur überhaupt gibt.

Dagegen haben Wurmlöcher, wie sie Morris und Thorne entwickelt haben, fast keinen dieser Mängel, denn diese Modelle sind mit dem Ziel entwickelt worden, für einen sicheren und dauerhaften Durchlaß zu sorgen. In der Erkenntnis, daß Einsteins Relativitätstheorie ein außerordentlich breites Spektrum möglicher kosmischer Objekte zuläßt, haben Morris und Thorne von vornherein Modelle gewählt, die, zumindest in der Theorie, für Raumfahrzeuge befahrbar sind. Theoretisch ließen sich heute mit der richtigen Materiemenge in geeigneter Konfiguration befahrbare Wurmlöcher konstruieren. Praktisch müssen wir jedoch warten, bis wir genauere Kenntnisse von der Raumbeschaffenheit haben. Mithin bedeutet diese neueste Theorie, wenn sie von ihrer Verwirklichung auch noch weit entfernt ist, doch einen enormen Fortschritt für unser astrophysikalisches Verständnis und eine erhebliche Verbesserung gegenüber dem älteren Modell des Schwarzen Lochs.

Solche Wurmlöcher würden sich nicht nur für die Raumfahrt nutzen lassen, die Theorie sagt auch vorher, daß sie sich für Zeitreisen eignen könnten. Morris und Thorne haben also, zusammen mit dem theoretischen Physiker Ulvi Yurtsever, zum erstenmal in der modernen Physik das plausible theoretische Modell einer Zeitmaschine entwikkelt. Insbesondere haben sie nachgewiesen, daß ein befahrbares Wurmloch einem Forschungsreisenden die ungehinderte Bewegung in der Zeit ermöglichen würde.

Die Konsequenzen sind verblüffend. Wie der Zeitreisende in H.G. Wells' berühmtem Roman könnte ein kühner Astronaut in ein speziell entworfenes Wurmloch eindringen und zu jedem beliebigen Datum in der Geschichte aus ihm hervorkommen. Obwohl die Konstruktion der Zeitmaschine nur ein unbeabsichtigtes Nebenprodukt des Caltech-Teams ist, eröffnet sie faszinierende theoretische Ansätze.

Die Aussicht, daß sich mit Hilfe von Wurmlöchern Zeitreisen bewerkstelligen lassen könnten, führt in einige verblüffende Aporien. Was würde geschehen, wenn ein tollkühner Zeitreisender mit einem dieser Objekte in der Zeit zurückginge und aus Versehen seine eigene Urgroßmutter tötete? Wird der Verlust einer seiner Vorfahren bedeuten, daß er aus dem Universum verschwindet? Wenn ja, wie hätte der Mord dann geschehen können? Dieses moralisch etwas anrüchige Rätsel wirft interessante philosophische Fragen auf, die uns in diesem Buch noch häufiger beschäftigen werden.

In seinem Buch *Ohne Leit kein Freud* beschreibt Woody Allen die Eröffnung einer neuen «Expreßroute» zu einem fernen bewohnten Planeten namens Quelm. Diese «Abkürzung» erspart *ganze zwei Stunden* der üblichen *Sechs-Millionen-Jahre-Reise* von der Erde zum Planeten. Ich hoffe doch sehr, daß die räumlichen Abkürzungen, die durch befahrbare Wurmlöcher geschaffen würden, uns zumindest soviel Zeit ersparen könnten wie Woody Allens «Expreßroute».

Der Faszination von Raum- und Zeitreisen kann sich kaum jemand entziehen. Mich haben diese Themen seit meiner Kindheit nicht losgelassen, als ich *Die Zeitmaschine* und *Die ersten Menschen auf dem Mond* las, beide aus der Feder des Großmeisters der Science-fiction-Literatur

– H.G. Wells. Und da es unwahrscheinlich ist, daß die Wurmloch-Technologie noch zu unseren Lebzeiten ausreift, möchte ich dem Leser ans Herz legen, sich einen der höchst anregenden Romane von Wells, Verne, Bradbury oder Konsorten zu besorgen, um eine abenteuerliche Fahrt durch das Universum an Bord eines Dampfraumschiffes oder dergleichen zu genießen. Zumindest bis interstellare Passagen entwickelt sind, ist ein gutes Buch sicherlich der schnellste Weg, den Kosmos zu befahren.

Paul Halpern
Philadelphia

1. KAPITEL
Start

Isolation

Stellen Sie sich vor, Sie wären dazu verdammt, Ihr Leben in einer Kleinstadt inmitten einer riesigen Wüste zu verbringen. Die Ortschaft ist extrem isoliert: Seit Jahrhunderten gibt es absolut keinen Kontakt zu anderen Dörfern, weil das nächste mehr als tausend Kilometer entfernt liegt. Allerdings kennt man keinen Mangel bei Ihnen; Sie haben reichlich Nahrung und Wasser, genügend Freizeitangebote und Hunderte von Menschen, mit denen Sie reden können. Es gibt keine Langeweile und genügend Ressourcen. Kein Zweifel, die Stadt hat noch auf Jahrzehnte hinaus alles, was sie zum Leben braucht, so daß Sie den Rest Ihres Lebens dort in Ruhe und Zufriedenheit verbringen können.

Manchmal jedoch überfällt Sie mitten in der Nacht ein schrecklicher Gedanke. Ihnen wird klar, daß Sie vielleicht niemals das geringste über die Menschen und Ereignisse in anderen Ortschaften erfahren werden; die riesengroße Welt um Sie her wird vielleicht auf immer unerreichbar für Sie bleiben. Sie stellen sich die Universen aus Gedanken und Handlungen vor, die in einem stummen, rätselhaften Tanz um Ihre winzige, einsame Enklave kreisen. Bei solchen Anlässen wird Ihnen Ihre Isolation schmerzlich bewußt, und Sie fühlen sich verloren in der Ungeheuerlichkeit des unzugänglichen Raumes rund um Ihren Ort.

Wenn Sie nach solchen unruhigen Nächten erwachen, packt Sie eine unwiderstehliche Wanderlust. Eilig brechen Sie in die Wüste auf, stets aufs Geratewohl, da Sie ja keinen der Orte dort draußen kennen. Kilometer um Kilometer legen Sie zurück, tagelang. Schließlich kehren Sie um; niemals halten Sie länger als ein paar Wochen durch. Hoffnungslos, denken Sie. Die Entfernungen sind viel zu groß; Sie gelangen buchstäblich nirgendwohin. So kehren Sie zu Ihrer Enklave zurück und versuchen eine Zeitlang zu vergessen, wie groß die Welt ist und wie gern Sie wüßten, was in den zahllosen anderen Ortschaften geschieht.

Doch eines Tages schreckt ein merkwürdiges Geräusch Sie und die anderen Bürger des Ortes auf. Als Sie, dem Geräusch folgend, nach draußen laufen, stellen Sie fest, daß ein riesiges Düsenflugzeug in der Wüste nahe der Ortschaft gelandet ist. Da Sie noch niemals ein Flugzeug gesehen haben, sind Sie verblüfft, als Sie feststellen, daß es genau die Möglichkeit bietet, nach der Sie schon so lange suchen: zu anderen Ortschaften zu gelangen. Ein Flugzeug bewältigt, so lassen Sie sich berichten, die Wüstenreisen, von denen Sie zu Recht annehmen, daß sie zu Fuß Jahre dauern würden, in wenigen Stunden. Endlich ist Ihre Isolation beendet, und Sie können die Welt um sich her erkunden. Sie sind nicht mehr allein im Universum.

Als Sie an Bord gehen, werfen Sie einen letzten Abschiedsblick auf den Ort, dann hebt das Flugzeug ab.

Kontaktsuche

Auch wir leben in völliger Isolation auf der winzigen Erde, einer menschlichen Oase in einer unbekannten Wüste von enormen Ausmaßen. Nach allem, was wir wissen, könnten wir die einzigen lebenden Wesen im Kosmos sein; ebenso könnte das Universum aber auch zahllose andere Lebensformen beherbergen. Zumindest gegenwärtig sind wir dazu verurteilt, in relativer Unkenntnis der Welt jenseits unseres zerbrechlichen Eilands zu leben.

Wann wird *unser* Rettungsflugzeug kommen? Wann werden wir aus der Einsamkeit unseres Planeten erlöst werden? Statt auf die geringe Wahrscheinlichkeit zu setzen, daß außerirdische Lebensformen Kontakt mit uns aufnehmen, täten wir besser daran, selber die technischen Voraussetzungen zu entwickeln, um bis in die fernsten Regionen des Kosmos vorzudringen. Doch noch ist nicht ganz klar, wie sich diese große Aufgabe bewerkstelligen läßt.

Am leichtesten sind uns natürlich jene Raumregionen zugänglich, die man als die Vorstädte der Erde bezeichnen könnte, das heißt, die anderen Planeten des Sonnensystems. Leider haben uns diese «Nachbarwelten» nichts als leeres Ödland zu bieten. Trotz zahlreicher unbemannter Raummissionen zu anderen Planeten, vor allem zu Mars und Venus, hat sich kein Anhaltspunkt für außerirdisches Leben entdecken lassen. Auf den Nachbarwelten der Erde sind fast mit Sicherheit keine Voraussetzungen für die Entstehung komplexen Lebens vorhanden. Das läßt sich mit derartiger Gewißheit feststellen, weil für die Entwicklung und Existenz intelligenten Lebens besondere Faktoren vorhanden sein müssen: eine ganz bestimmte Zusammensetzung der Atmosphäre, der richtige Abstand von der Sonne und Oberflächenwasser in geeigneter Menge. Zwar hatten Wissenschaftler jahrelang gehofft, auf dem Mars könnte sich Leben befinden, doch die Raumsonden, die den Planeten in den siebziger Jahren erreichten, entdeckten nicht die mindesten Anzeichen für Lebewesen oder Fossilien. Von den *Voyager*-Missionen wissen wir um die außerordentlich lebensfeindlichen atmosphärischen Bedingungen auf den anderen Planeten und Monden. So können wir zwar die Möglichkeit außerirdischen Lebens in dieser Region noch nicht völlig ausschließen, dürfen sie aber doch als höchst unwahrscheinlich ansehen.

Im Laufe der nächsten Jahrzehnte werden wir unsere Kenntnisse des Sonnensystems ständig vertiefen. Unbemannte Raumsonden werden die meisten Planeten und Monde erreichen, und ihnen werden aller Wahrscheinlichkeit nach bemannte Missionen folgen. Leider bietet jedoch das Sonnensystem, das sich im Vergleich zu den übrigen Regionen des Alls in relativ kurzen Zeiträumen erforschen läßt, nicht die günstigsten Voraussetzungen für die Grundlagenforschung in Sachen lebender Organismen außerirdischen Ursprungs. Um Leben anderer Herkunft zu entdecken, müssen wir weiter vordringen, zu anderen Sternsystemen, und das würde bei den gegenwärtig erzielten Geschwindigkeiten ungeheuer viel Zeit erfordern.

Angesichts unserer heutigen Möglichkeiten können wir den Mond, der grob gerechnet 400 000 Kilometer entfernt ist, in ungefähr drei Tagen erreichen. Unsere raketenbestückten Raumschiffe können sich mit einer Geschwindigkeit von 40 Millionen Kilometern pro Jahr fortbewegen. Obwohl das dem Laien phänomenal schnell erscheinen mag, würde es bei diesem Tempo eine Million Jahre dauern, um auch nur zum nächsten Stern, Alpha Centauri, zu gelangen, der eine Entfernung von fast 40 *Billionen* Kilometern von der Erde aufweist. Damit entspricht das zeitliche Verhältnis zwischen einer Mondfahrt und selbst der einfachsten interstellaren Reise dem Unterschied zwischen der Zeit, die ein Junge braucht, um ein Modellflugzeug zu bauen, und der Zeit, die die Menschheit für ihre Evolution auf der Erde benötigt hat!

Natürlich würden Reisen, die über «Nachbarn» wie Alpha Centauri hinausgingen, also zu Sternen, die sich in noch größerer Entfernung zu uns befinden, entsprechend längere Zeiträume erfordern. Unsere Galaxis, die Milchstraße, hat einen Durchmesser von gut einer Trillion (einer

Milliarde Milliarden) Kilometern, und es würde fast dreißig Milliarden Jahre dauern, sie mit den heutigen Geschwindigkeiten zu umrunden. Die Reise zu anderen Galaxien würde mindestens hundertmal länger dauern. Mit diesen Zeitspannen vermag selbst das gegenwärtige Alter des materiellen Universums nicht mitzuhalten. Natürlich trüge eine zehnfache oder hundertfache Erhöhung des Tempos solcher Raumflüge nicht wesentlich zur praktischen Durchführbarkeit interstellarer Raumreisen bei. Wen interessiert es schon, ob es eine Million oder nur zehntausend Jahre dauert, einen anderen Planeten zu erreichen, wenn alle Passagiere des Raumschiffs inzwischen längst tot sind? Sobald wir es mit Zahlen zu tun bekommen, die weit jenseits menschlicher Lebenserwartung liegen, werden Raumfahrten herkömmlicher Art unrealistisch.

Zur Lösung des Entfernungsproblems von Raumflügen sind zahlreiche Vorschläge unterbreitet worden. Unter anderem hat man sich überlegt, ob sich interstellare Flüge nicht über viele Generationen planen lassen: Familien, die in einer Art «Arche» leben und sich dort fortzeugen. Das umfangreiche Bauwerk enthielte Schlafräume, Küchen, Freizeiteinrichtungen, Säuglingsstationen und Vorratsräume. Im Idealfall wäre es eine Miniaturerde mit Treibhäusern und Farmen, die die lebensnotwendigen Mengen an Nahrung, Energie und Sauerstoff produzieren würden. Alle Materialien müßten nach Möglichkeit in Recyclingprozesse eingebunden sein, da Abfallprodukte auf einer solchen Reise eine enorme Belastung darstellten. Die Pflanzen in den Treibhäusern würden das zusätzliche Kohlendioxid verbrauchen, das sich im Schiff sammelte.

Da im freien Raum alle Objekte gewichtslos sind, müßte man eine künstliche Schwerkraft erzeugen, um den Passagieren die Funktionsfähigkeit ihrer Muskeln zu erhalten. Sonst würden diese nämlich mangels Gebrauch atrophieren. Eine solche künstliche Schwerkraft könnte man beispielsweise erzeugen, indem man das Fahrzeug rotieren ließe. Die Rotation riefe den Effekt einer Zentrifuge hervor und würde dafür sorgen, daß alle Gegenstände von den Wänden der Arche angezogen würden, was den Auswirkungen der Erdanziehung auf irdische Körper entspräche.

Tausende von Kindern würden an Bord des Raumschiffes geboren werden, Kinder, die niemals das grüne Gras oder den blauen Himmel auf dem Planeten ihrer Vorväter gesehen hätten. Doch es wäre durchaus möglich, daß diese Kinder sich dem Leben im All anpaßten und sogar besser mit ihm zurechtkämen als mit dem auf der Erde. Im Laufe der Zeit, nach einer längeren, sich über mehrere Generationen erstreckenden Reise, wüchsen sie natürlich zu den Leitern der Expedition heran.

Schließlich würde die Raumarche einen fernen Planeten erreichen, der irgendeinen fremden Stern umkreiste. Dort würden die reisemüden Passagiere von Bord gehen und ein neues Leben als Raumpioniere beginnen. Im Laufe der Zeit würde ihnen diese neue Welt ebenso vertraut werden wie die Erde ihren längst untergegangenen irdischen Vorfahren.

Könnten Menschen auf einer solchen Raumarche jahrhundertelang leben? Würden sich für eine so schwierige Mission Freiwillige finden? Offenbar ist die Durchführbarkeit eines solchen Programms mit mehreren großen Fragezeichen zu versehen. Es müßte schon ein ausdauernder und abenteuerlustiger Menschenschlag sein, der sich bereit fände, den Rest seines Lebens im All zu verbringen. Jedes Umweltproblem könnte das empfindliche Gleichgewicht der Arche destabilisieren und so zu Krankheit oder Untergang aller Passagiere führen. Und selbst wenn die Mission völlig sicher wäre, stünden dennoch erhebliche Schwierigkeiten für die Raumpilger zu befürchten. Da sie vollkommen von ihrem Heimatplaneten abgeschnitten wären, würde sie der Mangel an Abwechslung, die Ruhelosigkeit und Langeweile möglicherweise völlig demoralisieren. Mithin wäre die Durchführung eines so riskanten Unterfangens zumindest sehr problematisch.

Eine sehr viel humanere Alternative für das Unternehmen Raumarche böte die *Kryogenik*, das Tiefgefrieren. Dabei würde man die Astronauten in einen Zustand künstlichen Winterschlafs versetzen, indem man ihre Körpertemperatur drastisch reduzierte. Infolgedessen würden alle ihre Körpersysteme mit einem erheblich verringerten Umsatz funktionieren. Die Astronauten würden die Jahrhunderte des Raumflugs verschlafen, wenig Nahrung und Sauerstoff brauchen und gleichzeitig von der Langeweile, die mit einer so langen Mission notwendig einhergeht, verschont bleiben. Kurz vor Erreichen ihres Bestimmungsortes würden die Passagiere durch eine Zeitautomatik geweckt und ihre Körperprozesse wieder auf das Normalniveau angehoben werden. Erfrischt und bereit, die neuen Welten zu erforschen, würden die Astronauten aus ihrem Schlummer aufwachen.

Leider steckt die Kryogenik noch in den Kinderschuhen. Niemand weiß über unbewußte Zustände hinreichend Bescheid, um unerwünschte Konsequenzen wie Hirnschäden zu vermeiden, die so lange Phasen eines Niedertemperaturschlafes hervorrufen könnten. Bislang haben von dieser Art des Einfrierens nur relativ wohlhabende Menschen Gebrauch gemacht, indem sie sich nach ihrem Tode in der Hoffnung einfrieren ließen, sie könnten in der fernen Zukunft wieder zum Leben erweckt werden. (Ein hartnäckiges, aber falsches Gerücht behauptet, daß Walt Disney sich aus diesem Grunde habe einfrieren lassen.) Tausende haben sich dieser Prozedur nach ihrem Tode unterzogen und werden eines Tages vielleicht wirklich durch eine fortgeschrittene Zivilisation mit unbekannten technischen Möglichkeiten wiederbelebt. Doch zum gegenwärtigen Zeitpunkt findet die Wiedererweckungsphase der Kryogenik nur im Bereich der Science-fiction statt.

Eine Million Jahre sind eine unvorstellbar lange Zeit. Doch würde, wie gezeigt, eine konventionelle Raumreise von den Passagieren verlangen, sich für einen solchen Zeitraum in einem Raumschiff von begrenzten Ausmaßen einzurichten. Wir hoffen, daß es mit dem Fortschritt der Technik möglich sein wird, das menschliche Leben über einen so langen Zeitraum zu erhalten. Schließlich vollzieht sich die wissenschaftliche Entwicklung in vielen Bereichen mit einem ungeheuren Tempo. Vor etwas mehr als einem Jahrhundert war die Kernkraft noch unvorstellbar. Heute verwendet man sie in vielen Teilen der industrialisierten Welt. Vielleicht werden schon im nächsten Jahrhundert Kryogenik oder künstliche Ökosysteme den Cooks und Magellans der Zukunft ermöglichen, neue Gebiete zu erforschen, die sich gegenwärtig unserem Zugriff entziehen.

Raumfahrten und Zeitreisen

1968 und 1969 beflügelten zwei bemerkenswerte Ereignisse die Phantasie der Menschen, so daß sie plötzlich davon träumten, sie könnten sich auf noch nie dagewesene Weise über die Wolken erheben und in die Tiefen des Alls eintauchen. Eines dieser Ereignisse fand tatsächlich statt, das andere war eine Fiktion. Beide verstärkten sie das Verlangen der Menschheit, den Weltraum zu erforschen. Aus der Sicherheit des Fernsehsessels im häuslichen Wohnzimmer oder des Kinos um die Ecke verfolgten Millionen von Menschen rund um den Erdball die aufregenden Abenteuer jener Männer, die die riesigen Strecken zwischen der Erde und den fernen Regionen der Schöpfung überwanden. Angesichts der Wunder, die sich dem Blick der Zuschauer offenbarten, fühlten sie sich wie Kinder, die zum erstenmal dem funkensprühenden Zauber eines Feuerwerks beiwohnen.

Alle Augen waren auf Neil Armstrong gerichtet, als er zum erstenmal den Fuß auf außerirdischen Boden setzte. Mit absoluter Gewißheit wußte niemand, ob Armstrong und die anderen nicht im Staub des Mondes wie in Treibsand versinken würden. Keiner konnte sagen, ob sie lebend zur Erde zurückkehren würden. Glücklicherweise erwies sich die Mission, wie inzwischen allgemein bekannt, als voller Erfolg: Die Oberfläche des Mondes war fest genug, um die Besatzung zu tragen, und *Apollo 11* kehrte sicher auf ihren Heimatplaneten zurück.

Die Mondlandung war der Höhepunkt eines Zehnjahresprogramms, das Präsident John F. Kennedy ins Leben gerufen hatte, um neue Maßstäbe in der Raumfahrt zu setzen. Für dieses Ziel opferten die Vereinigten Staaten Millionen von Dollars und beschäftigten einige der besten Wissenschaftler und Techniker der Zeit. An jenem Sommertag war die Welt fasziniert vom Ergebnis dieser Anstrengungen.

Leider wurde das Raumfahrtprogramm der siebziger und achtziger Jahre den Erwartungen nicht gerecht, die die sechziger Jahre geweckt hatten. Öffentliche Bewunderung wie staatliche Unterstützung erlahmten, so daß das nächste große Ziel, eine bemannte Mission zum Mars, auf unbestimmte Zeit verschoben wurde. In einer Zeit, in der die Mittel immer knapper wurden, waren die extremen Kosten der Raumfahrt kaum noch zu rechtfertigen. Man startete zahlreiche unbemannte Raumflüge zu anderen Teilen des Sonnensystems und begann mit dem Shuttle-Programm, doch offenbar stießen diese Unternehmen auf kein sonderliches Interesse. Nichts, so schien es, vermochte die Menschen stärker zu bewegen als drei junge Männer, die eine andere Welt betraten. Doch vom relativ einfachen Ausflug zum Mond abgesehen, war dies leichter gesagt als getan – Reisen zu anderen Planeten erforderten zuviel Zeit und Geld.

Angesichts dieser Umstände ließ die filmische Darstellung von Raumflügen die Wirklichkeit weit hinter sich; natürlich war es leichter, einen Film über eine interplanetarische Reise zu drehen, als sie tatsächlich auszuführen. Das galt besonders für das Jahr 1969. Als die *Apollo*-Astronauten zu ihrem epochemachenden Mondflug aufbrachen, sorgte ein spektakulärer Film für Gesprächsstoff unter den Erdbewohnern: *2001: Odyssee im Weltraum*, die detaillierteste Beschreibung einer Raumfahrt, die die Filmgeschichte aufzuweisen hat. *2001*, geschrieben von Arthur C. Clarke und gedreht von Stanley Kubrick, bemächtigte sich der Phantasie eines Publikums, das großes Interesse an Raumunternehmungen zeigte, vor allem wenn sie etwas abenteuerlicher als die Mondlandung waren. Millionen von Kinobesuchern strömten in diesen originellen Film und ließen sich staunend und verzaubert auf eine Reise durch Raum und Zeit entführen.

Der Film beginnt mit einer rührenden Erinnerung an die ersten Versuche des Menschen, Werkzeuge zu verwenden. Dann springt die Geschichte plötzlich in die Zukunft (das Jahr 2001), wo Computer und Raumkreuzer Holzstäbe und scharfkantige Steine als Instrumente des menschlichen Erfindungsgeistes ersetzt haben. Eine Mondkolonie hat ein seltsames Signal aufgefangen, das von einem der Jupitermonde kommt. Unverzüglich organisieren Wissenschaftler eine Raummission zum Jupiter, um das merkwürdige Phänomen zu untersuchen.

Das für diese Aufgabe vorgesehene Raumschiff *Discovery* besteht aus zwei Teilen: einem statischen und einem rotierenden. Letzterer soll zur Simulation der Schwerkraft einen Zentrifugaleffekt erzeugen. Fünf Mitglieder umfaßt die Besatzung des Schiffes: Drei sind in sogenannten *Hibernacula* eingefroren, während die beiden anderen wach und aktiv sind. Die in Kälteschlaf versetzten Besatzungsmitglieder sollen aufgeweckt werden, wenn das Schiff die

Nähe des Jupiters erreicht. Bis dahin schont ihr Tiefschlaf die Lebensmittelvorräte an Bord und erspart den Betroffenen das Problem der Langeweile.

Neben den fünf menschlichen Besatzungsmitgliedern gibt es noch ein sechstes: den Computer, der die Reise kontrollieren soll. Er ist so programmiert, daß er genau weiß, wann er die Passagiere aus ihrem Winterschlaf aufzuwecken hat und wie er die beiden anderen Menschen gesund und bei Laune erhalten kann. Außerdem laufen alle Nachrichten zum und vom Schiff über ihn.

Das Unternehmen zeigt uns, wie die Kryogenik tatsächlich zum Abbau der Probleme beitragen könnte, die bei Reisen innerhalb des Sonnensystems auftreten würden, aber auch, warum sie für längere Fahrten durch den Kosmos nicht ausreichen würde. Auf der *Discovery*-Mission erweist sich der Winterschlaf als relativ nützlich, weil das Unternehmen nur einige Jahre dauert; doch interstellare Reisen würden, wie gezeigt, millionenmal länger dauern. Natürlich ist das Raumschiff *Discovery* kaum gerüstet, Bestimmungsorte jenseits des Jupiters zu erreichen. Angesichts der Kosten, die bei einem interplanetarischen Unternehmen entstehen, gelangt man zu wahrhaft ernüchternden Zahlen, wenn man über die weit größeren Risiken und Aufwendungen nachdenkt, die mit Reisen außerhalb des Sonnensystems verbunden wären.

Tatsächlich gelingt es dem Leiter der *Discovery*-Mission David Bowman aber doch, über das Ziel Jupiter hinaus zu fernen Sternen zu gelangen. Auf einem der Jupitermonde entdeckt Bowman nämlich einen riesigen, rechteckigen Monolithen, der, wie sich herausstellt, als Raumpforte dient und Zugang zu einem fernen Teil des Universums eröffnet. Nachdem Bowmans Raumschiff in der Nähe des Jupiters manövrierunfähig geworden ist, gelangt er mit einer Raumbarkasse in das gewaltige Gebäude. Zu seiner Verblüffung stellt er fest, daß es im Inneren hohl und voller

Sterne zu sein scheint. Eine Art Strömung zieht ihn durch den Monolithen, und er gelangt in eine Region, wo das Verhältnis von Zeit und Raum umgekehrt ist: das heißt, er kann sich rasch durch erstere bewegen, aber nicht im mindesten durch letzteren. Als er weiter in diese fremdartige Welt vordringt, verlangsamt seine Uhr ihren Gang zunächst und bleibt dann ganz stehen. Dabei ist der Astronaut ständig von unheimlichen Farben umgeben, die ihn in ein unwirkliches Licht tauchen. Plötzlich sieht er sich in einem riesigen «Schaltraum», dessen Wände und Boden mit Millionen von Kopien des bizarren Monolithen bedeckt sind. Jedes dieser Exemplare dient als Durchlaß in einen anderen Teil des Kosmos. Bowmans Raumbarkasse wird von einem dieser Duplikate angezogen, und er erkennt, daß er im Begriff ist, durch eine andere Pforte zu gleiten. Sobald er den kosmischen Knotenpunkt passiert hat, befindet er sich wieder im normalen Raum. Seine Uhr beginnt wieder zu gehen – ein Zeichen dafür, daß er auch zur normalen Zeit zurückgekehrt ist. Doch etwas stimmt nicht: Die Sterne sehen merkwürdig aus. Keine der vertrauten Konstellationen ist am Himmel zu entdecken. Sogar das wolkige Geflimmer der Milchstraße fehlt. Bowman erkennt, daß er weit, weit von zu Hause fort sein muß.

Seine seltsamen Erlebnisse verdankt Bowman dem Sternentor. Durch dieses Tor, eine kosmische Leitstelle für den transgalaktischen Verkehr, ist er hindurchgefahren. Nach Clarke wurde dieses bemerkenswerte Bauwerk zum Zwecke interstellarer Reisen von einer fernen und hochintelligenten Zivilisation Außerirdischer errichtet. Bowman hat buchstäblich Milliarden und Abermilliarden von Kilometern in einem Zeitraum zurückgelegt, der nur wenige Minuten auf seiner eigenen Uhr umfaßt. Höchst einfallsreich haben die Außerirdischen eine Methode entwickelt, durch die die Erdlinge ihren fernen Planeten in relativ kurzer Zeit erreichen können. Und der außerirdische Leitstrahl hat Bowman schließlich zu seinem Bestimmungsort geführt (dessen Bedeutung im Fortgang der Handlung klar wird).

Beim Verlassen des Kinos waren die meisten Besucher (und ich bildete da keine Ausnahme) völlig durcheinander. Die Szene, in der Bowman durch den Monolithen fährt, um in einer fremden Welt anzukommen, schien eine bunte Phantasmagorie zu sein – zu exotisch und kompliziert, als daß man sich einen Reim darauf hätte machen können. Viele Kinobesucher taten diesen Teil deshalb auch als unlogische Fußnote in einem ansonsten überzeugenden Filmkunstwerk ab. Doch die wenigen Zuschauer, die genügend Phantasie und Einsicht besaßen, um die Bedeutung von Bowmans unglaublicher Reise durch das Sternentor zu verstehen, erkannten verblüfft ihre reale Bedeutung.

Stellen Sie sich vor, was geschähe, wenn ein Sternentor existierte. Als kosmische Abkürzung würde es die Notwendigkeit längerer Reisen und des aufwendigen Kälteschlafs in einer Raumarche beseitigen. Die Reise durch das Universum wäre keine Jahrmillionen währende Strapaze mehr, sondern fast so einfach wie eine Fahrt mit der U-Bahn. Man hätte nur den interstellaren Knotenpunkt aufzusuchen, aufzuspringen und schon wäre man da. Mit entsprechenden Sternentoren in anderen Sonnensystemen könnten die Passagiere ihre Zielorte genau auswählen und den Kosmos nach Belieben durchstreifen. Durch ein riesiges Verkehrsnetz wäre unsere Welt eng mit anderen verbunden.

Von den beiden Methoden der Raumfahrt, die in dem Film gezeigt werden – langsam vorankommenden, raketenbetriebenen Raumschiffen, die in Winterschlaf versetzte Besatzungsmitglieder transportieren, und rasch wirkenden, interstellaren Toren, die ihre wachen Passagiere in andere Welten katapultieren –, wäre die zweite natürlich bei weitem vorzuziehen. Andere Filme, die in den letzten Jahren entstanden sind, beschwören ähnliche Szenarien:

weite Raumreisen, die die Passagiere auf engstem Raum einschließen und sie Jahre ihres Lebens kosten. Nehmen wir beispielsweise einen weiteren Science-fiction-Film, der Ende der sechziger Jahre in die Kinos kam, *Der Planet der Affen*. Dort begibt sich eine Gruppe von Astronauten auf eine Reise zu einem fernen Stern. Am Ende einer außerordentlich langen Expedition kehren sie Jahrhunderte nach ihrem Fortgang auf die Erde zurück. Bei ihrer Ankunft finden sie eine völlig veränderte Gesellschaft vor (beherrscht von Gorillas, Schimpansen und Orang-Utans). Im Verlauf ihrer Raumfahrt sind sie auch durch die Zeit gereist und müssen sich nun mit einer traurigen Tatsache abfinden: Sie sind in der Zukunft gestrandet, alle ihre Angehörigen sind lange tot, und sie haben keine Aussicht, sie jemals wiederzusehen. Die naheliegende Frage lautet: War es die Sache wert, nur um eine neue Raumregion zu erforschen? In diesem Falle sicherlich nicht.

Jede längere Raumreise bekäme mit diesem moralischen Dilemma zu tun. Wie könnten wir von unseren Raumpionieren verlangen, ihre Lieben zurückzulassen, wahrscheinlich für immer, um Hunderte, Tausende oder sogar Millionen von Jahren in die Zukunft zu reisen? Wie könnte man es wagen, ein solches Opfer zu fordern: alle Verbindungen zu Angehörigen, Freunden und der Erde selbst abreißen zu lassen? Offenkundig müssen wir nach einer humaneren Alternative suchen. Und eine solche ist das Sternentor.

Jenseits des Sternentors

Irgendwo weit jenseits der Wolken, die die Erdoberfläche bedecken, noch über Plutos stille Bahn hinaus, vielleicht erst im Zentrum der Milchstraße, liegt eine unbekannte Welt: der unserer Erde nächstgelegene bewohnbare Planet.

In dieser Welt entfaltet sich möglicherweise blühendes Leben, vielleicht ist sie aber auch völlig tot. Es ist denkbar, daß sie primitive Kulturen beherbergt, die uns an unsere Vergangenheit erinnern, oder hochentwickelte Zivilisationen, an denen wir unsere Zukunft ablesen könnten. Der Planet könnte mit Wüsten oder Meeren, Wäldern oder Feldern bedeckt sein, bizarre, unbekannte Pflanzen- und Tierarten beherbergen oder Geschöpfe tragen, die der irdischen Flora und Fauna ähneln. Es wäre möglich, daß unter seiner Oberfläche gewaltige Erzvorkommen lägen und in verborgenen Höhlen bizarre Fossilien ruhten. Vielleicht ließen sich im genetischen Material seiner Lebensformen neue Heilmittel von enormer Wirkung gewinnen. Zweifellos würde die Entdeckung dieses Planeten Revolutionen in der Biologie, Geologie, Anthropologie und Physik auslösen und möglicherweise zur Entstehung einer völlig neuen Wissenschaftsordnung führen. Die Erforschung wäre eines der Schlüsselereignisse in der Geschichte der Menschheit, mit der Entdeckung des Feuers und der Erfindung des Rades zu vergleichen.

Doch woher wissen wir, daß es einen weiteren bewohnbaren Planeten im Universum gibt? Natürlich wissen wir es nicht mit absoluter Sicherheit; wir können es nur vermuten. Wenn wir eine Münze tausendmal hochwerfen, spricht die Wahrscheinlichkeit dafür, daß die Münze mindestens einmal Kopf zeigt. Völlig verblüfft wären wir, käme in hundert Prozent der Fälle das Wappen oben zu liegen, denn das wäre offenbar ein Verstoß gegen die Gesetze der Wahrscheinlichkeit. Dennoch würden wir uns klarmachen, daß sich diese Resultate, so ungewöhnlich sie auch sind, noch im Bereich der statistischen Wahrscheinlichkeit bewegen. Genauso besteht die *Möglichkeit*, daß kein anderer bewohnbarer Planet im Kosmos existiert, doch die Wahrscheinlichkeit, die dafür spricht, ist weit geringer als die von tausend Wappenwürfen hintereinander. Tatsächlich läßt sich zeigen, daß die Chancen für die Existenz außerirdischen Lebens im Universum ziemlich gut stehen.

Bedenken wir, daß es mindestens ein paar Hundert Milliarden Sterne in unserer Galaxis, der Milchstraße, gibt. Neuere Schätzungen, die auf sorgfältigen Sternenzählungen beruhen, gehen von 4×10^{11} Sonnen aus (das heißt von einer Vier mit elf Nullen; bei der exponentiellen Schreibweise, die ich in diesem Buch verwenden werde, bezeichnet die Hochzahl die Anzahl der Nullen, die auf die vorstehende Zahl folgen). Nach vorsichtiger Schätzung wird zumindest jeder zehnte dieser Sterne von Planeten umkreist – er bildet also ein Sonnensystem. Die Existenz anderer Sonnensysteme schließen wir aus einer Reihe von Anhaltspunkten: neuen Theorien der Sternenbildung, nach denen Sterne und Planeten etwa zur gleichen Zeit entstanden sind, Messungen der Gravitationsstörungen naher Sonnen durch unsichtbare Objekte (bei denen es sich um Planeten handeln könnte) und den Bahnuntersuchungen von Doppelsternen. (In solchen Zwillingssternsystemen sucht man nach Bahnunregelmäßigkeiten, die möglicherweise das Vorkommen planetarischer Objekte anzeigen.) Zwar sind einige Sterne am Himmel zu klein oder zu instabil, um Planeten an sich zu binden. Doch diese Anomalien (Zwerge, explodierende Sterne und so fort) kommen nur vereinzelt vor. Die meisten Sterne verhalten sich wie die Sonne der Erde und haben auch ungefähr die gleiche Lebensdauer.

In den letzten Jahren haben sich immer mehr Anhaltspunkte für das Vorkommen von Planeten in anderen Sternensystemen ergeben. 1991 haben Matthes Bailes, Andrew G. Lyne und Setnam Shemar, drei englische Astronomen von der University of Manchester, in der wissenschaftlichen Zeitschrift *Nature* berichtet, sie hätten einen neuen Planeten entdeckt, der einen fernen Pulsar umkreise. Ein *Pulsar* ist ein außerordentlich dichtes kosmisches Objekt, ein sogenannter *Neutronenstern*, der im Zuge seiner Rotation Impulse von Radiowellen emittiert. Während diese Signale normalerweise in regelmäßigen Abständen abgegeben werden, erwiesen sie sich im vorliegenden Fall als unregelmäßig, was mit hoher Wahrscheinlichkeit auf die Umlaufbahn eines Objektes von Planetengröße schließen läßt. Dreimal in der Sekunde zeichnete im englischen Jodrell Bank das Lovell-Radioteleskop mit seinem Durchmesser von fast achtzig Metern diese unregelmäßigen Impulse auf und ermittelte eine Entfernung von 3×10^{17} (zweihunderttausend Billionen) Kilometern für den Planeten. Er dürfte etwa zwei- bis dreimal größer als die Erde sein, während man ungefähr die zehnfache Masse unseres Planeten errechnete. Weiter wird vermutet, daß sein Bahnradius etwa dem der Venus entspricht. Diese höchst bedeutsame Entdeckung läßt mit anderen neueren Erkenntnissen darauf schließen, daß es mit an Sicherheit grenzender Wahrscheinlichkeit viele ferne Planeten in unserer Milchstraße gibt.

Wenn wir weiter davon ausgehen, daß jedes Sonnensystem ungefähr die gleiche Planetenzahl aufweist wie unseres (zehn, plus/minus zwei oder drei), dann folgt daraus, daß es annähernd 4×10^{11} Planeten in der Milchstraße gibt. Darüber hinaus könnten viele dieser Welten ihrerseits von großen Satelliten umkreist werden, die möglicherweise ebenfalls bewohnbar sind. Fast mit Sicherheit gibt es mehr als 100 Milliarden Planeten oder Satelliten in unserer Galaxis, die darauf warten, erforscht zu werden.

Nicht alle diese Planeten wären interessant für jemanden, der nach außerirdischem Leben sucht; die Mehrzahl dürfte infolge lebensfeindlicher Bedingungen unbewohnbar sein. Bekanntlich ist in unserem Sonnensystem nur unser eigener Planet für Leben in der uns bekannten Form geeignet. Andere Welten wie etwa Mars und Titan (ein Mond des Saturn) besitzen einige Voraussetzungen für die

Entwicklung von Leben, lassen aber so wichtige Dinge wie genügend Wasser und Sauerstoff vermissen. Wir wollen uns also mit einer vorsichtigen Schätzung begnügen und annehmen, daß nur jeder fünfzigste Planet in unserer Galaxis bewohnbar ist. Dann blieben uns immerhin noch ungefähr 10^{10} Planeten – zehn Milliarden Welten, die über die einfachen Voraussetzungen organischer Existenz verfügen.

In den letzten Jahren hat man schlüssig nachgewiesen, daß sich genetisches Material und Proteine auf einem zuvor leblosen Planeten in einer «Ursuppe» aus Kohlenstoff und stickstoffreichen Nährstoffen bilden könnten. Solches Leben wäre auf genügend Energie in Form von Sonnenstrahlung und elektrischer Aktivität angewiesen. Die Replikation der primitiven Stränge aus Ribonukleinsäure (RNA) und Desoxyribonukleinsäure (DNA) würde zur Entwicklung immer komplexerer Formen lebender Materie führen. Nach Millionen von Jahren könnten sich dann große Organismen (Fische, Säugetiere und so fort) bilden.

Diese Ergebnisse lassen darauf schließen, daß die Entstehung von Leben auf Planeten mit den richtigen Voraussetzungen relativ häufig wäre. Wenn nur jeder dritte der Planeten, auf dem Leben möglich ist, auch Leben enthielte, ergäbe sich eine beeindruckende Zahl von Welten mit intensiver organischer Aktivität: mehr als drei Milliarden Biosphären.

Eine ansehnliche Wahrscheinlichkeit spricht dafür, daß sich höheres Leben, sobald es einmal entstanden ist, ähnlich entwickeln würde wie die irdischen Arten. Deshalb könnten viele dieser Biosphären auch intelligentes Leben enthalten: Zivilisationen, die darauf warten, entdeckt zu werden, kulturelle Systeme, die ein weites Betätigungsfeld für Ethnologen und Anthropologen böten. Möglicherweise gibt es in unserer Galaxis Hunderttausende von Planeten mit Gesellschaften, deren Entwicklungsstand unsere Vorstellungskraft übersteigt. Merkwürdigerweise hat noch keine Verbindung zu uns aufgenommen; vielleicht liegt es an den ungeheuren Entfernungen, die uns trennen.

Da die nächsten bewohnbaren Planeten möglicherweise Hunderte von Billionen Kilometern entfernt sind, können wir diese Welten mit der gegenwärtigen Technik natürlich nicht erforschen. Dagegen würde ein Sternentor, wie es im Film *2001: Odyssee im Weltraum* beschrieben wird, die Situation grundlegend verändern. Sicherlich würde uns die Entdeckung oder Herstellung eines kosmischen Durchlasses in die Lage versetzen, die zahlreichen Planeten zu erreichen, die gegenwärtig unserem Zugriff entzogen sind. Fast mit Sicherheit würden wir dort Leben antreffen, vielleicht sogar intelligentes Leben. Das Universum verlöre seine bestürzende Anonymität und sein beunruhigendes Schweigen.

Insofern ist das Sternentor gewiß ein faszinierendes Konzept; aber ist es nicht bloße Fiktion, ein Phantasieprodukt von Science-fiction-Autoren wie Arthur C. Clarke? Ganz im Gegenteil – die Existenz kosmischer Passagen ist ein Thema, das gegenwärtig von Kalifornien bis Moskau ernsthaft und intensiv erörtert wird. In den letzten Jahren sind zahlreiche seriöse Vorschläge für die Konstruktion interstellarer Durchlässe in namhaften wissenschaftlichen Zeitschriften erschienen.

Theoretisch scheint es möglich zu sein, eine solche Passage zu konstruieren, wenn die technischen Probleme auch gewaltig wären. Man geht davon aus, daß hypothetische Objekte, *Schwarze Löcher* und *Wurmlöcher*, in der Lage sind, zwei verschiedene Teile des Universums miteinander zu verbinden. Damit haben wir, zumindest theoretisch, das Zeitalter des Sternentors bereits erreicht. Vielleicht lassen sich die unbekannten Teile des Kosmos rascher erforschen, als wir uns träumen lassen.

Um diese verblüffenden und revolutionären astrophysikalischen Entwicklungen und ihre Konsequenzen zu verstehen, müssen wir uns zunächst mit der epochemachenden Theorie des Raumes, der Zeit und der Schwerkraft beschäftigen, die von Einstein Anfang des 20. Jahrhunderts vorgeschlagen wurde. Nach wie vor gelten Einsteins spezielle und allgemeine Relativitätstheorie als die Modelle, die am genauesten darüber Auskunft geben, wie sich Planeten bewegen, wie Sterne sich entwickeln und wie das Universum expandiert. Mit seinen Ideen läßt sich die Gesamtbewegung des Kosmos zugleich elegant und erschöpfend beschreiben. Einsteins Raumkonzept läßt die Existenz von Durchlässen zu: Tunnel, die weit auseinanderliegende Teile des Kosmos miteinander verbinden.

So werden uns Einsteins Konzepte zeigen, daß die richtige Materiemenge, geeignet angeordnet, Verwerfungen in den Bahnen von Objekten hervorrufen kann. Anschließend werden wir die Möglichkeit der extremsten Bahnverwerfung untersuchen: die unglaublichen räumlichen Abkürzungen, für die die kosmischen Passagen, die Sternentore des wirklichen Lebens, sorgen.

2. KAPITEL

Kosmische Straßenkarten

Es werde Licht

Man kann sich kaum vorstellen, wie das Leben in einer Welt ohne Licht wäre. Malen Sie sich die tiefste Dunkelheit aus, die Sie erlebt haben: einen dichten Wald in mondloser Nacht, den Grund einer tiefen Schlucht, einen Keller ohne Lampen – irgendeinen Ort, der so finster ist, daß Sie die Orientierung verlieren. Höchstwahrscheinlich werden Sie feststellen, daß in allen diesen Vorstellungsbildern noch etwas Licht übrigbleibt; selbst in der größten Dunkelheit werden Sie schwache Bilder ausmachen. Um alles sichtbare Licht auszuschließen, müßten Sie sich in einen Versuchsraum setzen, der für einen totalen Reizentzug sorgt.

Doch selbst wenn Sie alles *sichtbare* Licht eliminieren könnten, würden Sie noch immer nicht in einer lichtlosen Welt leben. Beispielsweise könnten sich zwei blinde Menschen, obwohl unfähig, visuelle Bilder wahrzunehmen, immer noch durch Funk verständigen. Einer der beiden könnte in einen Sender sprechen, der die Schallwellen in Radiowellen umwandelt. Diese ließen sich übertragen und könnten von dem Empfänger des anderen aufgefangen werden, wo die Signale wieder in Schallwellen zurückverwandelt würden.

Radiowellen sind eine unsichtbare Form des Lichtes. Das ganze Spektrum der Lichtphänomene ist enorm. Es reicht von Radiosignalen mit Wellenlängen, die sich von ein paar Zentimetern bis zu ein paar Kilometern erstrekken, über infrarote Strahlung (wie wir sie zum Kochen verwenden), das vertraute sichtbare Spektrum (rot bis violett), über ultraviolettes Licht (verantwortlich für Sonnenbräune), Röntgenstrahlung (wie sie in der Medizin verwendet wird) bis hin zur Gammastrahlung mit Wellenlängen von einem billionstel Zentimeter.

Eine Welt ohne Licht wäre in der Tat eine seltsame Welt. Nachrichtenwesen, Kochen, Sonnenenergie und Röntgenuntersuchungen – nichts dergleichen gäbe es. Doch selbst diese häufigen Nutzungsformen der Lichtenergie sind nur ein unendlich kleiner Teil der Funktionen, die das Licht im Rahmen der gesamten Natur wahrnimmt. Es ist kein Zufall, daß die Mehrzahl der menschlichen Schöpfungsmythen mit einer Paraphrase auf das Bibelwort «Es werde Licht» beginnt, denn ohne das Licht würde die Erde, wie wir sie kennen, buchstäblich zu existieren aufhören.

Nach der Atomstruktur des gegenwärtig gültigen Quantenmodells besitzt jedes Atom eine Anzahl negativ geladener Elektronen, die einen Atomkern aus positiv geladenen Protonen und nichtgeladenen Neutronen umkreisen. Wenn diese Elektronen von außen durch Lichtwellen von geeigneter Frequenz angeregt werden, springen einige von ihnen in neue Positionen, die weiter vom Kern entfernt oder näher zu ihm liegen. Außerdem können Elektronen *spontan* in niedrigere Positionen übergehen, wobei sie einem Gesetz gehorchen, das wir *Paulisches Ausschließungsprinzip* nennen: eine Art Versammlungsverbot für Elektronen und ähnliche Teilchen, welches untersagt, daß mehr als zwei Elektronen die gleiche Entfernung zum Kern einnehmen. Das Pauli-Prinzip beschreibt einen eingebauten Mechanismus, der große Elektronenzahlen vom Kern abstößt und auf diese Weise für die Beibehaltung der Atomstruktur sorgt. Es dient dem gleichen Zweck wie die Aufforderung einer Lehrerin, daß die Kinder einer Klasse sich zu zweit in einer Reihe aufstellen, damit an der Schultür kein Chaos entsteht. Genauso verhindert die Ausschließungsregel – Elektronen haben sich paarweise anzuordnen –, daß alle gleichzeitig in die innersten Regionen des Atoms stürzen.

Jedesmal wenn ein Elektron auf eine kernnähere Position rückt, gibt es ein Photon (Lichtteilchen) ab. Immer wenn sich ein Elektron entfernt, nimmt es ein Photon auf. In den meisten Atomen wird deshalb relativ häufig Licht abgestrahlt und absorbiert – nämlich jedesmal wenn ein Elektronenübergang stattfindet.

Alle chemischen Reaktionen hängen von den Wechselwirkungen zwischen Elektronen verschiedener Atome ab. Und natürlich haben diese chemischen Prozesse die Entstehung der verschiedenen Moleküle bewirkt, aus denen die meisten der uns vertrauten Stoffe bestehen. Im übrigen spielt das Licht in entscheidenden subatomaren Prozessen eine so fundamentale Rolle, daß selbst die Mehrzahl der Teilchen, die die Bausteine der Materie bilden, aus der Lichtenergie während der frühen Stadien des Universums nicht hätten erzeugt werden können. Insofern bedeutet «Es werde Licht» auch «Es werde die Erde».

Noch vor der Entdeckung des Atoms war bekannt, daß die Schwingung geladener Teilchen, etwa der Elektronen, die Entstehung von Licht bewirkt. 1862 sagte der englische Physiker James Clerk Maxwell die Existenz elektromagnetischer Wellen voraus, die durch Fluktuationen und Beschleunigung von Ladungen erzeugt werden. Als er die Geschwindigkeit dieser Wellen errechnete, kam er genau auf die Lichtgeschwindigkeit, nämlich 300 000 Kilometer pro Sekunde. 1887 war Heinrich Hertz dann in der Lage, elektromagnetische Wellen zu erzeugen, indem er Elektronen veranlaßte, mehr als einmillionenmal pro Sekunde zu schwingen. Als er diese Wellen auf die gleiche Weise wie

Licht von Metallflächen reflektieren ließ, wies er damit schlüssig nach, daß sichtbares Licht einfach eine Form elektromagnetischer Strahlung ist.

Interessanterweise zeigen Maxwells elektromagnetische Gleichungen, daß die Geschwindigkeit elektromagnetischer Wellen in einem Vakuum unabhängig von der Geschwindigkeit zu sein scheint, mit der sich der Experimentator bewegt. Nach Maxwells Theorie würden also Beobachter, die sich in einem Raumschiff, in einem Flugzeug oder in Ruhe auf der Erdoberfläche befinden, alle den gleichen Wert für die Geschwindigkeit der elektromagnetischen Strahlung messen. Daraus folgt natürlich, daß die Lichtgeschwindigkeit im Vakuum konstant ist, ein Ergebnis, das Albert A. Michelson und Edward W. Morley ebenfalls 1887 durch sorgfältige Messungen bestätigen konnten.

Für die physikalische Gemeinschaft der Jahrhundertwende war die Entdeckung, daß die Lichtgeschwindigkeit im leeren Raum konstant ist, außerordentlich beunruhigend. Nie zuvor in der Geschichte der Wissenschaft hatte man eine Geschwindigkeit entdeckt, die eine beobachterunabhängige Konstanz aufgewiesen hatte. Im Gegenteil, das empirisch erhärtete *Galileische Relativitätsprinzip* sagt vorher, daß die Bewegung jedes Objektes abhängig von der Geschwindigkeit des Beobachters unterschiedlich erscheint.

Im Prinzip ist die Galileische Relativitätstheorie nur die physikalische Formulierung der alltäglichen Erfahrung, die zwei Menschen machen, wenn sie mit verschiedenen Geschwindigkeiten aneinander vorbeifahren. Ihre relativen Geschwindigkeiten, die sie gegenseitig messen, erscheinen größer oder geringer als ihre «tatsächlichen» Geschwindigkeiten, wie sie ein bewegungsloser Beobachter mißt. Stellen wir uns beispielsweise vor, was geschieht, wenn ein Lastwagenfahrer, der mit achtzig Stundenkilometern westlich fährt, an einem Taxifahrer vorbeikommt, der mit achtzig Stundenkilometern östlich fährt. Natürlich beobachtet der Taxifahrer, daß der Lastwagenfahrer sich relativ zu ihm mit einhundertsechzig Stundenkilometern bewegt – doppelt so schnell, wie der Lastwagen tatsächlich fährt. Und wenn beide Fahrer in die *gleiche* Richtung fahren, betragen ihre relativen Geschwindigkeiten zueinander null Stundenkilometer: das heißt, sie erscheinen einander bewegungslos.

Doch offensichtlich läßt sich diese Situation nicht auf das Licht übertragen. Nach der Maxwellschen Theorie und nach Michelsons und Morleys Experimenten ist die Geschwindigkeit des Lichtes beobachter*unabhängig*. Ein Lastwagenfahrer, der mit unglaublicher Geschwindigkeit an einem Lichtstrahl vorüberschösse, würde trotzdem beobachten, daß die Lichtteilchen sich mit 300 000 Kilometern pro Sekunde bewegen, selbst wenn es ihm gelänge, mit Lichtgeschwindigkeit voranzukommen. Niemals könnte er das Licht einholen, egal wie schnell er führe; das Licht schiene ihn stets mit dem gleichen ungeheuren Tempo zu «fliehen».

Aufgrund solcher paradoxen Situationen war für die Physiker Ende des 19. Jahrhunderts offenkundig, daß ein Widerspruch vorlag zwischen dem Galileischen Relativitätsprinzip und der Auffassung, die Lichtgeschwindigkeit sei im leeren Raum für alle Beobachter konstant. Doch niemand wußte, wie sich dieses verwirrende Dilemma lösen ließ – niemand, ausgenommen ein deutsch-jüdischer Patentbeamter in der Schweiz, der beschloß, von seiner Berufstätigkeit etwas Zeit abzuzweigen, um sich einige Gedanken über diese Probleme zu machen.

1879, acht Jahre vor dem Michelson-Morley-Experiment, wurde Albert Einstein in Ulm geboren. Einige Jahre später zogen die Einsteins nach München, wo der kleine Albert in die Schule kam. Von einem unstillbaren Wissensdurst in physikalischen Fragen geplagt, zeigte er sich höchst unzufrieden mit den reglementierten Abläufen des Unterrichts und verbrachte viel Zeit damit, sich die Grundlagen der Naturwissenschaften und Mathematik selbst anzueignen. Mit fünfzehn verließ er die Schule, ging zuerst nach Italien und dann in die Schweiz, wo er sich an der angesehenen Eidgenössischen Technischen Hochschule (ETH) in Zürich einschrieb.

Mit einundzwanzig legte Einstein ein Examen ab und wurde Lehrer an einem Technikum. Doch schon bald frustrierte ihn das Niveau, auf dem er dort zu unterrichten hatte. Diese Einstellung blieb nicht lange verborgen, und er verlor den Posten.

Durch Vermittlung eines Freundes der Familie bekam Einstein dann eine Stellung am Eidgenössischen Amt für geistiges Eigentum in Bern. Als wissenschaftlicher Patentprüfer mußte Einstein nun die Pläne von Erfindungen untersuchen und bestimmen, ob die Geräte nützliche Neuerungen darstellten oder nicht. Diese Aufgabe ließ ihm viel Zeit, seinen eigenen Interessen nachzugehen, das heißt, eingehende Berechnungen vorzunehmen, die zentrale Probleme der theoretischen Physik betrafen. Er kritzelte seine Notizen auf ein Blatt Papier, das er versteckte, wenn er jemanden kommen hörte.

1905 war Einstein mit diesen theoretischen Arbeiten so weit gekommen, daß er vier epochemachende Artikel veröffentlichen konnte. Einer betraf den sogenannten Photoeffekt (das Prinzip, auf dem die Arbeitsweise von Photozellen beruht) und trug ihm später den Nobelpreis ein. Doch weltweite Anerkennung erwarb er sich mit dem Artikel über die spezielle Relativitätstheorie.

Mit dieser Theorie löste Einstein den Widerspruch zwischen dem Konstanzprinzip der Lichtgeschwindigkeit in einem Vakuum und dem Galileischen Relativitätsprinzip. Einstein wußte, daß das Problem einen grundlegenden Wandel in unserer Auffassung von Raum und Zeit verlangte. Das Newtonsche Weltbild, nach dem Raum und Zeit absolut sind, das heißt, in dem alle Beobachter zwischen identischen Paaren physikalischer Ereignisse gleiche räumliche Abstände und Zeitspannen messen, mußte offenkundig überdacht und letztlich durch ein neues System von Axiomen ersetzt werden.

Am besten läßt sich die spezielle Relativitätstheorie durch die Gedankenexperimente verständlich machen, die Einstein selbst ersonnen hat. Er liebte Eisenbahnen und wählte deshalb für viele seiner Beispiele Situationen mit bewegten Zügen. Das verlieh begrifflichen Problemen, die ansonsten sehr abstrakt und unzugänglich erschienen wären, einen Hauch von Anschaulichkeit.

Das erste Gedankenexperiment betrifft ein neues Gleichzeitigkeitskonzept. Zwei Ereignisse gelten als gleichzeitig, wenn beobachtet wird, daß sie genau zum gleichen Zeitpunkt stattfinden. Zunächst möchte man meinen, daß dieses Konzept überhaupt nicht von der Bewegung des Beobachters abhängt und daß sich alle beobachtenden Parteien auf die Gleichzeitigkeit von Ereignissen einigen könnten. Doch Einsteins Gedankenexperiment zeigt, daß die Annahme der absoluten Gleichzeitigkeit aufgegeben werden muß, um die Konstanz der Lichtgeschwindigkeit aufrechterhalten zu können.

Stellen wir uns vor, ein sehr langer Zug rast mit einem enormen Tempo (nahe der Lichtgeschwindigkeit) an einem Bahnsteig vorbei. Es gibt zwei Beobachter, Fred und Mike, wobei Fred genau im Mittelpunkt des Zuges sitzt und Mike auf dem Bahnsteig steht. Plötzlich wird der Zug an beiden Enden von Blitzen getroffen. Falls das Licht von beiden Blitzen zum selben Zeitpunkt bei Fred in der Mitte des Zuges ankommt, wird er die beiden Einschläge «gleichzeitig» nennen. Für Mike auf dem Bahnsteig breitet sich das Licht mit derselben Geschwindigkeit aus. Der Zug fährt aber dem vom Vorderende kommenden Signal entgegen, und er entfernt sich vom anderen. Für Mike erreichen also die von beiden Zugenden ausgehenden Lichtsignale den Mittelpunkt des Zuges zu verschiedenen Zeiten. Infolgedessen würde Mike ganz im Gegensatz zu Fred den Einschlag der Blitze als *nicht-gleichzeitig* erleben. Die Gleichzeitigkeit ist also kein absolutes, beobachterunabhängiges Konzept, sondern hängt von der Geschwindigkeit des Beobachters ab.

Aus der Annahme der Konstanz der Lichtgeschwindigkeit folgt, daß auch der Begriff der Zeitmessung relativ sein muß. Wenn Mike und Fred in unserem Zugbeispiel etwa ihre Aufzeichnungen vergleichen, so können sie zu zwei Schlüssen gelangen. Die erste Möglichkeit: Das von den beiden Blitzen ausgesandte Licht hat sich in Mikes Fall mit unterschiedlichen Geschwindigkeiten, in Freds Fall aber nur mit einer bewegt. Diese Schlußfolgerung muß jedoch verworfen werden, weil sie voraussetzt, daß sich Licht mit unterschiedlichen Geschwindigkeiten ausbreiten kann. Die andere Möglichkeit ist, daß Mikes Uhr schneller geht als Freds Zeitmesser. Richtig muß natürlich diese zweite Schlußfolgerung sein – die Annahme, daß von der relativen Geschwindigkeit des Beobachters abhängt, wie rasch die Zeit verstreicht.

Dieser Effekt der speziellen Relativitätstheorie, die sogenannte *Zeitdilatation*, läßt sich leicht demonstrieren, indem man in einem Zugabteil eine «Spezialuhr» konstruiert, die aus einer Taschenlampe, einem Spiegel und einem Lichtdetektor besteht. Stellen wir uns vor, der Spiegel wäre an der Decke des Zuges angebracht, die Taschenlampe und der Detektor direkt darunter auf dem Boden, nach oben gerichtet. Wenn wir die Taschenlampe einschalten, wird der Strahl vom Spiegel zurückgeworfen und vom Detektor aufgefangen. Dieser hält die Zeit fest, die der ganze Vorgang benötigt. Für den Gesamtweg des Lichtstrahls verzeichnet der Detektor eine Zeiteinheit. Nehmen wir der Einfachheit halber an, der ganze Weg würde in einer Sekunde zurückgelegt (tatsächlich würde es sich natürlich nur um Mikrosekunden handeln).

Gehen wir nun von dem Fall zweier Beobachter, Fred und Mike, aus: Der eine sitzt im fahrenden Zug neben dem Detektor, der andere sieht dasselbe Gerät vom bewegungslosen Bahnsteig aus. Natürlich würde für Fred, den bewegten Beobachter, die Zeit, die ein Ticken der Uhr verzeichnet, eine Sekunde betragen. Da er neben dem Detektor sitzt, würde der Gang seiner Uhr selbstverständlich der Geschwindigkeit des Meßgerätes entsprechen.

Umgekehrt läßt sich leicht zeigen, daß für Mike, den bewegungslosen Beobachter, diese Zeit, die Freds Uhr für ein Ticken braucht, länger als eine Sekunde wäre. Infolge der horizontalen Zugbewegung hätte er den Eindruck, daß das Licht einem nichtvertikalen Zickzackkurs folgt. Von Mikes Standpunkt aus schiene der Strahl also zwischen den Meßvorgängen eine größere Strecke als bei einer rein vertikalen Bewegung zurückzulegen. Da die Lichtgeschwindigkeit für Mike und Fred absolut gleich sein muß, wäre das gemessene Zeitintervall für jenen größer als für diesen: das heißt, für Mike wären die Meßvorgänge durch längere Zeiträume getrennt. Diese Zunahme der Dauer ließe sich genau messen: Es würde sich herausstellen, daß sie direkt davon abhinge, wie nahe die Geschwindigkeit des Zuges der des Lichtes käme.

Die Zeitdilatation und die Relativität des Gleichzeitigkeitsbegriffs sind zwei höchst bedeutsame Effekte, die Einstein in der speziellen Relativitätstheorie vorhergesagt hat. Beide sind durch Laborexperimente bestätigt worden. Eine weitere relativistische Eigenschaft ist die Längenkontraktion, die sich ebenfalls in Gedankenexperimenten veranschaulichen und im Labor verifizieren läßt. Nach diesem Prinzip erscheint ein Objekt, das sich fast mit Lichtgeschwindigkeit bewegt, einem bewegungslosen Beobachter verkürzt in Richtung der Bewegung. Mit anderen Worten, ein Metermaß, das sich nahe der Lichtgeschwindigkeit bewegte, würde keine hundert Zentimeter lang erscheinen.

In einer vierten verblüffenden Schlußfolgerung sagt die Relativitätstheorie schließlich eine bemerkenswerte Massenzunahme für Körper in rascher Bewegung voraus. Wie die Theorie zeigt, ergibt sich dieser Massenzuwachs aus der erhöhten Bewegungsenergie des Objektes. Es läßt sich nachweisen, daß dieser Energiebetrag gegen unendlich geht, wenn sich die Geschwindigkeit des Objektes der des Lichtes nähert. Daraus folgt, daß kein Objekt die Lichtgeschwindigkeit wirklich erreichen kann, da es natürlich unmöglich ist, einem bewegten Körper einen unendlichen Energiebetrag zu übermitteln, um ihn auf Lichtgeschwindigkeit zu beschleunigen. Wie die anderen Vorhersagen der Relativitätstheorie konnte auch die der relativistischen Massenzunahme im Labor bestätigt werden.

Einstein hat die Grundprinzipien der speziellen Relativitätstheorie bereits in dem berühmten Aufsatz aus dem Jahre 1905 entwickelt. 1908 formulierte Hermann Minkowski ein einheitliches Modell von Raum und Zeit. Minkowski, ehemals Einsteins Lehrer, betrachtete die Theorie ausschließlich unter geometrischem Blickwinkel; Raum und Zeit wurden zur Raumzeit verschmolzen. Die drei räumlichen Dimensionen Länge, Breite und Höhe erweiterte er dabei um eine zeitliche Dimension und stellte ein geometrisches Konzept, die Raumzeit, damit dar. In dieser

Formulierung ließen sich Einsteins Ergebnisse besonders einleuchtend darstellen.

Um Minkowskis Arbeit zu verstehen, brauchen wir drei mathematische Begriffe: das Raumzeitdiagramm, die Metrik und die sogenannte Lorentz-Transformation. Ein *Raumzeitdiagramm* ist eine vierdimensionale graphische Darstellung, die jedes Ereignis durch ihre räumlichen und zeitlichen Koordinaten abbildet. Nehmen wir beispielsweise an, am Silvesterabend 1993 stünde Marcia auf dem Times Square in New York. Ihre Raumzeitkoordinaten im Diagramm würden etwa eine Länge von zweiundsiebzig Grad, eine Breite von einundvierzig Grad, eine Höhe von ungefähr dreißig Metern über dem Meeresspiegel und eine Zeit von Mitternacht, 31. Dezember 1993, aufweisen.

Für die «Ereignisse», die Punkte in einem Raumzeitdiagramm, liefert die *Metrik*, eine mathematische Funktion, die von den Raumzeitpunkten abhängt, Informationen über die «Abstände» zwischen den Ereignissen. Diese Abstände sind nicht durch den in der ebenen Geometrie verwendeten Satz des Pythagoras bestimmt, nach dem das Quadrat der Entfernung zwischen zwei Punkten gleich der Summe der Quadrate von Längen-, Breiten- und Höhendifferenz ist. Vielmehr ist nach Minkowski das Quadrat des *Abstands* in der Raumzeit festgelegt durch das Quadrat der Zeitdifferenz *minus* der Summe der Quadrate der Längen-, Breiten- und Höhendifferenz.

Das Minuszeichen spielt in der Theorie eine überaus wichtige Rolle. Ohne dieses Vorzeichen wäre die Raumzeit, ungeachtet ihrer zusätzlichen Koordinate, mit dem regulären dreidimensionalen Raum verglcichbar, und das Quadrat des metrischen Abstands könnte nur eine positive Zahl sein. Doch infolge des Minuszeichens kann das Quadrat des Abstands drei Vorzeichen annehmen: positiv, negativ und null. Die Art des Vorzeichens, *metrische Signatur* genannt (Signatur bedeutet gerade den positiven, negativen oder Nullwert des quadrierten Abstands), liefert höchst aufschlußreiche Informationen über die Beziehung zwischen den beiden betrachteten Ereignissen.

Wenn das Vorzeichen positiv ist, dann bezeichnet man die Entfernung zwischen den Ereignissen als *zeitartig*. Das heißt, zwischen den Ereignissen kann eine Kausalbeziehung vorliegen: Ein Geschehen ist in der Lage, ein anderes zu einem späteren Zeitpunkt zu beeinflussen. Beispielsweise ist es möglich, daß sich eine Sonneneruption um zwölf Uhr zehn Minuten später auf das Erdwetter auswirkt.

Ist das Zeichen hingegen negativ, bezeichnet man die Entfernung als akausal oder *raumartig*: Zwischen den beiden Ereignissen kann es keine Beziehung geben. Ein Meerschweinchen, das um zwölf Uhr über Merope wieselt, kann um zwölf Uhr eins beim besten Willen keine Spinne auf Spica beeinflussen.

Wenn das Vorzeichen schließlich den Wert null annimmt, ist der Abstand zwischen den Ereignissen *lichtartig* (oder eben *null*). In diesem Falle sind die Geschehnisse in Raum und Zeit so weit getrennt, daß nur noch ein Lichtsignal den Abstand zwischen ihnen überwinden kann. Mit anderen Worten, ihr zeitlicher Abstand entspricht genau der Zeit, die das Licht braucht, um die zwischen ihnen liegende räumliche Strecke zurückzulegen. Die beiden Enden eines Laserstrahls haben beispielsweise notwendigerweise den Abstand null, da sich der Laserstrahl exakt mit Lichtgeschwindigkeit fortbewegt.

Der letzte wichtige Aspekt in Minkowskis Formulierung der speziellen Relativitätstheorie betrifft die Möglichkeit, die relative Bewegung von Bezugssystemen (Standpunkten) darzustellen – im Falle des Gedankenexperiments etwa die Bewegungen des fahrenden Zugs und des in Ruhe befindlichen Bahnsteigs. Minkowski stellte fest, daß mit Hilfe eines speziellen mathematischen Instrumentes, der sogenannten *Lorentz-Transformation*, eine exakte geometrische Darstellung der Zeitdilatation, der Längenkontraktion und anderer von Einstein vorhergesagter Effekte möglich ist.

Knetbarer Raumzeit-Kitt

Minkowskis erfolgreiche Neuformulierung der speziellen Relativitätstheorie mit Hilfe eines vierdimensionalen Universummodells war außerordentlich hilfreich für Einstein, dessen Ruhm unaufhaltsam wuchs. Minkowskis Vereinfachung der Theorie machte Einsteins Idee für die Forschung weit besser zugänglich und attraktiver. Einsteins Name wurde in der wissenschaftlichen Gemeinschaft rasch zum Begriff, so daß er 1911 zum ordentlichen Professor an der Deutschen Universität in Prag berufen wurde. 1912 erhielt er einen Lehrstuhl an der Eidgenössischen Technischen Hochschule in der Schweiz, und 1914 wurde er in die Preußische Akademie der Wissenschaften berufen, eine große Ehre. Endlich konnte er seine ganze Zeit der Forschung widmen, ohne anderen Pflichten nachkommen zu müssen.

Wenn man eine räumliche Dimension unterdrückt, läßt sich die Minkowski-Raumzeit graphisch darstellen. Diese dreidimensionale Darstellung mit zwei räumlichen und einer zeitlichen Dimension wird häufig zur Veranschaulichung der Phänomene verwendet. Der Raum erscheint dann als eine zweidimensionale, ebene Fläche – wie eine Tischplatte zum Beispiel. Bei dieser Abbildungsweise ragt die Zeit rechtwinklig aus der Fläche heraus. Alle räumlichen Entfernungen lassen sich direkt auf der Tischplatte eintragen: das heißt, sie sind in dieser Abbildung vollkommen horizontal. Rein zeitliche Verschiebungen dagegen werden als dazu senkrechte Strecken verzeichnet. Raumzeitliche Abstände, wie sie von der Metrik erfaßt werden, bestehen aus diagonalen Linien, die durch zeitliche (vertikale) und räumliche (horizontale) Verschiebungen zustande kommen.

Halten wir fest, daß in dieser dreidimensionalen Darstellung der Minkowski-Raumzeit eine *ebene* Fläche zur Darstellung des Raumes dient. Das ist kein Zufall – die Minkowski-Raumzeit ist eine einfache Spielart dessen, was man als *euklidischen Raum* bezeichnet: das gewöhnliche, schachtelartige Koordinatensystem, das wir aus der Schule kennen. Figuren im euklidischen Raum werden mit Hilfe einer x-, y- und z-Achse festgelegt – die alle rechtwinklig zueinander verlaufen. Entsprechend verwendet man bei der Darstellung der Minkowski-Raumzeit die rechtwinklige x- und y-Achse sowie die t-, die Zeitachse. In der vollständigen, vierdimensionalen Raumzeitdarstellung der speziellen Relativitätstheorie wird auch die rechtwinklig zu den anderen drei Achsen stehende z-Achse verwendet.

Aus diesem Grunde bezeichnet man die Minkowski-Raumzeit auch als *flache* Raumzeit. Man kann sie sich als eine gespannte, vollkommen flache Gummifläche vorstellen: etwa ein straff gespanntes Trampolin. Bei diesem Vergleich denkt man sich die Raumzeitpunkte am besten als gleichmäßig verteilte weiße Flecken, die die gesamte Fläche mit einem Schachbrettmuster überziehen. Alle Abstände zwischen aufeinanderfolgenden Punkten sind in Länge wie Breite gleich. Infolgedessen besteht die Raumzeitmetrik aus einer Anordnung identischer Längen, die jeweils benachbarte Intervalle auf der Fläche charakterisieren.

Wie sähe die Bewegung eines Tennisballs auf diesem flachen Trampolin aus? Natürlich würde der Ball auf der Fläche einem genau beschriebenen Weg folgen. Pfeilgerade würde er rollen, solange ihn nichts ablenkte. Der Grund für diese lineare Bewegung ist natürlich die rein horizontale, ebenmäßige Oberfläche, sichtbar gemacht in der Regelmäßigkeit der weißen Punkte und der Gleichförmigkeit der Metrik.

Nehmen wir jedoch an, ein Künstler beschlösse, das Trampolin in ein modernes Kunstwerk zu verwandeln, indem er zwischen einigen der weißen Flecken mit Hilfe von Nadel und Faden bestimmte Verbindungen herstellen würde. Diese Fadenverknüpfungen zögen Teile des Untergrunds zusammen, so daß einige der Punkte darauf näher zusammen- und andere weiter auseinanderrücken würden. Damit wäre die Metrik des Trampolins, die die Entfernung zwischen benachbarten Flecken abbildet, vollkommen verändert. Was geschähe mit der Fläche des Trampolins?

Wenn die weißen Flecken infolge der eingezogenen Fäden nicht mehr gleichmäßig verteilt wären, wiese die zuvor flache Oberfläche des Trampolins natürlich Rundungen auf. Teile der Fläche würden sich nach unten wölben, andere nach oben. Die Gummifläche des Trampolins wäre also vollkommen verworfen, weil die Punkte nicht mehr gleichmäßig verteilt wären. Durch Veränderung der Metrik (Modifikation der Entfernungsbeziehungen zwischen den Punkten) hätte man folglich eine gekrümmte Fläche erzeugt.

Überlegen wir uns nun, was geschähe, wenn wir den Tennisball auf dem verworfenen Trampolin rollen ließen. Statt einer geraden Linie zu folgen, würde er von einer Seite zur anderen taumeln und auf der verbeulten Fläche einer gekrümmten Bahn folgen. Offenbar würde die Krümmung des Gummimaterials die Bahn des runden Objektes beträchtlich verändern.

In diesem dreidimensionalen Effekt spiegeln sich die vierdimensionalen Konsequenzen, die auftreten, wenn sich die Raumzeitmetrik einer flachen Minkowski-Geometrie verändert. Eine neue Anordnung von Entfernungsbeziehungen zwischen Punkten in der Raumzeit ruft entsprechend eine gewölbte vierdimensionale «Fläche» hervor. Diese gekrümmte Raumzeit weist eine *Riemann-Geometrie* auf, nach dem deutschen Mathematiker G.F.B.

Riemann. Wie der Tennisball auf dem Trampolin zeigen Objekte in einer solchen gekrümmten Fläche nichtlineare Bewegungen – auch wenn sie ursprünglich in gerader Linie geworfen wurden.

Einstein kannte die ungewöhnlichen Eigenschaften von Riemann-Geometrien sehr genau, denn er hatte sich eingehend mit ihren Eigenschaften beschäftigt. Als Minkowski zeigte, daß sich die spezielle Relativitätstheorie geometrisch durch ebene Flächen ausdrücken läßt, begann Einstein zu überlegen, ob sich nicht auch andere Eigenschaften der Bewegungen, die er in seinem früheren Modell noch nicht berücksichtigt hatte, mit Hilfe gekrümmter Flächen ausdrücken ließen. Vor allem wollte er durch die Riemann-Geometrie die Auswirkungen der Beschleunigung und Gravitation in eine einheitliche Theorie integrieren.

Im Jahre 1916 veröffentlichte Einstein die Ergebnisse jahrelanger intensiver Untersuchungen, die die Natur der Schwerkraft betrafen: seine allgemeine Relativitätstheorie. Unter Verwendung der Riemann-Geometrie war es ihm gelungen, eine Theorie zu entwickeln, die Newtons Gravitationstheorie als Grenzfall enthält und die sich mit relativistischen Konzepten in Einklang bringen ließ. Spätere Experimente sollten eindeutig zeigen, daß Einsteins Theorie astronomische Phänomene genauer beschreiben konnte als die Newtonsche Gravitationstheorie.

Mit seiner allgemeinen Relativitätstheorie setzt Einstein die Geometrie einer Raumzeit, wie sie in ihrer Metrik zum Ausdruck kommt, in Beziehung zu der in einer bestimmten Region enthaltenen Masse.

Nehmen wir an, wir untersuchen ein typisches Stück der Raumzeit – etwa einen Ausschnitt der Trampolinfläche. Man kann natürlich die Metrik für diese Region notieren, die alle Entfernungsbeziehungen zwischen den Punkten und damit auch die Krümmung darstellt. Die Raumzeitmetrik ist ein mathematisches Objekt, das man als Tensor bezeichnet. Außerdem könnten wir die Masse und Energie in unserem Abschnitt in allen Einzelheiten abbilden. Diese mathematische Beschreibung konstituiert einen zweiten relevanten Tensor.

Einstein hat diese beiden bedeutsamen mathematischen Objekte – den metrischen und den Masse-Energie-Tensor – durch eine Reihe einfacher Gleichungen in Beziehung gesetzt. Diese Beziehungen, die *Einstein-Gleichungen*, verknüpfen die Geometrie einer Region und ihre Masseverteilung miteinander. Deshalb gibt die Anordnung der Materie in einer bestimmten Fläche die Krümmung des Abschnitts exakt vor. Die Krümmung bestimmt ihrerseits die Bahn aller Objekte in der Region. Dazu erklären Misner, Thorne und Wheeler in ihrem grundlegenden Lehrbuch *Gravitation*: «Die Materie schreibt dem Raum vor, wie er sich zu krümmen hat... Der Raum schreibt der Materie vor, wie sie sich zu bewegen hat.»

Die allgemeine Relativitätstheorie ersetzt das Newtonsche Gravitationsgesetz. Die frühere Theorie, die Jahrhunderte hindurch erfolgreich Anwendung fand, geht von dem Gedanken aus, daß zwei mit Masse ausgestattete Objekte sich mit einer fernwirkenden Kraft anziehen, die sich zum Produkt ihrer Massen proportional und ihrem Abstand umgekehrt proportional verhält. Für alle praktischen Zwecke erweist sich Newtons Gesetz als bemerkenswert genau. Doch exakte Messungen bei Sonnenfinsternissen zeigen, daß Einsteins Gravitationstheorie die exaktere, die gültige Theorie ist.

Worauf beruht dieser meßbare Unterschied zwischen der älteren und der neueren Gravitationstheorie? Im wesentlichen hat er mit dem Verhalten des Lichtes zu tun. Newtons Theorie sagt vorher, daß die Schwerkraft *keine* Auswirkung auf das Licht hat, weil Photonen (Lichtteilchen) masselos sind. Nach dieser überholten Auffassung ziehen masselose Objekte einander nicht an und üben keinen Einfluß auf ihre Bahnen aus. Tatsächlich wirken sich Gravitationseffekte aber doch auf das Licht aus. Die Experimente bei Sonnenfinsternissen haben nachgewiesen, daß massereiche Sterne Lichtstrahlen in einer exakt meßbaren Weise ablenken, genauso, wie Einsteins Theorie es vorhersagt.

Es ist leicht zu erkennen, warum Lichtstrahlen in Einsteins Theorie durch die Gegenwart von Materie gekrümmt werden. Es stellt sich nämlich heraus, daß Photonenbahnen aus genau dem gleichen Grund verändert werden, wie auch andere Objekte von ihrem Weg abgelenkt werden. Um uns diese Situation vorzustellen, kehren wir zum Trampolinvergleich zurück.

Stellen wir uns noch einmal vor, das vierdimensionale Gewebe der Raumzeit werde durch ein straff gespanntes elastisches Trampolin (ohne Fäden) dargestellt. Normalerweise verlangt die allgemeine Relativitätstheorie, daß die Raumzeit in Abwesenheit von Materie flach ist (Minkowski). Entsprechend weist das Trampolin, seine Gummioberfläche, weder Vertiefungen noch Beulen auf, wenn kein schwerer Gegenstand darauf liegt: Es ist vollkommen eben. Läßt man einen Tennisball auf dieser Ebene rollen, folgt er natürlich einer schnurgeraden Bahn, genauso wie Lichtteilchen, Planeten, Sterne und andere Objekte gerade Wege durch die Minkowski-Raumzeit beschreiben. Es gibt keinen Grund für Körper, von den kürzest möglichen Wegen abzuweichen, und in flachen Regionen bilden die kürzesten Wege in der Regel vollkommen gerade Linien.

Denken wir uns nun, daß ein großer Stein auf dem Trampolin liegt. Natürlich sackt die Gummifläche nach unten. Das Trampolin ist nicht mehr flach, sondern weist eine beträchtliche Krümmung auf. Mithin folgt ein Tennisball, den man jetzt auf dieser Fläche rollen läßt, einer gekrümmten Bahn. Je nach Anfangsgeschwindigkeit und

Position beschreibt er entweder eine parabolische Bahn (wie ein Komet, der niemals an seinen Ausgangsort zurückkehrt), umkreist den Stein oder bewegt sich spiralförmig auf ihn zu.

Ganz ähnlich bewirkt die Anwesenheit eines massereichen Objektes, etwa eines Sterns, Planeten oder Mondes, in einer bestimmten Region des Universums eine Krümmung der Raumzeit in seiner Umgebung. Mathematisch entspricht dies einer Veränderung der Raumzeitmetrik, welche die Region darstellt. Strecken verformen sich, und Zeitintervalle verlängern sich in Richtung der verzerrenden Materie.

Nehmen wir an, ein Himmelskörper oder ein ähnliches Objekt wird in diese gekrümmte Region geschleudert. Je nach der Anfangsgeschwindigkeit erleidet die Bewegung des Objektes eines von drei möglichen Schicksalen: Entweder bewegt es sich in einer Parabel um die verzerrende Materie, beschreibt es eine elliptische Kreisbahn darum oder fällt spiralförmig nach innen, um schließlich mit dem massereichen, für die Krümmung verantwortlichen Objekt zusammenzustoßen. Der erste Fall entspricht dem Kometen, der nicht an seinen Ausgangspunkt zurückkehrt, der zweite dem Planeten, der seinen Stern umkreist, und der dritte dem Meteoriten, der auf der Oberfläche eines Himmelskörpers einschlägt. Die ganze Bandbreite der Bewegungen, die kosmische Objekte an den Tag legen, läßt sich exakt durch die allgemeine Relativitätstheorie darstellen.

Befassen wir uns nun noch mit dem Licht. Es folgt stets dem kürzest möglichen Weg zwischen zwei Punkten, der im Falle der flachen Raumzeit vollkommen gerade ist. Doch die Anwesenheit eines massereichen Objektes in der Raumzeitregion verändert die Beschaffenheit der «Geradheit» in diesem Gebiet. Die Metrik, das primäre mathematische Objekt, das Informationen über Entfernungen enthält, wird durch schwere Materie erheblich verwandelt.

Infolgedessen erweisen sich die geradesten Bahnen, denen das Licht folgen kann, als Kurven: Um sich durch die verformte Region zu bewegen, sind die Lichtstrahlen zu gekrümmten Bewegungen gezwungen. Dies ist eine der entscheidenden Vorhersagen der allgemeinen Relativitätstheorie.

Schwarzschild-Lösung

Wenige Monate, nachdem Einsteins neue Gravitationstheorie veröffentlicht worden war, lag schon die erste wichtige Lösung ihrer Gleichungen vor. 1916 war der deutsche Astronom Karl Schwarzschild zu Ergebnissen gelangt, die der Krümmung der Raumzeit in der Nähe einer sphärischen Masse entsprechen. Seine Lösung, *Schwarzschild-Metrik* genannt, ergab, wie sich herausstellte, für Massen von Sonnen- oder Planetengröße und ziemlich großen Entfernungen vom Mittelpunkt exakt das von Newton lange zuvor vorhergesagte Schwerkraftverhalten – nämlich ein umgekehrt quadratisches Verhältnis zum Abstand vom Mittelpunkt der Masse.

Die Schwarzschild-Lösung ist das vierdimensionale Äquivalent der Situation, die sich ergibt, wenn wir einen kugelförmigen Stein auf ein flaches Trampolin fallen lassen: eine Beule im kosmischen Gewebe. Ihre Metrik stellt eine sphärisch-symmetrische Störung dar (in alle Radialrichtungen gleich, wie Sonnenstrahlen), die von dem Objekt aus nach außen wirkt. Das Ausmaß der Verformung hängt unmittelbar von der Masse des Zentralkörpers ab.

Mit der Schwarzschild-Metrik läßt sich das Verhalten des Sonnensystems modellieren. Durch die Krümmung der Raumzeit in ihrer Umgebung veranlaßt die Sonne die neun Planeten, in elliptischen Bahnen um sie zu kreisen. Einsteins Theorie sagt auch vorher, daß die Ellipsen selbst um die Sonne wandern müssen, sogar wenn die Sonne tatsächlich völlig kugelförmig wäre. Auch in der Newtonschen Gravitationstheorie gibt es diesen *Periheldrehung* genannten Effekt, allerdings ist die Ursache dafür eine geringfügige Verformung der Sonne. Die relativistische *Periheldrehung* ist für den Merkur experimentell bestätigt worden, den einzigen Planeten, für den die Theorie eine meßbare Verschiebung vorhersagt. Von dieser Abweichung abgesehen gibt es jedoch wenig Unterschiede zwischen der Schwarzschild-Lösung und traditionellen Modellen des Sonnensystems.

Nehmen wir jedoch an, daß wir die Region *im Inneren* der Sonne untersuchen wollen. Dort werden wir einen großen Unterschied zwischen den Vorhersagen Einsteins und Newtons feststellen. Und je näher wir uns einem imaginären Abstand vom Mittelpunkt der Sonne, dem sogenannten *Schwarzschild-Radius* nähern würden, desto deutlicher würde sich der Unterschied bemerkbar machen.

Dieser Radius, der sich nach der Masse der Sonne oder des zur Diskussion stehenden Himmelskörpers richtet, legt eine kugelförmige Region fest, in der die Auswirkungen der allgemeinen Relativitätstheorie außerordentlich intensiv sind. Innerhalb ihrer Grenzen ist die Raumkrümmung extrem, so daß enorme Bahnabweichungen auftreten. Bei den Himmelsobjekten des Sonnensystems sind diese Radien relativ klein – der Schwarzschild-Radius der Sonne beträgt ungefähr drei Kilometer, der der Erde keine drei Zentimeter. Bei sehr großen Sternen und Galaxien sind die Radien jedoch erheblich größer.

Die Definition des Schwarzschild-Radius betrifft die Eigenschaft eines Körpers, die man seine *Entweichgeschwindigkeit* nennt. Gemeint ist die Geschwindigkeit, die ein in der Umgebung des kosmischen Objektes befindliches Teilchen mindestens erreichen muß, um seinem

Schwerkrafteinfluß zu entrinnen. Beispielsweise ist die Entweichgeschwindigkeit an der Erdoberfläche die Geschwindigkeit, die eine Rakete mindestens erreichen muß, um in den Weltraum zu gelangen: 11,9 Kilometer pro Sekunde. Für einen Körper von größerer Masse und/oder bei kleinerem Radius ist die Entweichgeschwindigkeit größer: Wäre die Erde bei gleicher Masse viermal so klein oder bei gleicher Größe viermal so massereich, würde ihre Entweichgeschwindigkeit doppelt so hoch sein, nämlich 23,8 Kilometer pro Sekunde. Wenn wir es schließlich mit einer besonders großen Masse und einem deutlich kleineren Radius zu tun haben, erreicht die Entweich- die Lichtgeschwindigkeit. Der Wert, den die Entfernung vom Mittelpunkt dann annimmt, entspricht exakt dem Schwarzschild-Radius.

Der Schwarzschild-Radius der Sonne ist so winzig im Verhältnis zur tatsächlichen Sonnengröße, daß sich seine Effekte beim besten Willen nicht erkennen lassen. Doch stellen wir uns vor, die Sonne würde zu einer winzigen Kugel von weniger als drei Kilometern Durchmesser schrumpfen, dabei aber ihre Masse behalten. Im Verlauf dieses Prozesses würde die Sonne natürlich unglaublich dicht. Der Schwarzschild-Radius käme *außerhalb* der Sonne zu liegen, und es wäre sofort zu erkennen, welche Auswirkungen es hätte, sich in ihrer Nähe zu bewegen. Die Raumzeitkrümmung innerhalb dieses Radius wäre außerordentlich groß und ginge im Mittelpunkt gegen unendlich. Ferner müßte die Entweichgeschwindigkeit für Teilchen, deren Abstand von der Sonne kleiner als der Schwarzschild-Radius wäre, die Lichtgeschwindigkeit übertreffen.

Faszinierend ist das Bild, das sich ergibt, wenn ein massereiches Objekt so dicht ist, daß sich sein Schwarzschild-Radius überschreiten läßt, weil er außerhalb des Objektes liegt. Für ein Objekt mit den Ausmaßen der

Sonne wäre die Dichte außerordentlich groß – mehr als 10^{16}mal die des Wassers. Wenn ein Himmelskörper ungefähr die Dichte des Wassers aufweisen sollte, wäre sein Schwarzschild-Radius ungefähr 10^{8}mal größer als der Sonnenradius selbst. Auf jeden Fall könnten noch nicht einmal Photonen von der Oberfläche eines Sterns entkommen, wenn die Entweichgeschwindigkeit dort größer als die Lichtgeschwindigkeit wäre. Das Licht, das auf ein so seltsames Objekt fiele, würde von ihm vollkommen absorbiert werden. Deshalb erschiene es unter allen Umständen vollkommen schwarz. Aus diesem Grunde nennen wir kosmische Körper, die auf Größen unterhalb ihres Schwarzschild-Radius geschrumpft oder zusammengepreßt worden sind, *Schwarze Löcher*.

Ein Schwarzes Loch ist eine Art «bodenlose Grube» in der Raumzeit. Die Krümmung in seinem Inneren ist so stark, daß es alle dort befindlichen Objekte dazu zwingt, sich in spiralförmigen Bahnen auf sein Zentrum zuzubewegen. Um noch einmal unseren Trampolinvergleich zu bemühen: Wir müssen uns vorstellen, daß ein riesiger Stein auf die Trampolinfläche gefallen wäre und das Material zerstört hätte. Nun gäbe es dort einen großen Riß, durch den andere Objekte fielen. Entsprechend bedeutet in der allgemeinen Relativitätstheorie ein Schwarzes Loch eine Lücke im Gewebe des Universums.

Nicht nur im Inneren eines Schwarzen Loches haben wir es mit seltsamem Verhalten zu tun, auch die unmittelbare Umgebung ist nicht als normal zu bezeichnen. Der «grubenartige» Charakter unmittelbar außerhalb eines Schwarzschild-Radius verändert die Raumzeit in seiner Nachbarschaft. Signale, die bei Annäherung an das Schwarze Loch ausgesandt würden, könnten in größerer Entfernung nur mit starker Zeitverzögerung empfangen werden. Für Lichtwellen, die bei der Annäherung an das Schwarze Loch ausgesandt werden, würde dies dazu führen, daß sich ihre beobachtete Schwingungsfrequenz deutlich senkt – ein Phänomen, das wir als *Rotverschiebung* bezeichnen. Das gesamte Spektrum dieser Strahlen würde sich verändern. Aus Orange würde Rot, aus Grün Orange und so fort. Eine goldene Taschenuhr, die in ein Schwarzes Loch fiele, würde mithin immer langsamer und langsamer – und immer röter und röter – erscheinen, je näher sie der unsichtbaren Grenze käme.

Doch was geschähe, wenn ein Objekt den Schwarzschild-Radius eines dieser Modelle tatsächlich überqueren würde? Seit man auf diese rätselhaften Lösungen der Einstein-Gleichungen gestoßen ist, zerbricht man sich den Kopf über diese faszinierende Frage. Ursprünglich hat man wegen einiger mathematischer Schwierigkeiten, die sich bei dem Problem ergaben, gemeint, die Grenzzone zwischen innen und außen sei so etwas wie eine *Singularität*: ein Punkt, an dem Ursache und Wirkung aufgehoben sind und die Raumzeit an ein überwindliches Hindernis stößt – das der unendlichen Krümmung. Mit anderen Worten, zunächst glaubten viele Forscher, der Schwarzschild-Radius bilde eine Grenze von Raum und Zeit.

Später haben die Physiker ihre Vorstellung von der Natur der Grenzschicht revidiert. 1960 führten der amerikanische Mathematiker M. Kruskal und der Ungar G. Szekeres unabhängig voneinander ein neues Koordinatensystem ein, das die scheinbare Singularität eliminiert und die Lücke zwischen der äußeren und der inneren Region überbrückt. Dank ihrer Neuerung ist der Schwarzschild-Radius nun kein Hindernis mehr, sondern dient als unsichtbare Einweg-Grenze, *Ereignishorizont* genannt, mit ganz besonderen mathematischen Eigenschaften. Es erweist sich, daß Licht und andere Objekte den Ereignishorizont nur in eine Richtung, nach innen, überschreiten können.

Am deutlichsten lassen sich die Ergebnisse dieser Arbeit

in einer besonderen Graphik, dem sogenannten *Kruskal-Diagramm*, darstellen, das wie ein riesiges X aussieht. Die beiden Achsenabschnitte, die das X bilden, stehen hier für die Ereignishorizonte, die die äußeren und inneren Sektoren unterteilen. Das X teilt die Zeichenebene in vier verschiedene «Bereiche». Der rechte Bereich, als I bezeichnet, und der linke – Bereich IV – repräsentieren die äußere Welt, also alles, was außerhalb der Ereignishorizonte liegt. Der Umstand, daß es sich hierbei um zwei separate, nicht miteinander verbundene Regionen handelt, hat zu erheblichen Kontroversen geführt. Nach einigen Theorien ist Quadrant IV entweder ein anderer Teil unseres eigenen Universums, ein völlig anderes Universum oder vielleicht auch nur eine mathematische Besonderheit. Wenn wir später noch einmal auf das Schwarzschild-Modell zurückkommen, um die Frage der interstellaren Durchlässe zu prüfen, werde ich diese Situation eingehender erörtern.

Die Regionen III und II, der obere und untere Teil des X, entsprechen dem Inneren des Schwarzschild-Modells. Der dritte Bereich, *innere Zukunft* genannt, ist eine Region, in die sich Signale (aus den Bereichen I und IV) frei hineinbewegen können, sie aber nicht wieder verlassen können. Stünde also Mandy in Region III und Sandy in Region I, könnte sich Sandy mit Mandy in Verbindung setzen, während es Mandy unmöglich wäre, ihr zu antworten. Der Ereignishorizont ist eine Kommunikationsbarriere, die nur in eine Richtung wirkt.

Der zweite Bereich, die *innere Vergangenheit*, ist das genaue Gegenteil der inneren Zukunft: Signale können diese Region verlassen, aber niemals in sie hineingelangen. Mithin ist eine Einweg-Kommunikation von der Region II zur Region I und IV möglich – aber eben nicht der umgekehrte Weg.

Das Kruskal-Diagramm hat eine gewisse Ähnlichkeit mit einer Blutspendetabelle. Die Regeln sind ganz ähnlich:

Blutgruppe 0 (sprich: Bereich II) kann an die Blutgruppen A und B (sprich: Bereich I und II) gespendet werden, von diesen aber kein Blut empfangen. Umgekehrt können die Blutgruppen A und B an die Gruppe AB (sprich: Bereich III) spenden, aber kein Blut von AB oder voneinander vertragen. Die «Ereignishorizonte» verhindern in diesem Falle die Möglichkeit von «Zweiweg-Spenden».

Überlegen wir, was geschieht, wenn ein Objekt aus der Region I in Region III gelangt. Sobald es sich innerhalb des Ereignishorizontes befindet, ist ihm jede Rückkehr in die Außenwelt verwehrt, und nicht nur das – auch die Kommunikation nach draußen ist nicht mehr möglich. Unaufhaltsam wird das Objekt ins tiefste Innere gezogen, im Diagramm durch den obersten Rand des X dargestellt. Entsprechend ist auch die Bewegung in eine der anderen Regionen ein Ding der Unmöglichkeit. Damit erweist sich der Ereignishorizont am Schwarzschild-Radius tatsächlich als «Punkt ohne Wiederkehr».

Was repräsentiert der obere Rand des X? Dieser Abschnitt, der physikalische Mittelpunkt der Schwarzschild-Lösung, besteht aus einer echten, nicht zu vermeidenden Singularität – einem unvermittelten Bruch in der Kontinuität von Zeit und Raum. Alle Körper, die sich durch Region III bewegen, gelangen am Ende zu dieser Singularität, an der sie zur Nichtexistenz zerschellen – buchstäblich vom Rand der Raumzeit fallen. Nichts wird diese Singularität wieder preisgeben – alles, was sich in ihrer Nachbarschaft befindet, zerstört sie. Folglich könnte man diese Singularität der inneren Zukunft als absoluten «Verbraucher» bezeichnen.

Eine zweite Singularität des Kruskalschen Koordinatensystems liegt am unteren Rand des X, in der Region II. Von diesem Punkt gehen alle Bahnen der Region aus. Zwar kann diese Singularität Materie hervorbringen, aber keine verschlucken. Die Singularität der Vergangenheit, ein absoluter «Erzeuger», wird manchmal auch als *Weißes Loch* bezeichnet; mit seiner Bedeutung werden wir uns in Kapitel vier eingehender beschäftigen.

Mit Hilfe des Kruskal-Diagramms kann man auch andere Lösungen der Einstein-Gleichungen darstellen. Neben dem Schwarzschild-Modell, das elektrisch neutral ist und nicht rotiert, hat man auch geladene und/oder rotierende Schwarze Löcher entdeckt. 1963 leitete der neuseeländische Physiker Roy Kerr die Lösung der Einstein-Gleichungen für ein neutrales, rotierendes Schwarzes Loch ab: die *Kerr-Metrik*. 1965 wurde sie so erweitert, daß sie auch geladene Schwarze Löcher berücksichtigt. Dann spricht man meist vom *Kerr-Newman-Modell*.

Alle Fälle lassen sich als Kruskal-Diagramm mit Ereignishorizonten, Singularitäten und inneren Regionen entwickeln. Dabei erweist sich, daß Diagramme, die eine rotierende Materie abbilden – egal ob sie Ladung besitzen oder nicht –, ein weit komplexeres System von Regionen und Grenzen zeigen, als wir es aus dem Schwarzschild-Beispiel kennen. Beispielsweise bildet das Diagramm für die Kerr-Newman-Lösung eine unendliche Reihe von Xs – wie Papierpuppen, die an Händen und Füßen verbunden sind. Ereignishorizonte gestatten Signalen, sich zwischen benachbarten Regionen nur in einer Richtung zu bewegen. Jede andere Form der Kommunikation verhindern Singularitätsbarrieren.

Interessant ist die Frage, was diese endlose Kette von Abschnitten bedeutet. Zwar sperren sich einige skeptische Wissenschaftler gegen jede Lösung, die die Möglichkeit «anderer Welten» gelten läßt, weil ihnen das für ihren Geschmack zu sehr nach Science-fiction und Ufos klingt, doch sind auch einige theoretische Physiker heute der Meinung, diese unendliche Collage von Regionen liefere ein Modell für eine Beschreibung von Verbindungen zwischen fernen Abschnitten des Universums. Bislang hat sich die allgemeine Relativitätstheorie in allen Fällen bestätigt; warum sollten wir sie also in Zweifel ziehen, wenn sie eine Vielzahl miteinander verbundener Kosmen voraussagt? Mit Sicherheit lassen die astrophysikalischen Modelle, die die Kruskal-Diagramme entwerfen, einiges für die Möglichkeit kosmischer Abkürzungen erhoffen.

Interstellare Abkürzungen

Von einigen wenigen physikalischen Dissidenten abgesehen, akzeptieren heute alle Physiker Einsteins allgemeine Relativitätstheorie als das vollständigste Modell großräumiger Gravitationseffekte im Kosmos. Doch nicht alle von ihnen sind auch mit den radikalsten Schlußfolgerungen dieser Theorie einverstanden: daß es nämlich tunnelartige Verbindungen zwischen ansonsten separaten Teilen des Universums gibt. Doch offenkundig beschreiben einige der wichtigsten Lösungen für Einsteins Gleichungen zwei oder mehr separate Regionen der Raumzeit. Vielleicht hat dieses Weltenpotpourri also auch irgendeine physikalische Bedeutung.

Der flexible Charakter der Einsteinschen Raumzeit scheint im Gegensatz zur Starrheit von Raum und Zeit bei Newton die Existenz von Geometrien zuzulassen, die so stark verformt sind, daß quer durchs Universum verlaufende Verbindungen möglich werden. Nach den empirisch bewährten Schlußfolgerungen der allgemeinen Relativitätstheorie gibt es tatsächlich Risse, Brüche und Verbindungen im kosmischen Gewebe. Das Vorkommen solcher geometrischen Formationen regt natürlich zu Spekulationen über passierbare interstellare Abkürzungen an, die weit auseinanderliegende Teile des Universums miteinander verbinden.

In den letzten Jahrzehnten hat man ernsthaft begonnen,

unter den möglichen Lösungen der Einstein-Gleichungen nach solchen Abkürzungen zu suchen. Einige theoretische Physiker bemühen sich seither, mit Hilfe der in der allgemeinen Relativitätstheorie entdeckten kosmischen Verbindungen Methoden für den transgalaktischen Verkehr zu entwickeln. Bislang ist man auf eine Reihe von Sackgassen, aber auch auf einige außerordentlich vielversprechende Ansätze gestoßen.

Lassen sich Sternentore aus den Verbindungen zwischen Schwarzen Löchern entwickeln? Das Schwarzschild-Modell der nichtrotierenden Schwarzen Löcher scheint eine Verbindung zwischen zwei getrennten Teilen des Kosmos – oder vielleicht auch zwischen zwei ganz verschiedenen Universen – zu enthalten. Könnte ein Astronaut diesen kosmischen Durchlaß lebend passieren? Andererseits läßt die außerordentliche Komplexität der Kerr- und Kerr-Newman-Lösungen für die Gleichungen der Einsteinschen Relativitätstheorie offenbar darauf schließen, daß sehr massereiche, rotierende und unter dem Einfluß der Schwerkraft kollabierte Objekte eine weit größere Vielfalt kosmischer Verbindungen erzeugen würden. Und auch hier stellt sich die Frage: Gibt es Kerr-Tunnel, die passierbar sind? Im nächsten Kapitel werden wir uns mit der bislang erfolglosen Suche nach interstellaren Durchlässen in Schwarzen Löchern beschäftigen.

3. KAPITEL

Schwarze Löcher – Wege ins Nichts

Sternentod

Wenn man bedenkt, wie vertraut uns heute das Konzept des Schwarzen Loches ist, vermag man kaum zu glauben, daß der Name erst vor fünfundzwanzig Jahren von John Wheeler geprägt worden ist. Der einstige Princeton-Professor gilt als der Großvater der modernen Astrophysik. Die Liste seiner ehemaligen Studenten und Mitarbeiter könnte einen *Who's Who* der Sternentheorie füllen. Bevor er sich zu der Auffassung durchrang, daß es Schwarze Löcher wirklich gibt, betrachtete man diese Objekte als bloße Pannen in der ansonsten soliden Struktur der allgemeinen Relativitätstheorie. Erst Wheeler konnte mit seinen theoretischen Untersuchungen den Schwarzen Löchern einen festen Platz in der Theorie vom Sternentod sichern.

Doch die Ursprünge der Vorstellung von einem unsichtbaren Stern reichen viel weiter zurück. Immerhin ist schon vor mehr als *zweihundert Jahren*, 1784, in der englischen Zeitschrift *Philosophical Transactions of the Royal Society* der erste Aufsatz erschienen, in dem Spekulationen über das Vorkommen von Schwarzen Löchern zu lesen waren. In dieser erstaunlichen Arbeit beschreibt der Autor John Michell in allen Einzelheiten einen Prozeß, in dessen Verlauf ein Stern von sehr großer Masse seine Fähigkeit einbüßen könnte, Licht zu emittieren, weil für eine solche

Emission eine außerordentlich hohe Entweichgeschwindigkeit erforderlich wäre. Das von einem solchen Objekt abgegebene Licht hätte nicht die Geschwindigkeit, die erforderlich wäre, um dem Bannkreis des Himmelskörpers zu entkommen, und fiele einfach wieder auf seine Oberfläche zurück. Infolgedessen, so Michell, wäre ein solches Objekt vollkommen schwarz.

Zehn Jahre später erschien in Frankreich eine Arbeit aus der Feder von Pierre Laplace, der unabhängig von Michell über ein ähnliches Konstrukt spekulierte. In den ersten Ausgaben seines überaus einflußreichen Buchs *Darstellung des Weltsystems* geht Laplace auf den Begriff der «dunklen Körper» ein: Objekte, die groß genug sind, um alles emittierte Licht einzufangen. Merkwürdigerweise ist diese Bemerkung in späteren Ausgaben gestrichen worden, vielleicht weil Laplace oder sein Verleger inzwischen vorsichtiger geworden waren.

Im 19. Jahrhundert verstummten solche Hinweise praktisch ganz, vor allem weil man den Wellencharakter des Lichtes immer klarer erkannte und es deshalb für immateriell hielt. Infolgedessen konnte es nach der Newtonschen Physik nicht dem Einfluß der Schwerkraft unterliegen. Dieses mangelnde Interesse am Konzept des Schwarzen Loches hielt bis in die ersten Jahre unseres Jahrhunderts an. Dann wurde es, dank der Formulierung der allgemeinen Relativitätstheorie und des aus ihr abgeleiteten Konzepts der Lichtkrümmung durch die Gravitation erneut möglich, realistisch über die Bindung der Lichtenergie durch massereiche Sterne zu reden.

Man sollte meinen, die Entdeckung der Schwarzschild-Lösung für die Einstein-Gleichungen hätte eine intensive Suche nach Schwarzschildschen Schwarzen Löchern als Überreste der Sternenentwicklung auslösen müssen. Doch das war keineswegs der Fall: Die meisten Physiker hielten die lichtverschlingende Grenze der Schwarzschild-Lösung für einen mathematischen Irrweg. Man meinte, der komplexe Prozeß des Sternentods führe zu einem weit komplizierteren Endzustand, als es die Schwarzschild-Metrik – oder irgend eine andere einfache Lösung für die Einstein-Gleichungen – beschreiben könne.

Die Astrophysik brauchte noch mehr als vierzig Jahre – ein Zeitraum von entscheidender Bedeutung für die Entstehung der modernen Sternentheorie –, um die Frage nach der Bedeutung Schwarzer Löcher wieder aufzugreifen. Eingeleitet wurde dieser Prozeß vor allem durch die Arbeit zweier glänzender Physiker, die beide in späteren Jahren den Nobelpreis erhalten sollten: des indischen Physikers Subrahmanyan Chandrasekhar und des russischen Wissenschaftlers Lew Landau.

1928 begann der junge Chandrasekhar auf der Reise nach Cambridge in England, wo er bei dem namhaften Astronomen Arthur Eddington studieren wollte, die Einzelheiten eines Problems auszuarbeiten, das den Sternenkollaps betraf. Dabei ging es ihm um die Frage, unter welchen Bedingungen die Endzustände von Sternen stabil sind. Damals wußte man ziemlich genau, daß Sterne ihren Wasserstoffbrennstoff in einem thermonuklearen Prozeß verbrennen, der erhebliche Überschußenergie erzeugt. Der enorme Druck nach außen, den diese zusätzliche Wärme hervorruft, gleicht die nach innen wirkende Schwerkraft der die Sterne konstituierenden Atome aus und verhindert, daß die Sterne in sich zusammenstürzen. Chandrasekhar fragte sich, was geschähe, wenn der Wasserstoff und die anderen Kernbrennstoffe erschöpft wären. Mit Gewißheit fände ein Kollaps statt. Die Frage war nur: Würde die Kontraktion an eine Grenze stoßen oder würde sie sich fortsetzen, bis der Stern zu einem einzigen Punkt zusammengeschrumpft wäre?

Chandrasekhar berechnete den Einfluß des wichtigsten Faktors, der einen Stern am vollständigen Kollaps hindern könnte – der durch das Paulische Ausschließungsprinzip verursachten Abstoßungskraft. Dabei stellte er fest, daß das Ausschließungsprinzip bei relativ kleinen Sternen die Elektronen weit genug auseinanderhielte, um den Gravitationskollaps des Sterns zum Stillstand zu bringen. Doch bei Sternen von mehr als ungefähr anderthalb Sonnenmassen – einer Masse, die wir heute als *Chandrasekhar-Grenze* bezeichnen – wäre diese Widerstandskraft nicht groß genug, um die Sterne vor weiterer Schrumpfung zu bewahren. Infolgedessen gibt es nach Chandrasekhar für Sterne zwei mögliche Endzustände, die von ihrer Ausgangsmasse abhängen: einen stabilen winzigen Stern, einen sogenannten *Weißen Zwerg*, oder einen physikalischen Zustand, der weit kompakter wäre als gewöhnliche Materie, das heißt, einen Zustand, den man später als Schwarzes Loch bezeichnen sollte.

Etwa zu der Zeit, als Chandrasekhar sein Studium abschloß, gelangte Lew Landau unabhängig von ihm zu ähnlichen Schlußfolgerungen über den Sternentod. Doch Landau postulierte *drei* denkbare Endzustände für Sterne, die von ihrer Masse abhängen: Weiße Zwerge, die sogenannten Neutronensterne und Schwarze Löcher. Die Dichte und andere Eigenschaften dieser Finalformen werden von dem Widerstand bestimmt, den die inneren Kräfte, zum Beispiel das Pauli-Prinzip, der Schwerkraft entgegenzusetzen haben – wobei die Weißen Zwerge den stärksten Widerstand und die Schwarzen Löcher den schwächsten zu bieten haben.

Betrachten wir nun die drei verschiedenen Zerfallsszenarien, wie sie Landau für das Sternenende entwirft. Im ersten Fall, der Sterne von ungefähr einer Sonnenmasse oder weniger betrifft, würde der Gravitationskollaps von der Elektronenabstoßung zum Stillstand gebracht werden, so daß der stabile Endzustand der Weißen Zwerge erreicht würde. Zwar wären Weiße Zwerge außerordentlich kompakt, bestünden aber trotzdem aus gewöhnlicher (atomarer) Materie.

Zu Landaus Zeit wußte man bereits, daß viele große Sterne, etwa Sirius, winzige, strahlende Weiße Zwerge als Begleiter haben. 1841 gelangte der Astronom Friedrich Bessel nach sorgfältigen Messungen der Störungen in der Pekuliarbewegung des Sirius zu dem Ergebnis, daß er einen unsichtbaren Begleiter hat. Dieses Objekt, Sirius B, war der erste Weiße Zwerg, den man entdeckt hat. Später, im Jahre 1896, fand man ein ähnliches kleines Objekt, das den Stern Procyon umkreist, woraus zu schließen ist, daß Weiße Zwerge relativ häufig vorkommen. 1915 bewies Walter Adams schließlich, daß Sirius B und ähnliche Sterne sehr heiß und außerordentlich kompakt sind – genau die Eigenschaften, die die Theorie für Weiße Zwerge vorhersagt.

Tatsächlich sind Weiße Zwerge extrem klein, dicht und heiß. Diese Sternenreste haben Radien von lediglich ein paar Tausend Kilometern und Dichten von mehreren Hundert Tonnen pro Kubikzentimeter. Infolge ihrer geringen Größe – ihre Durchmesser entsprechen denen durchschnittlicher Planeten – vermag das bloße Auge sie nicht wahrzunehmen. Ferner sind ihre Temperaturen mehr als zweitausend Grad heißer als die der Sonne. Echte Weiße Zwerge sind extreme Phänomene unter den astronomisch erkennbaren Sternen.

Die zweite Möglichkeit des Sternentods tritt nach Landaus Theorie beim Kollaps von Sternen mit etwa anderthalbfacher Sonnenmasse ein. Dabei bildet sich ein sogenannter *Neutronenstern*, der noch winziger und dichter als ein Weißer Zwerg ist. Neutronensterne bestehen ausschließlich aus Kernmaterie (das heißt, im wesentlichen aus Neutronen mit einem geringen Zusatz von Protonen und Elektronen).

Wie entstehen Neutronensterne aus gewöhnlichem Sternenmaterial? Zunächst werden bei diesen massereichen

Objekten die Gravitationskräfte so stark, daß sie die Abstoßungskräfte der Elektronen überwinden. Dadurch verlieren alle Atome, die den Stern aufbauen, ihre Elektronen. Es entsteht ein Gemisch aus Atomkernen und freien Elektronen. Irgendwann werden die Elektronen weitgehend von den Atomkernen absorbiert. Gleichzeitig wandeln sich viele Protonen in Neutronen um. Schließlich stabilisiert sich dieser Prozeß – infolge der Pauli-Abstoßung der Neutronen, die jetzt die Haupt-Bausteine des Sterns bilden –, und der Stern erstarrt in einem reinen Kernzustand. Ein solches kosmisches Objekt besteht aus einem höchst ungewöhnlichen Material, das unvorstellbar dicht ist – bis zu 10^{14}mal dichter als gewöhnliche feste Körper. Ein Stück von der Größe eines Fingerhuts wöge ungefähr 100 Millionen Tonnen. Würde man die Sonne zu einem solchen Zustand zusammenpressen, hätte sie einen Durchmesser von nur wenigen Kilometern, die Erde von ein paar Zentimetern. Infolge dieser enormen Dichten müßten Objekte auf der Oberfläche solcher kompakter Körper Geschwindigkeiten von nahezu der halben Lichtgeschwindigkeit erreichen, um der Anziehungskraft des Himmelskörpers zu entkommen.

1967 stieß man gänzlich zufällig auf das erste Objekt, von dem man meint, es dieser Kategorie zurechnen zu können. Das geschah im englischen Cambridge, als der Astronom Antony Hewish seine Doktorandin Jocelyn Bell aufforderte, die Daten eines neuen, von ihm entworfenen Radioteleskops zu untersuchen. Sehr zu ihrer Überraschung fand Bell, unter vielen anderen Daten begraben, einen merkwürdigen, erstaunlich regelmäßigen Radioimpuls. Zunächst hielt sie dieses periodische «Blinken» für eine irdische Störung. Dann vermutete sie, es sei ein Signal von einer fernen außerirdischen Zivilisation.

Nachdem Bell und Hewish diese Möglichkeiten ausgeschlossen hatten, gelangten sie zu einer ziemlich revolutionären Schlußfolgerung: Sie hatten einen rasch rotierenden Neutronenstern entdeckt – einen *Pulsar*, wie sie ihn wegen seines pulsierenden Signals nannten.

1974 erhielt Hewish den Nobelpreis, weil er als erster eines der von Landau vorhergesagten Objekte indirekt «gesichtet» hatte (Bell wurde nicht berücksichtigt). Bislang ist eine *direkte* Beobachtung von Neutronensternen wegen ihrer außerordentlich beschränkten Größe noch nicht möglich gewesen. Doch angeregt von Bells und Hewish' Arbeit haben viele Wissenschaftler detaillierte Messungen anderer pulsierender Körper vorgenommen, von denen man ebenfalls annimmt, daß es sich um Neutronensterne handelt.

Weder Weiße Zwerge noch Neutronensterne wären für die Suche nach interstellaren Abkürzungen von großem Interesse. Ihre Gravitationseffekte entsprächen Beulen und nicht Rissen in unserem Raumzeitbild, weshalb sie keine Verbindungen zwischen fernen Teilen des Universums herstellen können. Alle Tunnel brauchen Eingänge, und diese Sternenreste weisen keine auf. Trotzdem läßt die Existenz der merkwürdigen Himmelskörper hoffen, daß wir andere Strukturen entdecken werden, die passierbare kosmische Durchlässe enthalten.

Bei Weißen Zwergen und Neutronensternen verhindert eine physikalische Barriere den vollständigen Gravitationskollaps dieser Objekte. Doch was geschieht, wenn die Ursprungsmasse des Sterns größer als die Chandrasekhar-Grenze ist und die Schwerkraft alle Widerstände überwindet? Über diesen dritten Fall wußte Landau nicht viel zu sagen; ihm erschien die Vorstellung des vollständigen Kollapses zu seltsam, um als realistisch gelten zu können. Erst 1939 – mit der Arbeit des amerikanischen Wissenschaftlers J. Robert Oppenheimer – wurde diese Frage untersucht.

Bekannt geworden ist Oppenheimer vor allem, weil er in den vierziger Jahren die geheime Entwicklung der Atombombe geleitet hat und weil er sich in den fünfziger Jahren vor dem Senatsausschuß zur Untersuchung «unamerikanischer Umtriebe» (McCarthy-Ausschuß) heftigen Angriffen ausgesetzt sah. Doch einen wichtigen wissenschaftlichen Beitrag leistete er viel früher auf dem Gebiet der Astrophysik – als er nämlich das Problem des Gravitationskollapses anging.

In einem bahnbrechenden Artikel über den Sternentod bewies Oppenheimer, daß ein Stern, der mehr als ungefähr drei Sonnenmassen besitzt, einem weit aufregenderen Schicksal entgegengeht als Weiße Zwerge und Neutronensterne. Oppenheimers Szenario beginnt in dem Augenblick, da der schwere Stern den letzten Tropfen seines lebenspendenden Kernbrennstoffs verbraucht hat. Seiner Energiequelle beraubt, beginnt der Stern rasch zu schrumpfen – in dem vergeblichen Versuch, die durch die Kontraktion gewonnene Energie in die zur Erhaltung seiner Gestalt erforderliche Kraft umzuwandeln. Obwohl nutzlos, setzt sich dieser Schrumpfungsprozeß fort, während der Stern immer kompakter wird.

Falls der Gravitationskollaps sehr überstürzt erfolgt, ereignen sich eine Reihe katastrophenartiger Explosionen. Stoßwellen, die durch die ungeheure Kontraktion hervorgerufen werden, laufen durch das periphere Material des Sternenrelikts und veranstalten ein kosmisches Feuerwerk, indem sie gewaltige Gasmengen in den Himmel schleudern. Diese «Lightshow» ist seit Jahrtausenden als farbiges Resultat dessen zu bewundern, was wir eine *Supernova* nennen. Der Krebsnebel ist zweifellos die Folge einer solchen kosmischen Katastrophe. Die Supernova, die ihn schuf, wurde von chinesischen Astronomen im Jahr 1054 beobachtet.

Auf jeden Fall würde das, was immer von dem einst riesigen Stern übrigbliebe, seinen Weg in den Untergang unaufhaltsam schrumpfend fortsetzen. Wären die Reste von geringerer Masse, könnte sie ihre innere Quantendynamik, wie im Paulischen Ausschließungsprinzip verkörpert, vor dem vollständigen Kollaps bewahren; das Ergebnis wäre ein Neutronenstern. Doch in dem hier betrachteten Fall wäre das Gewicht der verbleibenden Sternenmasse so groß, daß es alle Widerstände der atomaren Strukturen überwinden und zum völligen Kollaps führen würde. Selbst der scheinbar unantastbare innere Aufbau der Elementarteilchen, die den Rest bildeten, hätten der unwiderstehlichen Gewalt der Gravitationskräfte nichts entgegenzusetzen.

Schließlich bliebe von dem einst strahlenden Stern nur noch eine dunkle, formlose Masse übrig – ein ultradichtes Gemenge aus Materie und Energie. Seine Gravitationskräfte wären so groß, daß selbst Licht aus seiner unmittelbaren Nähe nicht entweichen könnte. Da sich ein solches Relikt jeder direkten Beobachtung entzöge, ließe sich seine gespensterhafte Existenz nur an seiner verzerrenden Wirkung auf die Bahnen benachbarter Objekte ablesen. Kurzum, es wäre zu einem massereichen, unsichtbaren Malstrom geworden: einem Schwarzen Loch im All.

Das Schwarze Loch erscheint

Oppenheimers Erklärung des Gravitationskollapses extrem massereicher Sterne und des schwarzen Strudels, der diesen Zerfallsprozeß überlebt, hat bemerkenswerte Ähnlichkeit mit dem lichtverschlingenden Szenario, das die Schwarzschild-Lösung der allgemeinen Relativitätstheorie beschreibt. Tatsächlich hat der kanadische Wissenschaftler Werner Israel 1967 die Vermutung geäußert, daß sich alle nichtrotierenden Schwarzen Löcher, die durch Sternenkollaps zustande kommen, mit dem Schwarzschild-Modell exakt beschreiben lassen.

Interessanterweise ist der Schwarzschildsche Entwurf des Schwarzen Loches außerordentlich regelmäßig in seinen physikalischen Eigenschaften: sphärisch, symmetrisch und gleichförmig. Darüber hinaus sind alle nichtrotierenden Schwarzen Löcher identisch in ihrer Beschaffenheit. Man sollte meinen, daß eine so einfache Lösung der Einstein-Gleichungen das Endprodukt des komplexen Sternenkollapses schwerlich angemessen wiedergeben könnte.

Doch eingehende Berechnungen von John Wheeler und dem Oxforder Mathematiker Roger Penrose haben gezeigt, wie sich diese vollkommene Einfachheit aus außerordentlich komplexen Vorgängen entwickeln könnte. Penrose, ein Meister in der Analyse abstrakter geometrischer und topologischer Probleme, ist ein relativer Neuling auf dem Gebiet der Astrophysik. Trotzdem hat er dort schon vieles bewegt und sogar eigene, vereinfachende Darstellungsweisen entwickelt. Im Laufe der Jahre hat er im Verlauf seiner Tätigkeit in England und in Amerika eine Vielzahl von Themen behandelt – von der Begründung, warum der Zeitpfeil nur eine Richtung kennt, bis zu einer eigenen Methode der Parkettierung von Ebenen, von der Entwicklung komplizierter mathematischer Rätsel bis zur Frage nach der Bedeutung künstlicher Intelligenz. Seine Zusammenarbeit mit Astronomen und Physikern wie Wheeler, E.T. Newman und Stephen Hawking haben sich für alle Beteiligten als außerordentlich fruchtbar erwiesen. 1988 bekamen Hawking und er den angesehenen Wolf-Preis für ihre gemeinsame Arbeit auf dem Gebiet der Kosmologie.

Zusammen mit Wheeler vertrat Penrose die Ansicht, die asymmetrischen, nichtsphärischen Bestandteile eines sterbenden, nichtrotierenden Sterns würden während dessen Todeskampf abgeworfen. Alle unregelmäßigen Elemente müßten von dem zerfallenden Objekt abgestrahlt werden. Übrig bleibe zwangsläufig ein überaus symmetrisches, vollkommen sphärisches Objekt, das infolgedessen ideal geeignet sei, durch die Schwarzschild-Lösung dargestellt zu werden.

Bislang haben wir nur den *nichtrotierenden* Fall betrachtet. Was würde in der allgemeineren Situation, beim Zerfall eines *rotierenden* Sterns, geschehen? Wie sich herausstellt, ist die Lösung für diesen Fall kaum komplexer als Israels Fortführung der Schwarzschildschen Arbeit.

Im Prinzip müssen alle stellaren Objekte von mehr als drei Sonnenmassen schließlich zu Formen zerfallen, wie sie Roy Kerr 1963 beschrieben hat (die Kerr- und die Kerr-Newman-Lösung, die wir im vorigen Kapitel betrachtet haben). Dies sind die einzigen Formen Schwarzer Löcher, die in der Natur vorkommen können. Schwarzschilds statische Schwarze Löcher bilden nur eine besondere Unterklasse dieser Lösungen. 1970 skizzierte der Cambridger Astrophysiker Brandon Carter die Grundzüge dieses wichtigen Ergebnisses. Vervollständigt wurde der Beweis 1973 von David Robinson, einem theoretischen Physiker an der University of London (unter Rückgriff auf einige Beiträge von Hawking). Ihre Arbeit schuf die Voraussetzung für eine vollständige und außerordentlich erfolgreiche Theorie des Sternentods und der Schwarzen Löcher, die heute noch gültig ist.

Häufig bezeichnet man die Ergebnisse von Carter und Robinson mit dem Scherzwort «Ein Schwarzes Loch hat keine Haare». Mit dieser seltsamen Äußerung ist der Umstand gemeint, daß alle Eigenschaften eines Schwarzen Loches auf drei Größen reduziert sind: seine Masse, seine Ladung und seinen Drehimpuls. Alle anderen Informationen über die frühere Beschaffenheit des Sterns gehen während des Kollapses verloren. Infolgedessen zeigen Schwarze Löcher eine merkwürdige Gleichförmigkeit – ganz ähnlich wie frischgebackene US-Marineinfanteristen, nachdem man ihnen ihre Uniformen und den obligaten Kurzhaarschnitt verpaßt hat. Wie bei diesen Soldaten sorgt die «Keine-Haare-Bedingung» der Schwarzen Löcher für ihr fast identisches Erscheinungsbild.

Schwarzen Löchern ist kein Hinweis auf ihre Herkunft zu entnehmen. Stieße man auf sie, könnten sie nur drei Informationen über sich preisgeben: ihre Masse, ihre Ladung und ihren Drehimpuls. Keine noch so sorgfältige Prüfung könnte ihnen mehr Geheimnisse über ihre Herkunft entlocken. Aus dem «Keine-Haare-Theorem» geht also hervor, daß ihnen das Geheimnis ihrer Vergangenheit nicht zu entreißen ist.

Was für Entstehungsgeschichten könnten Schwarze Löcher verbergen? Es erweist sich, daß sich diese dunklen Relikte auf höchst unterschiedliche Arten gebildet haben könnten, nicht nur durch den Kollaps massereicher Sterne. Mögliche andere Entstehungsursachen wären die rasche Kollision und Verschmelzung großer Mengen interstellarer Gase und Materialien sowie der Kollaps massereicher Sternensysteme oder Galaxien. Außerdem könnte das frühe Universum Milliarden *urzeitlicher Schwarzer Löcher* enthalten haben: winzige, extrem kompakte Objekte, bis zu 10^{-5} Gramm klein, die sich aus anfänglichen Dichtestörungen im kosmischen Gewebe entwickelt hätten. Einige dieser Objekte könnten bis heute überlebt haben; aus anderen haben sich möglicherweise die Keime für die Entstehung von Galaxien gebildet.

Einmal entstanden, entpuppen sich Schwarze Löcher als gefräßige Kreaturen. Sie verschlingen alle Materie und Energie, die ihnen in die Quere kommen, und sie nehmen entsprechend zu. Jedesmal wenn Planeten, Asteroide oder andere Materieklumpen durch ihre semipermeablen Membranen (Ereignishorizonte) dringen, fügen diese verdunkelten Vielfraße ihrer ohnehin schon aufgeschwemmten Gestalt weitere Masse zu. Außerdem zerstören sie nach Beendigung ihrer Mahlzeit mittels des informationsvernichtenden «Keine-Haare-Satzes» alle Hinweise auf ihr

Gelage. Durch die Garantie, daß alles, was sich über Schwarze Löcher in Erfahrung bringen läßt, Masse, Ladung und Drehmoment sind, sorgt das «Keine-Haare-Prinzip» praktisch für die vollständige Vernichtung aller Kenntnisse über die Bestandteile von Schwarzen Löchern.

Sterne, die von Schwarzen Löchern als Begleiter umkreist werden, sind wahrlich zu bedauern. Die fossilen Partner benutzen ihre privilegierte Situation als Zwillingsgestirne dazu, riesige Freßorgien zu veranstalten, bei denen sie große Mengen der Materie und Energie verschlingen, die ihre noch lebenden Nachbarn erzeugen. Schließlich saugen sie alles Leben aus ihnen heraus, so daß diese den Rest der Ewigkeit als zerstörte Materieklumpen verbringen – oder als weiteres Futter für den unersättlichen Appetit des Schwarzen Loches.

Die Freßgier Schwarzer Löcher gibt sich nicht mit interstellarem Staub und anderem Material zufrieden, das sie anderen Himmelskörpern abspenstig machen. Nein, diese unersättlichen Kreaturen ernähren sich auch manchmal von Angehörigen ihrer eigenen Rasse. Große Schwarze Löcher können zu Kannibalen werden und in ihre Nähe verirrte kleinere Schwarze Löcher verspeisen, während zwei oder mehr solcher Objekte, die sich in unmittelbarer Nachbarschaft befinden, zu einem großen, massiveren Objekt verschmelzen können. So ist das Wachstum Schwarzer Löcher praktisch grenzenlos.

Die Mechanismen und Regeln für die Fusion Schwarzer Löcher ist Anfang der siebziger Jahre im Grunde genommen von einem einzigen Mann entdeckt worden, dem bedeutenden englischen Astronomen Stephen W. Hawking. In den letzten Jahrzehnten hat Hawking unschätzbare Beiträge auf dem Gebiet der Astrophysik, Teilchenphysik und Kosmologie geleistet. Seine geduldige Arbeit, vorangetrieben trotz schwerster körperlicher Behinderung durch ALS (amyotrophe Lateralsklerose), hat die moderne Gravitationstheorie in einer Weise revolutioniert, die nur noch von Einsteins Entdeckungen übertroffen wird. Obwohl Hawking an den Rollstuhl gefesselt ist und sich nur noch über einen computergesteuerten Sprachsynthesizer verständigen kann, schweifen seine Gedanken ungebunden durch den Kosmos und haben viele Geheimnisse des Universums gelöst, an denen die Physiker lange herumrätselten.

In Cambridge promovierte Hawking bei dem namhaften Physiker Dennis Sciama. Im ersten Jahr seines dortigen Studiums entdeckte er seine Krankheit, absolvierte aber trotzdem mit großer Energie sein Forschungsprogramm in theoretischer Astrophysik. Er begann sich intensiv mit dem Problem des Gravitationskollapses zu beschäftigen und entwickelte Mitte der sechziger Jahre zusammen mit Roger Penrose wichtige Theoreme, die bewiesen, daß alle Schwarzen Löcher in ihrem Mittelpunkt Singularitäten enthalten müssen.

Etwa zu dieser Zeit wurde Hawking auf den Lukasischen Lehrstuhl für Mathematik in Cambridge berufen, jenes ehrenvolle Amt, das einst Isaac Newton bekleidete. In seiner neuen Eigenschaft als ordentlicher Professor arbeitete er auch weiterhin eng mit bekannten Wissenschaftlern aus England, den Vereinigten Staaten und Europa zusammen, unter anderem mit Carter, Sciama, Penrose und Seldowitsch (aus Moskau). Dabei entstand eine umfassende Theorie der Gravitationsphänomene, die sich in erster Linie mit Problemen der Schwarzen Löcher und des frühen Universums befaßte.

Hawkings Beitrag zum Problem der Kollision mehrerer Schwarzer Löcher betrifft die Beschaffenheit des massereichen Objektes, das dabei entstünde. Zunächst einmal zeigte er, daß es nach der Kollision und Verschmelzung zweier Schwarzer Löcher keine Möglichkeit gibt, das daraus entstehende Objekt wieder in ein Paar Schwarzer Löcher aufzuteilen. Mithin wären alle Kollisionen Schwarzer Löcher vollkommen *irreversibel.* Zweitens wies er nach, daß bei der Vereinigung zweier Schwarzer Löcher die Oberfläche des resultierenden Schwarzen Loches die Flächensumme der ursprünglichen Schwarzen Löcher übertreffen müßte.

Einfach ausgedrückt, Hawkings Regeln legen für Schwarze Löcher eine Dynamik fest, nach der sie sich nur verbinden, nicht aber teilen und wachsen können. Wie der «Blob», der amorphe, gefräßige Bösewicht aus dem mit geringem Aufwand gedrehten Horrorfilm gleichen Namens, vergrößern Schwarze Löcher bei jedem Freßakt ihre Oberfläche und verlieren die so erworbene Extrakapazität niemals wieder. Damit nimmt der Gesamtanteil Schwarzer Löcher am Universum ständig zu.

Wenn sich das Universum also auf diese Weise weiterentwickelt und Hawkings Gesetze sich als wahr erweisen, werden Schwarze Löcher den Löwenanteil des Kosmos bilden (wenn sie das nicht jetzt schon tun). Dann werden diese dunklen Monster die verbleibenden Sterne und Planeten in ihr Inneres ziehen. Nach diesem freudlosen Szenario wird das Universum schließlich einen «Wärmetod» erleiden: ein kaltes, düsteres Ende. Glücklicherweise wird dieser Prozeß jedoch noch Milliarden und Abermilliarden Jahre in Anspruch nehmen.

Cygnus X-1

Die materielle Existenz Schwarzer Löcher zu beweisen, mag auf den ersten Blick unmöglich erscheinen. Da Schwarze Löcher definitionsgemäß kein Licht emittieren, sollte man meinen, daß sie so schwer zu entdecken sind wie «schwarze Katzen in einem Kohlenkeller» (so Hawking). Im übrigen wären Schwarze Löcher stellaren Ursprungs so winzig – etwa fünfzehn Kilometer oder weniger im Durchmesser – und so unglaublich weit entfernt – Hunderte von Billionen Kilometer von uns fort –, daß sie bestenfalls als winzige dunkle Flecken am riesigen Himmel erschienen. Da sie angesichts so winziger Ausmaße eine Winkelgröße von ungefähr 10^{-8} Bogensekunden aufwiesen, ist kaum vorstellbar, daß man Schwarze Löcher jemals direkt beobachten wird.

Eine indirekte Methode zur Entdeckung Schwarzer Löcher, die auf den ersten Blick plausibel erscheint, hat mit der oben beschriebenen Lichtkrümmung zu tun. Nehmen wir an, ein Schwarzes Loch kreuze die Bahn eines fernen Sterns. Natürlich müßte die Gravitationswirkung des Schwarzen Loches das Licht des Sterns veranlassen, in meßbarer Weise von seiner normalen Bahn abzuweichen. Das Problem ist nur, daß die Aussichten für eine so exakte Ausrichtung von Stern, Schwarzem Loch und Beobachter außerordentlich gering sind, viel zu gering für eine realistische Erfolgserwartung.

Bei weitem am erfolgversprechendsten ist die Beobachtung meßbarer Auswirkungen eines unsichtbaren Begleiters auf einen sichtbaren Stern in einem Doppelsternsystem. Dazu müßte man sorgfältig nach Sternen suchen, die scheinbar um «überhaupt nichts» kreisen. Wenn man die Parameter der Bahnbewegung eingehend prüft, wird man die Masse des unsichtbaren Begleiters wahrscheinlich indirekt messen können. Die sich daraus ergebenden Werte könnte man mit den für Schwarze Löcher erwarteten Massen vergleichen. Wären die Massen der unsichtbaren Objekte groß genug, könnte man zu Recht darauf schließen, daß sie unsichtbaren Schwarzen Löchern entsprechen.

Die Idee zu dieser Methode ist schon sehr alt: John Michell hat sie vor langer Zeit (1784) zur Entdeckung dessen vorgeschlagen, was man später als Schwarzes Loch bezeichnen sollte: «Sollte ein anderer leuchtender Körper um sie [die Schwarzen Löcher] kreisen, so könnten wir vielleicht aus den Bewegungen dieser kreisenden Körper mit einer gewissen Wahrscheinlichkeit auf die Existenz des Zentralkörpers schließen, denn die scheinbaren Unregelmäßigkeiten der kreisenden Körper wären als entsprechende Hinweise zu werten...»

Augenscheinlich hat Michell vor mehr als *zweihundert Jahren* eine erfolgreiche moderne Experimentaltechnik vorgeschlagen.

Dieses Verfahren allein würde allerdings keineswegs genügen. Zwar könnte uns die Beobachtung von Doppelsternsystemen auf hoffnungsvolle Kandidaten für Schwarze Löcher aufmerksam machen, sie wäre aber nicht in der Lage, die entscheidenden Beweise dafür zu liefern, daß sich diese dunklen Objekte auch tatsächlich in der von der Gravitationstheorie vorhergesagten Weise verhalten. Es ließen sich nämlich auch andere Erklärungen für die Unsichtbarkeit dieser Körper denken. Zur Ergänzung solcher Bahnmessungen müßte deshalb noch die Strahlung, die die Kandidaten für Schwarze Löcher emittieren, exakt gemessen werden. Solche Emissionsaufzeichnungen könnten die Authentizität der unsichtbaren Objekte belegen.

Die Strahlung, die Schwarze Löcher nach der Theorie in Doppelsternsystemen abgeben, geht in erster Linie auf die Energie zurück, die entsteht, wenn der sichtbare Stern heiße Gase ins All schleudert und sie vom verborgenen Begleiter geschluckt werden. Die Gesamtmenge der erzeugten Strahlung, eine Größe, die man in der Astronomie als *Leuchtkraft* bezeichnet, richtet sich direkt nach der Gasmenge, die auf das Schwarze Loch zustürzt.

In Doppelsternsystemen, in denen sich der sichtbare Stern und das Schwarze Loch in der üblichen Entfernung zueinander befänden, wäre diese Leuchtkraft sehr gering, weil die Gasmenge, die vom Stern zum Schwarzen Loch gelangte, sehr klein wäre. Dies würde auch für Fälle gelten, in denen die Sterne von durchschnittlicher Größe, sagen wir, der der Sonne, wären. Infolgedessen wäre das erzeugte Licht in diesen Fällen wahrscheinlich nicht zu entdecken.

Wenn die Abstände zwischen den Begleitsternen jedoch gering sind und der leuchtende Stern sehr groß ist, werden Riesenmengen gasförmigen Materials zwischen dem Stern und dem Schwarzen Loch transportiert. Dieses Material wirbelt um das Schwarze Loch herum und bildet eine Gaswolke, die man als *Akkretionsscheibe* bezeichnet. Wenn sich das Gas von der Scheibe aus spiralförmig auf das Schwarze Loch zubewegt, erhitzt es sich und gibt viel Strahlung ab. Die Leuchtkraft eines solchen Systems ist ziemlich hoch und die Aussicht, daß die emittierte Strahlung entdeckt wird, sehr gut. Die Strahlung wird, vor allem als hochfrequente Röntgenstrahlen, in unregelmäßigen Impulsen abgegeben. Die Unregelmäßigkeit geht auf die flackernden Emissionen zurück, die erfolgen, während die Gase des Sterns sich spiralförmig auf die Fläche des Schwarzen Loches zubewegen. Diese Röntgenstrahlen werden durch die Erdatmosphäre absorbiert, können also nur im All entdeckt werden.

Deshalb hat man 1970 den Röntgen-Satelliten *Uhuru* (das Suaheli-Wort für «Freiheit») in Umlaufbahn gebracht. Solche Satelliten besitzen spezielle Instrumente für die Beobachtung von Röntgenstrahlen, wie sie unter anderem von Materie ausgesandt werden, die in Schwarze Löcher fällt. Während seiner Betriebszeit entdeckte *Uhuru* 339 neue Röntgenquellen, die Mehrzahl im Jahre 1972. Diese Quellen wurden mit Hilfe von Instrumenten, die sich auf anderen Satelliten befanden, näher untersucht.

In den siebziger und achtziger Jahren wurden auf diese Weise einige vielversprechende Kandidaten für Schwarze Löcher entdeckt. Einer zum Beispiel in der Nähe des Sternbilds Schwan (Cygnus). Man stellte fest, daß die

Röntgenquelle, Cygnus X-1 genannt, aus einem riesigen sichtbaren Stern von zwanzig Sonnenmassen besteht, den ein unsichtbares Objekt von zehn Sonnenmassen umkreist. Der unsichtbare Körper ist viel zu schwer, um ein Weißer Zwerg oder ein Neutronenstern sein zu können. Seine Masse überschreitet die Chandrasekhar-Grenze um ein vielfaches. Deshalb handelt es sich bei dem Objekt mit hoher Wahrscheinlichkeit um ein Schwarzes Loch, das sich aus einem Sternenkollaps gebildet hat. Weitere Anhaltspunkte, unter anderem sorgfältige Messungen der Röntgen-Leuchtkraft und der Strahlungseigenschaften des Systems, sprechen ganz entschieden dafür, daß Cygnus X-1 ein Schwarzes Loch von ungefähr dreißig Kilometern Durchmesser enthält. Andere wahrscheinlich auch zu Schwarzen Löchern kollabierte Sterne sind mittels ähnlicher Techniken im dichten Mittelpunkt unserer eigenen Galaxis entdeckt worden, wo massereiche Sterne sehr häufig vorkommen, aber auch in ferneren Regionen wie den Magellanschen Wolken (zwei benachbarten Galaxien).

Auch weiterhin werden neue Röntgensatelliten entwikkelt und ins All gebracht, weil man hofft, sie könnten noch schlüssigere Informationen über Schwarze Löcher liefern. Das Einstein-Observatorium (HEAO-2), 1978 in Umlaufbahn gebracht, war mit einem Röntgenteleskop ausgerüstet. 1998 will die NASA ein hochentwickeltes astrophysikalisches Röntgenbeobachtungsgerät ins All schießen. Man hofft mit diesem neuen Gerät die noch vorhandenen Lücken in unserem Verständnis der Schwarzen Löcher schließen zu können.

Nach der Entdeckung von Cygnus X-1 und anderen Objekten, hinter denen man Schwarze Löcher vermutet, wurde für die meisten Theoretiker klar, daß sie gut daran täten, diese Objekte sehr ernst zu nehmen. Auf Trab gebracht von «Trendsettern» in Sachen Schwarze Löcher wie John Wheeler, schüttelten sie ihre Befürchtungen weitgehend ab, es könnte sich hier um Irrwege der allgemeinen Relativitätstheorie handeln. Mitte der siebziger Jahre bemühte man sich also verstärkt darum, die Schwarzen Löcher in die gültige Theorie zu integrieren, statt sich weiterhin den Kopf darüber zu zerbrechen, ob es sie tatsächlich gibt.

Damals war eines der schwierigsten Probleme, vor das die Schwarzen Löcher die Physiker stellten, die Frage, in welcher Beziehung diese kosmischen Objekte zur Thermodynamik stehen. Die jahrhundertealten Sätze der Thermodynamik, die die Beziehung von Konzepten wie Wärme, Temperatur und Energie beschreiben, gelten bei theoretischen Physikern als praktisch unumstößlich. Doch die Schwarzen Löcher schienen einem dieser Grundgesetze eindeutig zu widersprechen.

Das Problem stellte sich nicht beim Ersten Hauptsatz der Thermodynamik, dem Satz von der Energieerhaltung, sondern beim Zweiten Hauptsatz, der die Entropiezunahme postuliert. Im ersten Falle war leicht zu zeigen, daß Schwarze Löcher dieses Prinzip nicht verletzen – daß nämlich die Gesamtenergie des Universums, legt man alle in ihm ablaufenden Prozesse zugrunde, gleich bleiben muß. Zwar absorbieren Schwarze Löcher Energie in Form von Lichtstrahlen und Materie, aber sie vernichten sie nicht, sondern verwandeln sie nur. Letztlich wird die Energie, die in Schwarze Löcher gelangt, in deren Struktur integriert; sie vergrößert ihre Masse.

Allerdings schienen sich Schwarze Löcher nicht an den Zweiten Hauptsatz der Thermodynamik zu halten, der sich auf verschiedene einander gleichwertige Weise formulieren läßt. Einmal kann man ihn mit der etwas abstrakten, aber physikalisch exakt definierten Größe der *Entropie* zum Ausdruck bringen. Entropie ist das Maß für die Unordnung eines Systems; beispielsweise ist die Entropie eines Sandhaufens weit größer als die einer Sandburg. Entsprechend ist die Entropie eines Behälters mit lauwarmem Wasser (ein ungeordneter Zustand) erheblich größer als die eines geteilten Behälters, dessen linke Seite mit heißem Wasser und dessen rechte mit kaltem Wasser gefüllt ist (wegen der Trennwand ein geordneterer Zustand). Nach dem Zweiten Hauptsatz der Thermodynamik nimmt die Gesamtentropie eines geschlossenen Systems unter keinen Umständen ab. Deshalb würde niemand erwarten, daß sich ein zerstreuter Sandhaufen ohne äußere Einwirkung zu einer komplizierten Sandburg zusammenfügt. Genausowenig würde man damit rechnen, daß sich ein Behälter mit lauwarmem Wasser spontan in eine heiße und kalte Hälfte aufteilt. Jedes dieser Ereignisse wäre ein klarer Verstoß gegen den Satz von der Entropiezunahme (oder genauer, *Nichtabnahme*).

Wie unschwer erkennbar, ergibt sich aus dem Zweiten Hauptsatz der Thermodynamik, wenn er auf diese Weise formuliert wird, eine natürliche Definition des Zeitpfeils. Der Zeitpfeil verläuft in Richtung zunehmender Entropie – der ständig wachsenden Unordnung in allen geschlossenen Systemen. Deshalb kann es keine wirklich entropievermindernden Ereignisse geben, wie beispielsweise Sandburgen, die sich von selbst zusammensetzen; persönliche Uhren müßten rückwärts gehen, damit etwas derartiges passieren könnte. Für Geschöpfe wie uns, deren Leben in Vorwärtsrichtung der Zeit abläuft, kann sich also die Entropie der Welt auf keinen Fall verringern.

Aus diesem Grunde waren viele Wissenschaftler Anfang der siebziger Jahre von den energie- und materieverschlingenden Eigenschaften Schwarzer Löcher verwirrt. Da sie Teile des Universums mit hoher Entropie verschluckten, konnten sie anscheinend als entropievermindernde Instrumente verwendet werden. Man brauchte nur, wie man glaubte, große Mengen ungeordneter Objekte wie Gas, Nebel oder interstellaren Staub in den Schlund Schwarzer Löcher zu werfen, um die Gesamtentropie des Kosmos zu verringern und damit vielleicht sogar den Zeitpfeil umzukehren. Das hätte eine grobe Verletzung des Zweiten Hauptsatzes der Thermodynamik bedeutet.

Stellen wir uns beispielsweise vor, daß sich ein einfallsreicher Astrophysiker mit Zugang zu gewaltigen ferngesteuerten Roboterraumschiffen und zu einem nahe gelegenen Schwarzen Loch in den Kopf gesetzt hätte, den Satz von der Entropiezunahme zu widerlegen. Er könnte die Welt grundsätzlich in Abschnitte mit großer und mit niederer Entropie unterteilen. Ungeordnete Gase fielen beispielsweise in die erste Kategorie und geordnete Kristalle in die zweite. Nun könnte er Kisten mit geschmolzenem Schnee an einen Ort stellen, weit ab von Kisten mit kunstfertig modellierten Eisplastiken. Mit seinem Roboterraumschiff könnte er alle Elemente mit großer Entropie aufgreifen und sie in das Schwarze Loch werfen, so daß nur Objekte mit geringer Entropie übrigblieben. Danach hätten wir es mit einer Welt von weit geringerer Entropie zu tun, und der Astrophysiker könnte mit Recht behaupten, dem Zweiten Hauptsatz ein Schnippchen geschlagen zu haben.

Die einzige Möglichkeit, diese verwirrende Situation zu umgehen, war offenbar die Annahme, daß das Schwarze Loch selbst die Eigenschaft der Entropie besitze. Dabei stellte man sich vor, daß die hohe Entropie des Materials, das ins Schwarze Loch fiele, von der Gesamtstruktur des Schwarzen Loches absorbiert würde. Infolge dieses Absorptionsprozesses würde die Gesamtentropie des Universums nicht unter allen Umständen abnehmen, und es würde nicht unbedingt ein Verstoß gegen den Zweiten Hauptsatz der Thermodynamik erfolgen.

Doch was für eine beobachtbare Eigenschaft eines Schwarzen Loches könnte physikalisch seine Entropie darstellen? Erinnern wir uns, daß nach dem «Keine-Haare-Theorem» die einzigen Grundeigenschaften eines Schwarzen Loches, die sich bestimmen lassen, seine Masse, Ladung und sein Drehimpuls sind. Hinzu kommen noch ein paar sekundäre Merkmale: das Volumen, der Radius und die Oberfläche. Aus diesen Größen müssen alle anderen physikalischen Eigenschaften abgeleitet werden – natürlich auch die der Entropie.

Man hat sich intensiv um die geheimnisvolle Verbindung zwischen der Entropie des Schwarzen Loches und seinen bekannten Eigenschaften bemüht. Die Antwort hat schließlich Jacob Bekenstein, ein Doktorand der Princeton University gefunden, der zu seinem Ergebnis gelangte, indem er eine frühere Arbeit von Stephen Hawking verwendete – die Erkenntnis nämlich, daß die Oberfläche eines Schwarzen Loches niemals abnehmen kann. Bekensteins kühner Schritt bestand darin, daß er die Entropie des Schwarzen Loches mit seiner Gesamtfläche gleichsetzte. Aus dieser einfachen Überlegung ergab sich, daß die Entropie eines Schwarzen Loches, wie seine Fläche, niemals abnehmen kann. Man bezeichnet dieses Prinzip als den *Zweiten Hauptsatz der Thermodynamik Schwarzer Löcher*.

Zunächst bezweifelte Hawking Bekensteins Postulat. Der Grund seiner Skepsis hatte mit einer anderen, gleichwertigen Formulierung des Entropiegesetzes zu tun: daß die Wärme stets von wärmeren Objekten zu kälteren übergeht. Schwarze Löcher müssen, da sie Entropie und Energie besitzen, ebenfalls charakteristische Temperaturen aufweisen. Und natürlich müssen diese Temperaturen größer als der absolute Nullpunkt sein. Da Schwarze Löcher wärmer als ihre Umgebung (das All) sind, müssen sie nach dieser Überlegung Wärmestrahlung und Teilchen abgeben. Nun können Schwarze Löcher aber, meinte Hawking damals, weder Wärmeenergie noch andere Lichtformen *abgeben*; sie waren seiner Ansicht nach pechschwarz!

Dann führte Hawking einige Berechnungen durch und gelangte ebenfalls zu dem verblüffenden Ergebnis, daß Schwarze Löcher Licht emittieren und folglich nicht völlig schwarz sind. Seinen Sinneswandel tat er öffentlich kund und bekannte sich zu Bekensteins Auffassung, daß Schwarze Löcher Entropie und Temperatur besitzen. George Greenstein, seines Zeichens Astronomieprofessor am Amherst College und Autor eines Buches zum Thema, erinnert sich, wie Hawking 1976 in einer Rede mit dem Titel «Schwarze Löcher sind weißglühend» seine Ergebnisse der wissenschaftlichen Gemeinschaft präsentierte:

«Sein Referat, das er an diesem Tag gehalten hat, werde ich niemals vergessen. Dieser Vortrag wirkte elektrisierend auf mich. Andererseits verwirrte er auch. Die Entdeckung, von der Hawking berichtete, war so außergewöhnlich, so umwälzend und so unerwartet, daß ich es überhaupt nicht richtig aufnehmen konnte. Nichts von dem, was er sagte, paßte in das Bild von Schwarzen Löchern, das ich mir im Laufe der Zeit angeeignet hatte ... es scheint bereits eindeutig zu sein, daß Hawkings Entdeckung zu den größten wissenschaftlichen Leistungen unserer Zeit zählen wird.»*

Hawkings Beweis, daß Schwarze Löcher Energie emittieren und infolgedessen zerfallen, bezieht die Quantenmechanik ein. Nach der *Quantentheorie* ist der leere Raum nicht nur ein totales Vakuum, sondern enthält eine so gut wie unendliche Menge von Paaren, die jeweils aus einem

* George Greenstein: *Der gefrorene Stern*. München, 1988, S. 311.

Teilchen und einem Antiteilchen (einem Teilchen mit entgegengesetzter Ladung) bestehen und in der Struktur des Vakuums verborgen sind. Aus Hawkings Berechnungen ergibt sich, daß die Gravitationsfelder Schwarzer Löcher an ihren Grenzen (den Ereignishorizonten) stark genug sind, um dort auftretende Antiteilchen von ihren Partnern loszureißen. Infolgedessen wird ein Strom von Antiteilchen ständig in den kollabierten Stern hineingezogen, so daß außerhalb der Grenze eine große Menge von Teilchen zurückbleibt. Diese von ihren Partnern verlassenen subatomaren Objekte zerstreuen sich im Raum und erwecken die Illusion, daß das Innere des Schwarzen Loches tatsächlich strahle. In Wahrheit ist aber die unmittelbare Umgebung des Schwarzen Loches für den Energie- und Materieverlust verantwortlich. Alles in allem hat es also den Anschein, daß Schwarze Löcher verdunsten müßten, weil in unmittelbarer Umgebung ihrer Ereignishorizonte ständig Teilchen-Antiteilchenpaare erzeugt und auseinandergerissen werden.

Aufgrund dieses fortwährenden Energie- und Masseverlustes ist die Lebensdauer Schwarzer Löcher zweifellos begrenzt, so daß sie, im Gegensatz zu dem, was man vor Hawkings Entdeckung annahm, am Ende völlig zerfallen müssen. Nun sind aber Schwarze Löcher von durchschnittlicher Größe, die sich durch einen normalen Sternenkollaps gebildet haben, in ihrer Lebensdauer praktisch unbegrenzt. Die äußerst kleinen urzeitlichen Schwarzen Löcher, die sich während der Turbulenzen des frühen Universums gebildet haben, zerfallen dagegen ziemlich rasch. Deshalb dürften nur wenige dieser Objekte überlebt haben. Im allgemeinen ist die Lebensdauer eines Schwarzen Loches direkt proportional zu seiner Masse: Korpulente Schwarze Löcher leben länger als mickrige.

Es heißt, alle Dinge seien vergänglich. Vor Hawkings bahnbrechender Entdeckung schien dieser Satz für

Schwarze Löcher nicht zu gelten. Doch nun müssen wir demütig anerkennen, daß alle Objekte, selbst festungsartige Hochburgen der Gravitation mit ihrer außerordentlichen Fähigkeit zur Abschottung, ihre Autonomie Stück für Stück preisgeben müssen, bis sich ihre gesamte Energie verflüchtigt hat. Sogar die Schwarzen Löcher, diese Symbole dunkler, grenzenloser Ewigkeit, müssen sich schließlich einer höheren Kraft beugen – dem Willen der Natur. Der natürliche Zerfall scheint eine Kraft zu sein, die stärker noch als die Schwerkraft ist.

Während wir Schwarze Löcher zunächst nur für extreme theoretische Beispiele der scheinbar grenzenlosen Formbarkeit der Raumzeit hielten, hat sich nun herausgestellt, daß sie mehr als nur mathematische Abstraktionen sind. Inzwischen liegen eindeutige wissenschaftliche Beweise vor, daß ihre explosive Geburt und ihr friedlicher Tod sehr reale Ereignisse sind, die in enger Beziehung zum tatsächlichen Kollaps massereicher Sterne stehen. Und Hawking hat auf brillante Weise nachgewiesen, daß Schwarze Löcher zwischen dem Anfangs- und dem Endereignis ein Leben ruhigen Verströmens führen, in dem sie die zuvor verschlungenen Energien und Materialien langsam ausscheiden. Ferner haben eingehende Röntgenmessungen von Doppelsternsystemen immer neue Daten geliefert, die dazu zwingen, Schwarze Löcher als konkrete und häufige astrophysikalische Erscheinungen anzuerkennen.

Doch den Informationen, die man gewinnen kann, indem man Schwarze Löcher nur von außen betrachtet, ist eine enge Grenze gesetzt. Ohne direkte Erforschung ihres stets verhüllten Innenraums wird die Diskussion über die Dynamik Schwarzer Löcher ewig auf Spekulationen angewiesen bleiben. Doch wäre die Erkundung dieser dunklen Räume völlig müßig, wenn die Forschungsreisenden nicht wieder zum Vorschein kommen könnten, um zu berichten, was sie gesehen haben, oder wenn sie nicht zumindest ihre Erkenntnisse aus diesen Innenräumen zur Erde zurückfunken könnten. Solche Forschungsreisen hätten nur Erfolg, wenn die kühnen Entdecker eine Möglichkeit fänden, die Ereignishorizonte Schwarzer Löcher zu überwinden und heil zur Erde zurückzukehren.

Interessanterweise lassen die Schwarzschild- und Kerr-Modelle Schwarzer Löcher durchaus auf Verbindungen zwischen verschiedenen Teilen des Universums schließen – Verbindungen, die möglicherweise als Fluchtrouten für Forschungsreisende dienen könnten. Die Raumzeitgeometrie dieser Modelle ist so komplex, daß sie theoretisch Tunnel zulassen, die durch ihre Innenräume führen und ansonsten isolierte Bereiche des Kosmos (oder auch zweier verschiedener *Universen*) miteinander verbinden. Faszinierend ist die Frage, ob diese Tunnel als Fluchtwege aus Schwarzen Löchern dienen könnten, wenn man einmal von ihnen gefangen worden ist.

Wenn die Tunnel Schwarzer Löcher tatsächlich passierbar sind, könnten sie dann als Sternentore dienen, wie in *2001* beschrieben? Ließen sie sich also unter Umständen für einen interstellaren Schnellverkehr verwenden? Könnte man mit einer Reihe solcher Verbindungen sogar ein transgalaktisches Verkehrssystem einrichten und die Erde aus ihrer Isolation im Kosmos befreien?

Es gibt zwei Antworten auf diese Fragen: die eine theoretischer, die andere praktischer Art. Leider sind die theoretischen Aussichten für einen sicheren und raschen interstellaren Verkehr mittels der Tunnel Schwarzer Löcher wohl gegenwärtig gleich null. Die Verwirklichung eines solchen Programmes würde auf zu viele technische Probleme stoßen (mit denen wir uns im nächsten Kapitel beschäftigen wollen). Obwohl uns die astrophysikalische Theorie Schwarzer Löcher die Idee kosmischer Durchlässe verlokkend vor Augen führt, zeigt sie uns andererseits unbarmherzig, daß jeder Versuch, sich ihrer zu bedienen, schrecklich enden würde.

Experimentell müßte man, um festzustellen, ob es in Schwarzen Löchern Fluchtrouten und Durchlässe gibt, «ins kalte Wasser springen», das heißt, die Sache ausprobieren; eine andere Möglichkeit gibt es nicht. Dabei besteht durchaus die, wenn auch winzige, Chance, daß bestimmte Elemente der astrophysikalischen Theorie falsch sind und daß ein Entkommen aus Schwarzen Löchern tatsächlich denkbar wäre. Nur bemannte Raummissionen könnten den Beweis für die eine oder die andere Auffassung bringen. Allerdings ist kaum vorstellbar, daß irgend jemand ein so ungeheures Risiko einginge. Denn fast mit Sicherheit würde der Sturz in ein Schwarzes Loch wie ein entsetzlicher Alptraum enden.

Die Vorstellung, wie eine solche Reise in ein Schwarzes Loch tatsächlich aussehen könnte, ist faszinierend und schrecklich zugleich.

Der Sprung ins Ungewisse

Floyd G. Nevish ist im Begriff, einen Sonderauftrag auszuführen, auf den er in den letzten Jahren sorgfältig vorbereitet wurde. Als erster Mensch, der das Innere eines Schwarzen Loches erforschen soll, sind ihm Ehrungen und Auszeichnungen in Hülle und Fülle zuteil geworden. Darüber hinaus hat man ihm für den Fall, daß er zurückkehrt, einen Verdienstorden aus der Hand des Präsidenten und eine beträchtliche Geldsumme versprochen. Finanziert wird das Abenteuer von dem Unternehmen Jovian Industries Supply Company, einer Raumfahrtfirma, die für den Transport wichtiger Rohstoffe – unter anderem Uran, Platin, Gold und weiterer seltener Bodenschätze – von Jupiter, Saturn und anderen Planeten zur Erde sorgt. Außerdem beliefert das Unternehmen die vielen Kolonien, die sich über das äußere Sonnensystem ausgebreitet haben, mit Fertigprodukten, Nahrungsmitteln und anderen wichtigen Gütern. Jovian Industries hofft, seinen Aktionsradius auch auf andere Sternensysteme ausdehnen zu können. Leider wären solche Reisen viel zu lange, um noch wirtschaftlich zu sein. Schließlich könnte man den Kunden schlecht zumuten, buchstäblich Tausende von Jahren auf die Rückkehr interstellarer Frachtschiffe zu warten. Als ungefähr anderthalb Billionen Kilometer von der Sonne entfernt ein Schwarzes Loch entdeckt wurde, waren die Verantwortlichen bei Jovian deshalb außer sich vor Freude. Namhafte Physiker in ihren Diensten hatten ihnen mitgeteilt, daß nach bestimmten Theorien solche Objekte als Abkürzungen im All verwendet werden könnten. Zwar hatten viele Wissenschaftler auch vor den möglicherweise fatalen Folgen eines Eintritts ins Schwarze Loch gewarnt, doch die Geschäftsleitung nahm diese Schwarzseherei nicht ernst und beschloß, ihren Chefastronauten Floyd Nevish ins Herz des Malstroms zu schicken, damit er dort sorgfältige Messungen vornehme und nach einem Fluchtweg in einen anderen Teil der Galaxis suche.

Für den größten Teil seiner langen Anreise zum Schwarzen Loch ist Floyd in einen Tiefkühlschlaf versetzt worden. Die Bordcomputer sind programmiert, ihn unmittelbar vor Erreichen des kollabierten Sterns aufzuwecken. Als das Schiff von seiner Umlaufbahn um den Saturn ins All geschossen wird, hat der schlafende Astronaut einen seltsamen Traum: Ihm ist, als wäre er Alice und fiele durch einen ungeheuren dunklen Abgrund ins Wunderland. Stunden, Tage und Monate vergehen, während die riesigen Raketen Schiff und Schläfer auf das ferne Ziel zutreiben.

Plötzlich wird Floyd von blinkenden Lichtern, heulenden Sirenen und flackernden Computerschirmen geweckt. Eine elektronische Stimme ertönt und teilt ihm mit: «Wir nähern uns jetzt der Grenzregion eines nichtrotierenden Schwarzen Loches mittlerer Größe des Schwarzschild-Typs. Der Radius des Schwarzen Loches beträgt ungefähr zweitausend Kilometer, und seine Masse ist mehr als siebenhundertmal größer als die der Sonne. Unser Schiff bewegt sich gegenwärtig mit 99 Prozent der Lichtgeschwindigkeit auf den Mittelpunkt des Kollapsars zu.»

Nervös starrt Floyd auf den Sichtschirm vor seinen Augen, der eine schwarze Scheibe zeigt, umgeben von einem gespenstischen Strahlungshalo. Inzwischen beginnen die Gravitationskräfte am Schiff zu zerren. Unsichtbare Arme ziehen es in die wartenden Klauen der dunklen «Kreatur» dort vorne. Floyd spürt ein Reißen in Hals und Rumpf, schreibt dieses unangenehme Gefühl aber zunächst dem Streß zu. Allmählich werden die Kräfte schmerzhaft und beginnen, seine Beine regelrecht zu dehnen. Er muß an die Stelle aus *Alice im Wunderland* denken, wo die kleine Heldin einen Kuchen ißt und dann zur Decke springt, wie eine Riesin gestreckt. Zwar hofft Floyd zunächst noch, daß die stabile Konstruktion des Raumschiffes dem gewaltigen Druck standhalten wird, der sich immer stärker bemerkbar macht; trotzdem gerät er bald darauf in Panik und betätigt das Notsignal. Dieses wird auch sogleich von dem rasch fallenden Fahrzeug ausgesandt, doch umsonst, da das Schiff, von Floyd unbemerkt, bereits den Einweg-Ereignishorizont überschritten hat. Damit ist für den Astronauten jede Möglichkeit verloren, mit der Erde in Verbindung zu treten.

Von der Durchquerung des Ereignishorizontes hat Floyd mit gutem Grunde nichts bemerkt: Wenn ein Objekt durch eine solche unsichtbare Membran gelangt, so hat das keinerlei direkte physikalische Auswirkungen. Kein «Ruck» zeigt das Überschreiten der Grenze an, keine spektakuläre Veränderung in der Beschaffenheit des Raumes signalisiert den Vorgang. Mithin kann auch kein Gerät diese Grenzüberschreitung anzeigen. Und trotzdem, sobald ein Schiff den Horizont durchquert hat, können keine Objekte, auch keine Lichtsignale, jemals wieder vom Schiff zur Außenwelt gelangen – und natürlich kann auch das Schiff selbst nicht entkommen. Für Floyd bedeutet die Durchquerung dieser Einweg-Membran, daß er von seinen Auftraggebern keinerlei Hilfe mehr zu erwarten hat.

Was sähe die Geschäftsleitung von Jovian Industries, wenn sie Floyd bei seinem Eintritt in den Horizont beobachten könnte? Zunächst würde sie bemerken, daß sich die Zeit für Floyd verlangsamt: Sein Schiff und er würden in ihren Bewegungen immer langsamer erscheinen. Träger und träger würden Floyds Gesten, als liefen sie in Zeitlupe ab. Alle Uhren an Bord des Schiffes erschienen in ihrer Bewegung gebremst. Kurz bevor das Schiff sich anschickte, die Membran zu durchqueren, würde es den Anschein erwecken, es hielte in seiner Bewegung völlig inne. Sein Bild fröre auf der Oberfläche des Horizontes ein wie eine Fliege, die auf einer Fliegenrolle kleben bleibt. Für die Verantwortlichen sähe es also aus, als fiele Floyd niemals in das Schwarze Loch hinein, sondern als wäre seine Bewegung in dem Augenblick zum Stillstand gekommen, als er den Horizont erreichte. Da kein Hinweis auf eine weitere Bewegung die Beobachter in der Außenwelt erreichen könnte, würden sie unter Umständen zu dem Schluß gelangen, Floyds Reise wäre unendlich und er käme niemals ins Innere des Schwarzen Loches.

Doch Floyd gelangt sehr wohl dorthin, und zwar in endlicher Zeit. Für ihn scheinen die Uhren des Schiffes normal zu gehen, während er den Horizont durchquert. Ihm läuft die Zeit unaufhaltsam davon, obwohl Uhren und Zollstöcke außerhalb des Schwarzen Loches, wenn sie die Koordinaten seiner Bewegung messen könnten, zeigen würden, daß Zeit und Raum sich für ihn offenbar umgekehrt hätten. Für Floyd ist es höchst unglücklich, daß seine persönliche Uhr weiterhin geht, weil er deshalb nicht hoffen darf, daß sich für ihn der unaufhaltsame Weg ins Innere des kollabierten Sterns verzögern läßt. Er kann das Schiff nicht wenden. Hilflos muß er mitansehen, wie sein Fahrzeug immer näher und näher an das zermalmende Zentrum des unsichtbaren Malstroms gezogen wird.

Ebensowenig kann er verhindern, daß die gewaltigen Gravitationskräfte des Schwarzen Loches ihn strecken und auseinanderziehen, während sie immer stärker auf seine Körperseiten drücken. Mit den Füßen voran fällt er dem Zentrum entgegen, weshalb die Kräfte, die auf seine Füße einwirken, viel größer sind als die, denen sein Kopf ausgesetzt ist. Die unterschiedliche Einwirkung der Schwerkraft auf verschiedene Teile seines Körpers bewirkt, daß stark voneinander abweichende Kräfte ihn in alle möglichen Richtungen zerren. Die Einwirkungen anderer Komponenten der Gravitationskräfte sorgen gleichzeitig dafür, daß er wie eine Zahnpastatube gepreßt wird. Diese gewaltigen Kräfte, denen die vergleichsweise schwache Konstruktion des Raumschiffes nichts entgegenzusetzen hat, verfahren mit dem Fahrzeug nicht besser, so daß dessen Außenhaut schließlich nicht mehr standzuhalten vermag.

Noch einmal muß Floyd an die Szene aus *Alice im Wunderland* denken. Dann fällt ihm ein noch schrecklicheres Bild aus seiner Kindheit ein: das des Mannes vom Süßwarenstand auf dem Jahrmarkt, der ein ziemlich klebriges Stück Karamell zusammenpreßte und auseinanderzog. Der Mann dehnte die süße Masse immer länger und länger, während er die Seiten mit den Fingern zusammenpreßte, so daß das Stück zu einer dünnen Schnur wurde. Dann rollte er den Streifen zu einem Ball zusammen, zog ihn wieder auseinander und begann das Spiel von neuem.

Inzwischen veranlaßt ihn sein erschöpftes Gehirn, einen letzten Blick auf die Computerschirme zu werfen. Alle

Werte für Außendruck und -temperatur sind ins Unermeßliche geklettert; das Raumschiff wird allmählich von den ungeheuren Gravitationskräften pulverisiert. Floyd spürt seine Knochen brechen. Das Schwarze Loch schickt sich an, seinen Körper buchstäblich in Stücke zu reißen. Kurz vor der endgültigen Zerstörung des Schiffes verliert Floyd das Bewußtsein, so daß ihm die grausigen Einzelheiten der letzten Minuten seiner Reise gnädig erspart bleiben.

Warum ist diese Fahrt so katastrophal fehlgeschlagen, fragt man sich. Warum blieb Floyd keine Zeit, nach einem Ausweg aus dem Schwarzen Loch zu suchen? Der Grund für die plötzliche und explosive Zerstörung von Mr. Nevish ist einfach. Bei einem *nichtrotierenden* Schwarzen Loch (Schwarzschild-Modell) von mehreren hundert oder gar tausend Sonnenmassen wären die Gravitationskräfte an jedem Punkt auf dem Ereignishorizont oder in seiner Nähe mehr als ausreichend, um alle Objekte, nur von extrem robusten abgesehen, zu zerstören. Kein Mensch könnte in eines dieser Schwarzschild-Objekte mittlerer Größe – also von zehn bis zehntausend Sonnenmassen – hineingelangen, ohne in Richtung der Bewegung gestreckt und in allen anderen zusammengepreßt zu werden. Während die Körperlänge gewaltig zunähme, würde das Volumen dieses bedauernswerten Abenteurers auf null reduziert werden.

Nach der Theorie verhält sich die Beschleunigung, die durch Gravitationsfelder eines Schwarzen Loches des Schwarzschild-Modells auf Objekte ausgeübt wird, wenn diese den Ereignishorizont durchqueren, umgekehrt proportional zum Quadrat der Masse des Schwarzen Loches und direkt proportional zur Länge der Objekte. Bei einem «leichten» Schwarzen Loch von zehn Sonnenmassen heißt das, daß ein Mensch mit einer Körpergröße von einem Meter fünfzig beim Durchqueren des Ereignishorizontes eine Beschleunigung von 150 Millionen Meter pro Sekunde erführe. Das ist bei weitem mehr als jede Beschleunigung, die je ein Mensch in der Geschichte unserer Art ausgehalten hat. Sie würde für den Reisenden mit Sicherheit den sofortigen Tod bedeuten.

Und selbst wenn die Größe des Schwarzen Loches *eintausendmal* die Masse der Sonne umfaßte, erginge es einem Eindringling nicht viel besser. Am Ereignishorizont eines solchen komprimierten Objektes betrüge die Beschleunigung des Reisenden immer noch mehr als fünfzehntausend Meter pro Sekunde und wäre damit weit höher als alle Beschleunigungen, die menschliche Astronauten jemals im All erlitten haben – und auch in diesem Falle träte der Tod mit an Sicherheit grenzender Wahrscheinlichkeit augenblicklich ein.

Nur bei Schwarzen Löchern von zehntausend oder mehr Sonnenmassen könnte ein Astronaut die Annäherung an das kosmische Objekt seiner Begierde überleben. Dann würde sich die Geschwindigkeitszunahme auf «bloße» einhundertfünfzig Meter pro Sekunde oder weniger vermindern, ein Wert, der zwar immer noch erheblich größer wäre als übliche Beschleunigungen auf der Erde, der aber von gut trainierten Entdeckungsreisenden auszuhalten wäre. Leider ist es jedoch höchst unwahrscheinlich, daß sich solche riesigen Objekte in unserem Teil der Galaxis befinden; vermutlich sind sie nur in der dichten Zentralregion der Milchstraße, weit entfernt vom Planeten Erde, anzutreffen.

Wie sich herausstellt, ist Floyd nicht tatsächlich gestorben. Nachdem die Tür des «Raumschiffes» sich geöffnet, ein Ärzteteam von Jovian Industries die Kammer betreten und ihn reanimiert hat, wird Floyd klar, daß er soeben eine ziemlich turbulente Sitzung in einem außerordentlich raffinierten Flugsimulator erlebt hat. «Wir wollten sehen, wie Sie mit dem Streß einer Reise in ein Schwarzes Loch fertig werden», teilt man ihm mit. «Natürlich wird das *wirkliche* Schwarze Loch, das Sie erkunden werden, viel,

viel größer sein. Nur ein Idiot würde versuchen, in ein Schwarzes Loch von lediglich tausend Sonnenmassen einzudringen. Das würde seinen raschen und sicheren Tod bedeuten. Trotzdem sollte ein guter Astronaut selbst auf extremste Situationen vorbereitet sein.»

Floyd verliert das Bewußtsein. Als er wieder zu sich kommt, stellt er fest, daß er sich abermals in einem ähnlichen Raumschiff befindet und mit schwindelerregender Geschwindigkeit durch den interstellaren Raum schießt. Ist das jetzt der echte Auftrag? fragt er sich, als er hört, wie sich die Computerbildschirme einschalten. Ein schreckliches Déja-vu-Empfinden überkommt ihn, als er die elektronische Stimme mit folgender Meldung vernimmt:

«Hier spricht der Bordcomputer. Wir haben soeben den Ereignishorizont eines großen Schwarzen Loches vom Schwarzschild-Typ mit etwa 10 Millionen Sonnenmassen durchquert. Die zentrale Singularität des Kollapsars werden wir in ungefähr einer Minute erreichen. Ich würde vorschlagen, daß Sie damit anfangen, sich Ausweichmanöver einfallen zu lassen. Einen schönen Tag wünsche ich noch!»

Floyd stößt einen Seufzer der Erleichterung aus, als er die Werte für Außendruck und Temperatur des Schiffes abliest. Es gibt absolut kein Anzeichen dafür, daß das Schiff besonderen Gravitationskräften ausgesetzt ist. Offenbar sorgt die enorme Größe des Schwarzen Loches dafür, daß die Beschleunigung des Schiffes auch innerhalb des Ereignishorizontes ziemlich niedrig bleibt. Floyd kann Arme und Beine frei bewegen. Bislang gibt es noch kein Anzeichen für Beeinträchtigungen.

Plötzlich wird das Raumschiff von einem Stoß hochfrequenter Strahlung getroffen. Dann folgt ein weiteres Bündel tödlicher Gammastrahlen. Während das Schiff sich dem Mittelpunkt des Schwarzen Loches nähert, muß es, in immer größerer Nähe zur alles zermalmenden Singularität, durch intensive Strahlung hindurch, die von zerfallender Materie abgegeben wird. Floyd wird rasch klar, daß er, wenn es ihm nicht bald gelingt, aus dem Schwarzen Loch zu entkommen, in Kürze einer tödlichen Strahlendosis ausgesetzt sein wird, die der zerstörten Materie im eigentlichen Kern des kollabierten Sterns entweicht. In einem Anfall von Panik sucht er verzweifelt nach einem Weg, der ihn an diesem sicheren Verhängnis vorbeiführt.

Unvermittelt erscheint aus dem Nichts, fast wie das Lächeln der Cheshire-Katze in Lewis Carrolls Erzählung, eine Lücke im Firmament. Beglückt gelangt Floyd augenblicklich zu dem Schluß, daß diese Öffnung der lang gesuchte Eingang zu einem Schwarzschild-Tunnel sein muß, der in einen anderen Teil des Kosmos führt. Als sein Raumschiff in die Öffnung des Tunnels fällt, rechnet er mit einem raschen Entkommen aus dem Schwarzen Loch. Zu seinem Entsetzen beginnt der Schlund jedoch, kaum ist er in ihn eingedrungen, in sich zusammenzufallen. Das zeigt ein Detektor für Gravitationswellen an. Der Schlund ist nicht tatsächlich zu sehen. Trotzdem ist die Wirkung schrecklich. Entsetzt schreit Floyd auf, als die Wände des Tunnels sich enger und enger um das Raumschiff schließen. Erschöpft verliert er wieder das Bewußtsein, während sein Schiff von einem riesigen Nichts verschlungen wird.

Offenbar böten große Schwarze Löcher der Schwarzschild-Art, obwohl in ihrem Inneren befahrbar, keinen bequemen Ausweg und könnten sich als ebenso tödliche Fallen wie kleine Löcher erweisen. Zwar hätte ein Schwarzes Loch von 10 Millionen Sonnenmassen zwischen Ereignishorizont und Singularität einen Abstand von ungefähr 25 Millionen Kilometern – womit sich für Entdeckungsfahrten ein ziemlich großes Volumen ergäbe, mehr als dreißigtausendmal größer als das der Sonne –, doch wäre in dieser Region die Bewegungsfreiheit durch starke Gravitationskräfte erheblich eingeschränkt. Ein Astronaut hätte kaum eine Wahl – schreckensstarr müßte er ausharren, während die Schwerkraft sein Schiff näher und näher an den Zentralbereich der unendlichen Krümmung heranzöge. Bei Annäherung an die Singularität fiele der Raumreisende fast mit Sicherheit der tödlichen Strahlung zum Opfer, die die zerfallende Materie in der Mittelregion abgäbe.

Die Fluchttunnel, die die Einsteinsche Relativitätstheorie vorhersagt, wären im Falle der Schwarzschild-Metrik wohl kaum zu befahren. Diese Korridore, manchmal auch *Einstein-Rosen-Brücken* genannt, gäbe es nur für einen kurzen Zeitraum; deshalb wären die Eingänge zu solchen Passagen dynamisch und nicht statisch. Wie Kameraverschlüsse würden sie sich rasch öffnen, dann wieder schließen und kein Objekt mehr hergeben, das fatalerweise in diesen Schlund hineingeraten wäre. Dieses Wechselspiel von Expansion und Kontraktion vollzöge sich so rasch, daß man, wenn man sich nicht mit Überlichtgeschwindigkeit bewegte, zweifellos von der Kontraktionsbewegung erfaßt und von den gewaltigen Schwerkräften zermalmt würde.

Korridore, deren Benutzung nur mit Überlichtgeschwindigkeit möglich wäre, bezeichnet man als *raumartige Verbindungen*. In einem Raumzeitdiagramm abgebildet, scheint sich eine Strecke, die die Bewegung zwischen den beiden Endpunkten dieser Tunnel wiedergibt, weit mehr zur Raum- als zur Zeitachse zu neigen. Mathematisch heißt das, daß die metrische Signatur negativ ist (vgl. Kapitel zwei). Wenn es also nicht gelingt, das Verdikt zu umgehen, das die spezielle Relativitätstheorie gegen Überlichtgeschwindigkeiten verhängt, kann es keine Kausalbeziehung zwischen den beiden Enden geben. Mit anderen Worten, weder Signale noch Raumschiffe könnten zwischen ihnen hin- und hergesandt werden. Schwarzschild-Tunnel wären nur für Raumschiffe mit Überlichtgeschwindigkeiten befahrbar.

Schwarze Löcher des Kerr-Typs, also rotierende Schwarze Löcher, bieten weit interessantere Aussichten für interstellare Abkürzungen als Schwarzschild-Modelle. Trotzdem hätten auch Schwarze Löcher Kerrscher Art erhebliche Nachteile hinsichtlich ihrer Befahrbarkeit – Nachteile, die mit den besonderen Eigenschaften rasch rotierender kollabierter Objekte zusammenhängen. Schicken wir unseren tapferen, erfundenen Astronauten Floyd G. Nevish ein letztes Mal ins All, damit er sich die komplexen Eigenschaften von Kerr-Objekten näher anschaut.

In extrem realistischen Flugsimulatoren hat Floyd jetzt seine beiden Trainingsreisen zu Schwarzen Löchern absolviert und dabei unmittelbar erlebt, zu welch tödlichen Fallen die Schwarzschild-Objekte verschiedener Art werden können. Nun ist er vorbereitet auf die echte Mutprobe: sich an Bord eines wirklichen Raumschiffes zu begeben und die gefährliche Reise zu einem massereichen Schwarzen Loch des Kerr-Typs anzutreten. Das kollabierte Objekt, das man für die Exploration ausgesucht hat, ist eine rotierende Struktur mit 10 Millionen Sonnenmassen und einem Radius von ungefähr 30 Millionen Kilometern. Dieses massereiche Objekt ist so weit entfernt, daß Floyd über mehrere Jahre in Tiefkühlschlaf versetzt werden muß, den man nur im Notfall unterbräche. Während seines Fluges werden buchstäblich Hunderte von Jahren auf der Erde vergehen, was auf jene Vorhersage der speziellen Relativitätstheorie zurückzuführen ist, derzufolge das Tempo von Uhren in verschiedenen Bezugssystemen erhebliche Abweichungen aufweist.

Floyd befindet sich nun in der Winterschlafkammer. Nachdem er bei seinen vorherigen «Reisen» zu Schwarzen Löchern der Schwarzschild-Art den Simulationstod erlitten hat, befürchtet er verständlicherweise, daß bei seinem

Auftrag etwas schiefgehen könnte. Auf die Versicherung hin, daß man bei Kerr-Objekten wegen ihrer Rotation von gänzlich anderen Eigenschaften ausgehe und die Aussichten, aus ihnen zu entkommen, für wesentlich größer halte als bei Schwarzschild-Löchern, fällt Floyd dann doch in einen tiefen, ruhigen Schlaf.

Er erwacht beim Klang einer ziemlich beruhigenden elektronischen Stimme, ähnlich denen, die er bei seinen früheren Aufträgen vernommen hat:

«Guten Morgen, Commander Nevish. Ich möchte Ihnen mitteilen, daß wir uns jetzt knapp 20 Millionen Kilometer vor der Grenzregion des Kerr-Objektes befinden. Bei unserer gegenwärtigen Bewegung mit 99,9 Prozent der Lichtgeschwindigkeit werden wir die Grenzzone in weniger als einer Minute erreichen.»

Bei einem Blick auf den Bildschirm erkennt Floyd vor dem Schiff liegend ein dunkles kreisförmiges Gebilde, das die meisten Sterne am Himmel verdeckt und die Lichtbahnen von vielen der noch sichtbaren Himmelskörper krümmt. Dann wendet er seine Aufmerksamkeit dem Steuerzentrum seines Raumschiffes zu und konzentriert sich auf die Anzeigen. Gemäß der detaillierten Anweisungen, die er zuvor erhalten hat, sorgt er dafür, daß das Raumschiff direkt auf einen der Pole des rotierenden Schwarzen Loches zuhält und nicht auf die Äquatorregion.

Während der Ausbildung hat man ihm mitgeteilt, daß es einen gewaltigen Unterschied macht, ob man in ein Schwarzes Loch des Kerr-Typs in axialer oder äquatorialer Richtung eintritt. Infolge von Besonderheiten der Rotationsstruktur würde die Annäherung über den Äquator fast mit Sicherheit sofort zu einem katastrophalen Ende der Mission führen. In diesem Bereich würden unendliche Gravitationskräfte wirken. Nahe den Polen des Schwarzen Loches hätten diese Kräfte jedoch keine besondere Stärke oder Bedeutung. Also beschließt Floyd, einen weiten Bogen um die Äquatorregion zu machen, indem er die Bahn des Schiffes über das Steuersystem entsprechend festlegt. Als er sich schließlich absolut sicher ist, daß sein Schiff auf den relativ sicheren «Nordpol» des Schwarzen Loches zuhält, bereitet er sich auf die Durchquerung der Grenze und den Eintritt in den dunklen Strudel vor. Dazu begibt er sich in eine Spezialkabine, die die Auswirkungen extremer Gravitationsturbulenzen verringern soll.

Floyds Vorsichtsmaßnahmen sind völlig überflüssig; es gibt überhaupt kein Anzeichen für Gravitationsbelastungen oder Turbulenzen, als das Schiff den Ereignishorizont des kollabierten Sterns passiert. Diese Abwesenheit von Schwerkräften ist im wesentlichen auf zwei Faktoren zurückzuführen: die enorme Größe des rotierenden Schwarzen Loches und den Eintritt des Schiffes durch einen der Pole des Objektes statt durch die Äquatorregion. Erleichtert darüber, daß die Mission wie vorgesehen verläuft, beginnt Floyd einen sicheren Weg durch das dunkle Innere des Schwarzen Loches vorzuzeichnen.

In theoretischen Überlegungen geht man davon aus, daß das Innere von Kerr-Objekten im Gegensatz zu den Regionen, die nahe dem Zentrum von Schwarzschild-Löchern liegen, von Raumschiffen unschwer zu befahren ist, das heißt, es müßte möglich sein, ein Schiff auf einer Bahn zu halten, die den starken Gravitationskräften nahe des Zentrums auswiche. Dieser wichtige Unterschied geht auf die Form der Singularitäten zurück: Während das statische Schwarzschild-Modell eine *Punkt*singularität besitzt, enthält das rotierende Kerr-Modell eine *Ring*singularität.

Theoretisch müßten Ringsingularitäten, wenn man ihnen näher käme, ebenso tödlich sein wie Punktsingularitäten. Wie ihre dimensionslosen Verwandten würden sie seltsame Bereiche von unendlicher Raumzeitkrümmung enthalten – die in der Nähe befindliche Objekte mit ihren enormen Gravitationskräften zermalmen und mit ihren fürchterlichen Strahlendosen verseuchen würden. Doch die Hohlstruktur solcher Zonen würde einem Astronauten ermöglichen, die Todeszonen zu vermeiden, indem er sein Raumschiff durch die nichtsingulären Zentren der Ringe steuerte. Der Entdeckungsreisende hätte dort also größere Aussichten auf langfristiges Überleben.

Floyd ist in optimistischer Stimmung, als er die Ringsingularität auf dem Bildschirm entdeckt und eine gerade Bahn direkt durch die nichtsinguläre Mittelregion genau in den Schlund des Kerr-Tunnels festlegt. Das Schiff torkelt vorwärts und erreicht nach kurzer Zeit ohne Mühe den Zentralkorridor. Wie erwartet bewegt es sich unbeeinträchtigt zwischen den relativ engen Wänden des Schlundes dahin.

Doch schon nach wenigen Sekunden sieht Floyd sich von seinem Glück im Stich gelassen. Der Kerr-Tunnel, der sein Schiff umgibt, beginnt in sich zusammenzufallen. Gewaltige Kräfte ergreifen sein Fahrzeug und pressen es zusammen. Zugleich taucht es in eine tödliche Strahlenzone ein. In einem Stoßgebet erfleht Floyd einen Ausweg aus dieser schrecklichen Situation. Doch vergebens, es gibt kein Entkommen. Zu seinem Pech handelt es sich im Gegensatz zu den früheren Reisen diesmal nicht um eine Simulation.

Floyds fataler Fehler lag darin, daß er angenommen hatte, Kerr-Tunnel wären dauerhafte Strukturen. *An sich* wären solche Tunnel tatsächlich sehr stabil, was sie klar von Schwarzschild-Korridoren unterscheidet, die kurzlebig wären und spontan kollabieren würden. Doch auch Kerr-Tunnel würden außerordentlich empfindlich auf äußere Störungen reagieren. Die geringste Einwirkung müßte zum Zusammenbruch der Gesamtstruktur führen. Selbst die Anwesenheit eines Raumschiffes von durchschnittlicher Größe genügte, um diese Tunnel einstürzen zu lassen und alle in ihnen befindlichen Objekte augenblicklich zu zermalmen. Und natürlich wären diese fürchterlichen Gravitationskräfte noch begleitet von Ausbrüchen tödlicher Strahlung, die vor allem beim raschen Zerfall der eingefangenen Materie frei würde.

Allerdings wäre es möglich, Kerr-Tunnel gegen den Kollaps zu stabilisieren. Eine hochentwickelte Zivilisation, die Zugang zu uns unbekannten Materialien und Kräften hätte, könnte möglicherweise riesige Bollwerke gegen den Zerfall solcher Korridore bauen. Die Angehörigen einer solchen Gesellschaft könnten die Passagen erkunden, ohne den sofortigen Zusammenbruch befürchten zu müssen – und würden, im Gegensatz zu unserem erfundenen Protagonisten, völlig unversehrt aus ihnen auftauchen. Mithin ist denkbar, daß Astronauten eines Tages Kerr-Tunnel ungefährdet benützen können.

Tunnelnomaden

Was sähe ein Astronaut, nachdem er den stabilisierten Schlund eines Kerr-Tunnels hinter sich gebracht hätte? Eine Möglichkeit wäre, daß der Entdeckungsreisende in einer genauen Kopie des ursprünglichen Kollapsar-Sterns hervorkäme, allerdings in einem ganz anderen Teil des Kosmos. Die von einigen Forschern akzeptierte theoretische Auslegung der Tunnel Kerrscher Art besagt, daß sie zwei große Schwarze Löcher verbinden, die sich in ansonsten getrennten Regionen des Universums befinden. Nach dieser Auffassung könnte ein Astronaut, der durch einen solchen Korridor flöge, augenblicklich in ein anderes Sternensystem Hunderte von Millionen Kilometer entfernt befördert werden.

Das ist auch das Bild, das in den Unterhaltungsmedien von diesen Tunneln entworfen wird – etwa in Filmen wie *Das Schwarze Loch* oder in den vielen Science-fiction-

4. KAPITEL

Weiße Löcher – Aus dem Licht hinaus

Kosmische Geysire

Ein Zauberer holt ein Kaninchen aus seinem Hut. Noch einmal greift er hinein und zieht ein großes Huhn hervor. Es folgen zwei Tauben. Als nächstes kommt ein schwarzer Stab zum Vorschein, dann ein roter Schal, so lang, daß es endlos zu dauern scheint, bis er ganz aus dem Hut heraus ist. Zur Verblüffung des Publikums fischt der Künstler einen noch längeren blauen Schal heraus, der an einen anderen mit rosa Tupfen geknotet ist.

Die Vorstellung, etwas aus nichts zu erhalten, ist unserer Erfahrung so fremd, daß wir fasziniert und verwirrt verfolgen, wie so wunderbare Dinge aus dem Hut geholt werden. Vorführungen dieser Art sind für uns unter anderem so unterhaltsam, weil wir überzeugt sind, daß die Zauberei nicht wirklich geschieht und daß es in Wirklichkeit «nichts Neues unter der Sonne gibt».

Vielleicht nicht unter *unserer* Sonne. Doch draußen im All, weit entfernt von den vertrauten Sternen und Planeten existieren möglicherweise erstaunliche kosmische Objekte, sogenannte *Weiße Löcher*, die sporadisch Materie und Energie ausspeien, alles von sich geben – Protonen und Proleten, Photonen und Futons. Mit ihrer außerordentlichen Fähigkeit, eine praktisch unbegrenzte Fülle von materiellen Objekten und Energieformen anscheinend aus dem

Nichts erscheinen zu lassen, sind Weiße Löcher Zauberer in kosmischem Maßstab.

Theoretisch könnte ein Weißes Loch alles ausspeien, was ein Schwarzes Loch geschluckt hätte. Verschlänge ein Schwarzes Loch einen Mercedes, könnte ein Weißes Loch sicherlich ein identisches Auto erscheinen lassen. Da ein Schwarzes Loch jedoch größtenteils kosmische Strahlung und interstellaren Staub aufnähme, gäbe das Weiße Loch aller Wahrscheinlichkeit nach ebenfalls vor allem Strahlung und Staub von sich.

Diese seltsame Symmetrie hat mit dem Ursprung der Theorie zu tun, die Weißen Löchern zugrunde liegt. Der Gedanke, daß es Weiße Löcher geben könnte, hat sich aus Überlegungen im Rahmen der allgemeinen Relativitätstheorie entwickelt. Danach muß die Schwarzschild-Lösung, da sie eine Zukunftssingularität besitzt, auch eine Vergangenheitssingularität haben. Wenn man das vollständige Raumzeitdiagramm eines Schwarzschild-Objektes betrachtet, so stellt man fest, daß ein Bereich mit einer Vergangenheitssingularität eine natürliche Fortsetzung des Modells ist. Während sich die Zukunftssingularität in der oberen, in «Vorwärtsrichtung der Zeit» liegenden Hälfte des Diagramms befindet, ist die Vergangenheitssingularität in der unteren, in «Rückwärtsrichtung der Zeit» liegenden Diagrammhälfte lokalisiert. Setzt man den oberen Teil der Darstellung mit der alles verschlingenden Singularität im Zentrum des Schwarzen Loches gleich, könnte man im unteren Teil die alles ausspeiende Singularität im Zentrum des Weißen Loches sehen. Nach dieser Auffassung wären Weiße Löcher also die zeitverkehrten Gegenbilder Schwarzer Löcher. Was immer ein Schwarzes Loch anstellt, das Weiße Loch macht das zeitverkehrte Gegenteil.

Wir können uns dieses Phänomen anhand von Filmbildern vergegenwärtigen. Nehmen wir an, man hätte aufgenommen, wie ein Auto im Moor versinkt. Läßt man diesen

Film nun rückwärts ablaufen, würde das Auto scheinbar wieder aus dem Sumpf aufsteigen und unversehrt herausfahren. Entsprechend riefe ein Film, der zeigt, wie ein Objekt in die Singularität eines Schwarzen Loches fiele, rückwärts abgespult, den Eindruck hervor, das gleiche Objekt komme aus der Singularität eines Weißen Loches hervor.

Zeitverkehrte Singularitäten finden wir nicht nur in der Schwarzschild-Lösung für die Einstein-Gleichungen. Auch die Kerr-Lösung, die Zukunftssingularitäten «vom Typus Schwarzer Löcher» enthält, weist Singularitäten der Vergangenheit auf. Offensichtlich muß eine vollständige Erklärung der Gravitationsphänomene nicht nur Schwarze, sondern auch Weiße Löcher berücksichtigen.

Wo sind zeitverkehrte Singularitäten zu finden? Zum einen gibt es natürlich das «ultimative» Weiße Loch: den «Urknall» – Ursprung des Universums. Nach einer der experimentell bestätigten Vorhersagen der Einsteinschen Relativitätstheorie expandiert das Universum: Seine Galaxienhaufen bewegen sich immer weiter voneinander fort. Als man diese Expansion zu ihrem Ursprung zurückverfolgte, gelangte man zu dem Schluß, daß sich das materielle Universum in einem feurigen Urknall vor etwa zehn bis zwanzig Milliarden Jahren gebildet haben muß. Nach dieser Auffassung ist alle heute vorhandene Materie und Energie in dieser plötzlichen Explosion entstanden.

Ein zeitverkehrter Film der Urknall-Eruption hätte eine verblüffende Ähnlichkeit mit dem plötzlichen Gravitationskollaps eines Feuerballs. Oder umgekehrt: Der in der Zeit rückwärts verlaufende Untergang aller Energien in der Singularität eines Schwarzen Loches ähnelte dem Bild einer in der Zeit vorwärts ablaufenden Energieerzeugung in einer Urknall-Explosion. Kein Wunder, daß die meisten Physiker die Erschaffung des Universums als *Anfangssingularität* bezeichnen. Aus dieser Singularität der Vergangenheit ist, wie man annimmt, der gesamte Energie- und Materieinhalt des Kosmos in einem einzigen Energieausbruch hervorgegangen.

Doch warum nur *ein* Ausbruch? Warum soll es in der Vergangenheit nicht viele solcher Explosionen gegeben haben? Natürlich kann es in den vergangenen zehn oder zwanzig Milliarden Jahren nicht mehr als einen *kosmischen* Urknall gegeben haben: Es liegt absolut kein Anhaltspunkt für weitere Explosionen von universeller Größenordnung vor. Indessen ist es durchaus möglich, daß es in der Geschichte des Kosmos eine Reihe von «Partialknallen» gegeben hat: Explosionen, in die nur begrenzte Teile des Universums einbezogen waren. Wie der «Urknall» sclbst wären diese vergleichsweise bescheidenen Energieausbrüche echte Vergangenheitssingularitäten: intensiv speiende, zeitverkehrte Spielarten Schwarzer Löcher. Mit anderen Worten, sie wären Weiße Löcher.

1965 haben der sowjetische Wissenschaftler Igor Novikov und der israelische Physiker (und zukünftige Wissenschaftsminister) Yuval Ne'eman unabhängig voneinander die ersten umfassenden Theorien Weißer Löcher entwikkelt, die Novikov als «Restkerne» bezeichnete. Grundlage dieser theoretischen Arbeit ist die Überlegung, daß sich die Entstehung des Universums in mehreren Stadien vollzogen haben muß. Nach dieser Theorie entstand zwar der größte Teil des Kosmos in der Anfangsexplosion des Urknalls, doch beträchtliche Teile von Energie und Materie sind im Laufe der Zeit aus übriggebliebenen Regionen dieser Explosion hervorgegangen.

Es stellt sich die Frage, wie es zu einer solchen Verzögerung gekommen sein könnte: Was hat das Universum daran gehindert, auf einmal erschaffen zu werden? Tatsächlich gibt es keinen zwingenden Grund für solche Aufschübe in Teilen der Schöpfung, aber auch keinen Grund, der sie ausschließt. Zeitverzögerungen bei der Entstehung des materiellen Universums können aufgetreten sein oder auch nicht; Novikov und Ne'eman haben anderen Physikern lediglich die Augen für die Möglichkeit geöffnet, daß nach dem Urknall «Partialknalle» stattgefunden haben könnten.

Einige Jahre nachdem Novikov und Ne'eman ihre Theorie des «Restkerns» vorgelegt hatten, begannen Astronomen intensiv nach diesen Objekten zu suchen. Sorgfältig durchforschten sie den Himmel nach Anzeichen für kosmische Objekte, die große Mengen intensiver Strahlung emittierten. Insbesondere achteten sie auf Objekte, die Licht in sporadischen Dosen erzeugten, denn darin glaubten sie einen Hinweis auf kosmische Geysire erkennen zu können. Nachdem John Wheeler den Begriff *Schwarzes Loch* geprägt hatte, verschwand der Ausdruck «Restkern» aus dem astrophysikalischen Sprachgebrauch und wurde durch die heutige Bezeichnung ersetzt; tatsächlich beschreibt der Ausdruck *Weißes Loch* diese Geysire sehr viel anschaulicher. Als man Mitte der siebziger Jahre Kandidaten für Schwarze Löcher wie etwa Cygnus X-1 entdeckte, intensivierte das die Suche nach ihren zeitverkehrten Gegenstücken.

In den siebziger Jahren kamen für diese Rolle am ehesten die sehr weit entfernten, außerordentlich hellen Himmelskörper in Frage, die man als quasistellare Objekte (*Quasare*) bezeichnete. Solche Quasare wurden Anfang der sechziger Jahre anhand der Daten von Radioteleskopen entdeckt. Sie emittieren kontinuierlich Ströme intensiver Strahlung von weit größerer Stärke, als sie irgendein bekanntes kosmisches Objekt vergleichbarer Größe aufzuweisen hat. Manche Physiker, unter ihnen Novikov, sahen die Erklärung für die Energiequelle der Quasare in der unaufhörlich Lichtenergie verströmenden zentralen Singularität eines Weißen Loches. Doch eingehende theoretische Arbeiten Ende der siebziger Jahre bewiesen, daß Weiße Löcher zu instabil wären, um Quasare mit Energie zu versorgen. Bald fand man andere Erklärungen für diese Phänomene, so daß man die Weißen Löcher nicht mehr bemühen mußte. Dennoch glauben auch heute noch viele Astrophysiker, überzeugende Kandidaten für Weiße Löcher entdeckt zu haben. Noch immer ist nicht ganz klar, ob es sich bei diesen Objekten um reale physikalische Gebilde oder bloße mathematische Abstraktionen handelt.

Der Weg hinaus

Wenn es im materiellen Universum tatsächlich Weiße Löcher gäbe, böten sie eine gute Möglichkeit, aus Kerr-Tunneln zu entkommen. Sollten hingegen die Passagen, die in Schwarzen Löchern Kerrscher Art vorhanden sind, nur mit anderen Schwarzen Löchern verbunden sein, wäre es kaum ratsam, diese Tunnel für den interstellaren Verkehr zu nutzen – wie gezeigt, wäre der unglückliche Entdekkungsreisende auf ewig in ihnen gefangen.

Doch nach einer anderen Erklärung der Kerr-Tunnel, die man vorgeschlagen hat, verbinden sie nicht zwei Schwarze Löcher miteinander, sondern ein Schwarzes Loch in einem Teil des Kosmos mit einem Weißen Loch in einem anderen. Diese Theorie ist aus der besonderen Struktur des Kruskal-Diagramms abgeleitet worden, das ein Kerr-Modell darstellt. Dort sind zweifellos Vergangenheits- und Zukunftssingularitäten sowie überschreitbare Grenzen zwischen verschiedenen Raumzeitregionen enthalten (vgl. Kapitel zwei). Man nimmt an, daß ein Objekt leicht von einem Abschnitt des Universums, in dem sich eine künftige Singularität, das heißt ein Schwarzes Loch, befindet, in einen anderen Abschnitt gelangen könnte, der eine Vergangenheitssingularität, also ein Weißes Loch, aufweist. Während die erste Region des Kosmos von einem alles umschließenden Ereignishorizont umgeben wäre, hätte die zweite einen alles ausschließenden «Antihorizont» als Grenze. Der *Antihorizont* ist ein Ereignishorizont der Vergangenheit, eine Fläche, aus der Dinge hervorgehen, durch die aber keine ins Innere gelangen können.

Stellen wir uns also vor, ein Astronaut dränge in ein Schwarzes Loch vom Kerr-Typ ein, durchquerte den Tunnel und käme im Inneren eines großen Weißen Loches heraus. Dieser Entdeckungsreisende würde vom Weißen Loch sofort durch den Antihorizont *nach draußen* geschleudert werden. Wahrscheinlich fände er sich in einer ganz anderen Region des Universums wieder, möglicherweise Hunderte von Billionen Kilometer von seinem Heimatplaneten entfernt. Unternähme er nun den Versuch, wieder in den Teil des Universums zurückzukehren, aus dem er kommt, und würde er zu diesem Zweck sein Schiff wenden, um wieder in das Weiße Loch einzudringen, wäre das vergebliche Liebesmüh: Der Antihorizont würde keinen Wiedereintritt zulassen. Einmal draußen, wäre der arme Kerl für ewig ausgeschlossen.

Horizonte und Antihorizonte sind merkwürdige Gegensatzpaare – wie Eingangs- und Ausgangsdrehkreuze oder wie die Quellen und Mündungen von Flüssen. Horizonte halten alles fest, was sich in ihr Inneres verirrt; Antihorizonte nehmen alles «gefangen», was sich außerhalb ihrer Fläche befindet. Im letzteren Falle «umgeben» diese Gefängnisse den Rest des Universums (mit Ausnahme des Weißen Loches natürlich); sie lassen alles hinaus, was sich im Inneren des Weißen Loches befindet, hindern aber alles andere daran, hineinzugelangen. Der Gedanke, daß Weiße Löcher Wege in andere Teile des Universums eröffnen könnten, ist faszinierend. Doch leider ist die Idee, Weiße Löcher als Schnellverkehrsmittel für Fernreisen im All zu benutzen, mit einer Reihe offenbar unlösbarer Schwierigkeiten verbunden. Vor allem gibt es die völlige Unvorhersagbarkeit Weißer Löcher. In allen Überlegungen zur Verwendung Weißer Löcher als interstellare Passagen sind wir davon ausgegangen, daß sie Materie und Energie regelmäßig und geordnet ausstoßen würden. Das muß nicht sein. Wir können nicht selbstverständlich davon ausgehen, daß Weiße Löcher die Objekte, die ihre schwarzen Pendants verschlungen haben, auch wieder intakt preisgeben. Möglicherweise geben Weiße Löcher die Objekte völlig willkürlich heraus. So müßte vielleicht ein Raumfahrer, nachdem er einen Kerr-Tunnel durchquert hätte, zu seinem Entsetzen feststellen, daß ihn ein Weißes Loch nur unvollständig ausgespuckt hätte – ohne Kinn zum Beispiel – oder ihn, in seine Einzelteile zerlegt, in eine ganz andere Epoche des Universums versetzt hätte. Sicherlich fände kein Astronaut an einem so scheußlichen Szenario Gefallen.

Ein weiteres schwieriges Problem, das sich beim kosmischen Zwei-Löcher-Verkehrsmodell ergibt, betrifft den sich erhärtenden theoretischen Verdacht, sie könnten, kaum daß sie sich gebildet hätten, wieder rasch und unaufhaltsam zerfallen. Wahrscheinlich hätten sie nur eine Lebensdauer von ein paar Sekunden und würden sich entweder rasch in Schwarze Löcher verwandeln oder als riesige Feuerbälle explodieren. Infolgedessen würde jeder unglückselige Reisende, der versuchte, diese flüchtigen Himmelsgebilde zur Durchfahrt zu benutzen, entweder auf ewig in einem Ereignishorizont gefangen bleiben oder fast augenblicklich pulverisiert werden. In Kenntnis aller dieser Umstände hätte wohl kein vernünftiger Astronaut den Wunsch, eine dieser instabilen Passagen zu befahren.

Weiße Löcher sind scheu

Warum wären Weiße Löcher instabil? Warum würden sie sich fast augenblicklich in Schwarze Löcher verwandeln? Der Grund dafür ist ziemlich merkwürdig. Weiße Löcher sind scheu und können es nicht ertragen, sich der Öffentlichkeit zu zeigen. Natürlich sind sie nicht *scheu im wörtlichen Sinne*, aber bildlich gesprochen gehen Weiße Löcher jedem öffentlichen Auftritt nach Möglichkeit aus dem Wege. Infolgedessen sind sie, sobald sie sich gebildet haben, bestrebt, sich möglichst rasch wieder unsichtbar zu machen. Und da das unsichtbarste Objekt überhaupt ein Schwarzes Loch ist, sind Weiße Löcher bemüht, Schwarze Löcher zu werden, ein Bestreben, das sich letztlich als selbstmörderisch erweist.

Dieses merkwürdige Ergebnis, das ich als «Weiße-Löcher-sind-scheu»-Theorem bezeichnen möchte, wurde erstmals 1974 von Douglas Eardley vom California Institute of Technology (Caltech) entwickelt, einer Brutstätte für Theorien über Schwarze Löcher, Weiße Löcher und Wurmlöcher. Eardley beschäftigte sich eingehend mit den «Restkern»-Modellen von Novikov und Ne'eman, nach denen kleine Materieregionen später als ihre Umgebung aus der Ursingularität hervorgehen. Dabei gelangte Eardley zu dem Schluß, daß diese Lösungen extrem instabil seien und fast sogleich zerfielen. Der Grund dafür ist die Neigung Weißer Löcher, in ihrer Umgebung Schichten von Materie und Energie anzusammeln, die sie irgendwann ersticken müssen.

Nehmen wir ein typisches Weißes Loch, sagen wir, eines, das der Schwarzschild-Lösung entspricht. Es bestünde aus einer zentralen Vergangenheitssingularität, aus der Energie und Materie herausgeschleudert würden, und es wäre umgeben von einem Antihorizont. Natürlich wäre dieses Weiße Loch, als der zeitverkehrte Zwilling eines Schwarzen Loches Schwarzschildscher Art, ebenfalls sphärisch, und der Abstand zwischen der Vergangenheitssingularität und dem Antihorizont würde sich exakt mit dem Schwarzschild-Radius decken.

In einem Schwarzen Loch würden Material und Energie in den Ereignishorizont hineingezogen; hier zeigte sich das entgegengesetzte Phänomen – die Ausstoßung von Materie und Energie. Infolgedessen würde sich ständig energiereiches Material vor dem Antihorizont des Weißen Loches zusammenballen, da es ja nicht hineingelangen könnte. Schicht um Schicht würde diesem Mantel hinzugefügt werden, bis das Weiße Loch von einem dichten Energieschild umgeben wäre. Eardley nennt es «blaue Schicht», da die Energie, die in dieser Ummantelung vorhanden wäre, durch die Schwerkraft wahrscheinlich zum blauen Ende des Lichtspektrums hin verschoben würde (eine Erscheinung, die sich aus der allgemeinen Relativitätstheorie ergibt).

Die Existenz dieser Energieummantelung böte dem Weißen Loch eine ideale Entschuldigung für sein Mauerblümchendasein. Der Rückzug aus der Welt begänne, wenn die wachsende Masse des blauen Schildes – entsprechend dem Prinzip der allgemeinen Relativitätstheorie, nach dem die «Materie dem Raum vorschreibt, wie er sich zu krümmen hat» – die Raumzeitregion in der Umgebung des Antihorizontes veranlaßte, sich heftig zu verwerfen. Schließlich wäre die Raumzeit in dieser Region so gekrümmt, daß der einstige Antihorizont zu einem echten Ereignishorizont eines Schwarzen Loches geriete und von nun an alles Material daran hinderte, das Gebilde zu verlassen, das einst ein kosmischer Geysir war. Damit hätte sich das extrovertierte Weiße Loch in ein introvertiertes Schwarzes verwandelt.

Wir können unsere Aufmerksamkeit auch dem Licht schenken, das aus der Vergangenheitssingularität im Mittelpunkt des Objektes hervorgeht. Wäre das Weiße Loch nicht von einer Materialschicht umgeben, würden alle Lichtstrahlen, die der Mittelpunkt emittierte, durch den Antihorizont entweichen. Das Weiße Loch wäre in diesem Falle also tatsächlich ein Energie-Geysir. Nun würde aber das Gravitationsfeld der Ummantelung die Raumzeit in der Nachbarschaft verwerfen und alle Lichtstrahlen, die vom Mittelpunkt ausgingen, wieder einfangen. Infolgedessen blieben die Strahlen in dieser Region gefangen und wären niemals für einen Beobachter in der Außenwelt sichtbar. Da dem kosmischen Objekt von diesem Augenblick an kein Licht mehr entkommen könnte, ließe sich sagen, daß es zu einem Schwarzen Loch geworden wäre.

Sähe ein Beobachter in der Außenwelt diese Ereignisfolge, erschiene sie ihm höchst seltsam. Kaum daß ein Weißes Loch irgendwo im All auftauchte, zöge es sich schon wieder spröde hinter einen Schwarzen Vorhang zurück. Je nach ihrer Masse verschwänden Weiße Löcher unterschiedlich schnell. Bei einem Weißen Loch mit zehn Sonnenmassen würde die Umwandlung in ein Schwarzes Objekt in der Regel noch nicht einmal eine tausendstel Sekunde dauern; und selbst ein Weißes Loch, das eine Million Sonnenmassen besäße, würde nur etwas mehr als eine Minute lang überleben.

Wenn es also Weiße Löcher in den Anfangsphasen des Universums gegeben hat, dann wäre es höchst unwahrscheinlich, daß sie noch vorhanden sind; schon nach kurzer Zeit hätten sie sich alle in Schwarze Löcher verwandelt. Selbst Weiße Löcher, die in späteren Phasen erzeugt worden wären, gäbe es schon lange nicht mehr – sie wären auf ewig hinter Ereignishorizonten verschwunden.

Da die langfristigen Überlebenschancen Weißer Löcher praktisch gleich null sind, sind auch die Aussichten, sie als interstellare Korridore zu benutzen, miserabel. Infolgedessen sind die meisten Theoretiker zu dem Schluß gekommen, daß Kerr-Tunnel, ob sie nun zwei Schwarze Löcher miteinander verbinden oder von einem Schwarzen Loch zu einem Weißen Loch führen, nicht als befahrbare Sternentore zu verwenden wären. Man benötigt also ein anderes interstellares Verkehrsmittel, das zwar auch auf der allgemeinen Relativitätstheorie basieren muß, aber das speziell zu diesem Verkehrszweck konstruiert ist. Die Entwürfe «befahrbarer Wurmlöcher», die gegenwärtig an amerikanischen und europäischen Universitäten entwickelt werden, scheinen weit mehr Erfolg zu versprechen.

Bevor wir uns dem Thema der Wurmlöcher zuwenden, wollen wir noch einen letzten Blick auf Weiße Löcher werfen und hören, was die Physik heute über dieses offenbar ausgestorbene Phänomen zu sagen hat. Unter anderem gibt es eine Theorie, nach der Weiße Löcher zwar noch existieren, sie aber überhaupt nicht mehr von Schwarzen Löchern zu unterscheiden sind. Könnten Weiße und Schwarze Löcher ein und dasselbe sein?

Maskenball

Wie jeder Engländer weiß, ist das Verhältnis zwischen den Universitäten Oxford und Cambridge vor allem durch intensive Konkurrenzgefühle geprägt, die keinen Vernunftgründen zugänglich sind und ihre Auswirkungen offenbar noch in der Textur des Universums zeigen. Diese freundschaftliche, aber gleichwohl heftige Rivalität reicht von sportlichen Betätigungen bis hin zu wissenschaftlichen Aktivitäten und ergreift das Leben der Lehrenden und Studierenden gleichermaßen. Kein Wunder also, daß die beiden Wissenschaftler, die die wichtigsten Theorien über die Geschichte des Universums entwickelt haben, Roger Penrose aus Oxford und Stephen Hawking von der Cambridge University, sich in vielen Punkten ihrer philosophischen Deutung kosmischer Ereignisse voneinander abweichende Meinungen erlauben.

Ihre hypothetische Beschreibung Weißer Löcher ist keine Ausnahme von dieser Regel. Hawking ist überzeugt, daß Schwarze Löcher und Weiße Löcher nur zwei verschiedene Aspekte des gleichen Phänomens sind; Penrose vertritt ebenso entschieden die Meinung, daß es Weiße Löcher, vom Urknall abgesehen, nie gegeben hat. Beide können überzeugende Argumente für ihre Standpunkte anführen, wobei sie sich auf prinzipiell unterschiedliche Wirklichkeitsauffassungen stützen: Hawking glaubt, daß die Geschichte insgesamt gesehen zeitsymmetrisch ist, während Penrose sie grundsätzlich für zeitasymmetrisch hält.

Der Unterschied zwischen zeitsymmetrischen und zeitasymmetrischen Ereignisfolgen ist ganz einfach. Im ersten Fall ließe sich zwischen einem rückwärts und einen vorwärts ablaufenden Film dieser Ereignisse überhaupt nicht unterscheiden; im zweiten Fall wären die Abweichungen der beiden Filmversionen unübersehbar.

Natürlich ist das Universum weder völlig zeitsymmetrisch noch gänzlich zeitasymmetrisch. Auf mikroskopischer Ebene – der Welt der Teilchenwechselwirkungen – finden Ereignisse im allgemeinen zeitsymmetrisch statt, während das Geschehen auf makroskopischer Ebene – in der Welt der festen, flüssigen und gasförmigen Körper – zeitasymmetrisch abläuft. Auf Ereignisse kleinsten Maßstabes, etwa den Zusammenstoß zweier winziger Kügelchen, lassen sich Newtons Bewegungsgesetze, die völlig symmetrisch in der Zeit sind, sehr gut anwenden, während der Zweite Hauptsatz der Thermodynamik, asymmetrisch in der Zeit, in ebenso überzeugender Weise großräumige Ereignisse wie beispielsweise das Schmelzen von Eis erklärt.

Penrose und Hawking sind übereinstimmend der Meinung, daß im physikalischen Universum sowohl zeitsymmetrische wie zeitasymmetrische Elemente eine wichtige Rolle spielen. Doch in der relativen Bedeutung, die sie jeder dieser beiden Beziehungen zuweisen, unterscheiden sie sich erheblich.

Penrose vertritt den Standpunkt, daß der Entropiesatz – und damit eine grundlegende Zeitasymmetrie – in die Struktur des Universums eingebaut sei. Das Universum müsse, so meint er, in einem vollkommen geordneten Zustand niedriger Entropie begonnen haben und werde eines Tages in einem vollkommen ungeordneten Zustand hoher Entropie enden. Nach seiner Auffassung ist die Grundlage dieser Entropie ein entscheidender Unterschied zwischen den Raumzeitstrukturen des Anfangs und des Endes: Der Anfang habe nur ein regelmäßiges, homogenes (in allen Punkten vollkommen gleiches) Ereignis, den Urknall selbst, enthalten, während das Ende eine Reihe unregelmäßiger, inhomogener Geschehnisse, zum Beispiel den sporadischen Zerfall in Schwarze Löcher, aufweisen werde. Nach Penrose ist der Entropiesatz das Ergebnis dieser fundamentalen Diskrepanz zwischen den singulären Zuständen der Vergangenheit und der Zukunft, der sich aus dem Gegensatz zwischen der gleichförmigen Anfangssingularität (Urknall) und den unregelmäßigen Endsingularitäten (Schwarzen Löchern) herleitet.

Wie passen Weiße Löcher in dieses Schema? Überhaupt nicht. Penrose meint, daß Weiße Löcher sich nicht mit dem Gesetz von der Entropiezunahme vertragen. Einerseits wären sie äußerst unregelmäßige Singularitäten, andererseits würden sie vor allem in den frühen Stadien des Universums auftreten. Eben weil sie unregelmäßige Anfangssingularitäten mit hoher Entropie wären, schließt Penrose sie aus – widersprechen sie doch seiner Regel, daß die Anfangssingularität gleichförmig und umfassend gewesen sei, also eine niedrige Entropie besessen haben müsse.

Eine ganz andere Auffassung zum Entropiesatz vertritt

Hawking. Für ihn hat dieses Gesetz weder etwas mit dem Urknall noch mit irgendwelchen anderen Gravitationsphänomenen zu tun. Im wesentlichen seien, so Hawking, die Grundgesetze, die das Universum regieren, völlig zeitsymmetrisch. Der einzige Grund, warum die Ordnung in Unordnung zerfällt und die Entropie gegenwärtig zunimmt, liege darin, daß sich das Leben andernfalls nicht gebildet hätte und wir nicht vorhanden wären. Weil wir existieren, meint Hawking, müssen wir in einem Universum oder in einer Epoche des Universums leben, in der das Entropiegesetz eisern gilt. (Dieses Argument ist ein hübsches Beispiel für die Anwendung des *anthropischen Prinzips*, mit dem wir uns in Kapitel acht beschäftigen werden.)

Wenn das Universum im wesentlichen zeitsymmetrisch ist, gibt es keinen Grund, die Möglichkeit auszuschließen, daß bestimmte Gravitationsphänomene, wie zum Beispiel Schwarze und Weiße Löcher, ebenfalls zeitsymmetrisch sind. Genau diese These äußerte Hawking 1976. Danach emittieren Schwarze und Weiße Löcher eine bestimmte Menge Licht (thermische Strahlung an der Grenze Schwarzer Löcher, kosmische Strahlenausbrüche an den Antihorizonten Weißer Löcher), und beide absorbieren sie eine gewisse Menge Licht (Schwarze Löcher an ihren Ereignishorizonten und Weiße Löcher an ihren »Blauschicht«-Horizonten). Da nun Schwarze Löcher und Weiße Löcher übereinstimmend absorbieren und emittieren und auch ansonsten völlig gleiche Eigenschaften aufweisen, gelangte Hawking zu dem Schluß, sie müßten auch in jeder anderen Hinsicht identisch sein. Mit anderen Worten, Weiße Löcher können sich als Schwarze Löcher maskieren, Schwarze Löcher können sich als Weiße Löcher ausgeben, und es gibt, so Hawking, absolut keine Möglichkeit, diese kosmischen Objekte zu unterscheiden.

Penrose und Hawking sind beide der Meinung, daß der Terminus *Weißes Loch* völlig überholt ist – Penrose, weil der Ausdruck nach seiner Meinung ein nichtexistentes Objekt beschreibt, Hawking, weil der Begriff einen zweiten Namen für ein bereits benanntes Objekt liefert: ein Schwarzes Loch. Nachdem das klargestellt war, beschlossen der Oxforder Mathematiker und der Cambridger Physiker, diese augenscheinlich müßige Frage fallenzulassen und ihre beeindruckenden Verstandeskräfte interessanteren Gegenständen zuzuwenden.

Von Oxford und Cambridge, den Eliteuniversitäten der Britischen Inseln, wenden wir uns nun den nicht weniger elitären Bildungsinstitutionen des amerikanischen Ostens zu. Nach Durchquerung einer transatlantischen Instantpassage befinden wir uns jetzt an der Cornell University in Ithaca, New York, einem wichtigen Zentrum astronomischer Forschung.

5. KAPITEL

Wurmlöcher – interstellare Korridore

Wurmlöcher als Durchlässe

Ithaca im Staate New York ist ein idealer Ort, um über Schwarze Löcher, Lücken in der Raumzeit und Risse im kosmischen Gewebe nachzudenken. Sein hügeliges Gelände, im Winter fast unbefahrbar, weist Hunderte von Schluchten, Wasserfällen und Felsen auf. In Ithaca ist die kürzeste Entfernung zwischen zwei Punkten selten eine gerade Linie, und Autofahrer brauchen Jahre, um alle Kurven und Windungen der Straßen zu bewältigen.

In einem Landhaus, hoch über einer der Schluchten, lebt der Astronomieprofessor Carl Sagan von der Cornell University. Fast schon Klischee ist die Feststellung, daß es in der akademischen Welt sehr gute Forscher und sehr gute Lehrer gibt, daß aber beides nie zusammenkommt. Sagan ist eine seltene Ausnahme von dieser «Regel». Er hat Anerkennung in Forschung und Lehre gefunden – nicht nur den Pulitzerpreis, sondern auch den Smith-Science-Preis und die NASA-Medaille für außergewöhnliche wissenschaftliche Leistungen erhalten und wurde mit dem Hugo- und dem Peabody-Preis für Science-fiction-Literatur ausgezeichnet. Er hat die interstellaren Friedensbotschaften verfaßt, die an Bord der Raumsonden *Pioneer* und *Voyager* in der Hoffnung untergebracht wurden, daß außerirdische Zivilisationen eines Tages von der Existenz intelligenten Lebens auf der Erde erfahren werden. Und er ist auch der Mann, der in so überzeugender Weise vor den verheerenden Folgen eines Nuklearwinters gewarnt hatte. Doch die meisten Menschen dürften ihn als den modisch gekleideten Produzenten, Autor und Sprecher der Serie *Cosmos* kennen, die Ende der siebziger Jahre über die Fernsehschirme ging, eine Serie, die die Zuschauer wöchentlich in die Tiefen des Weltraums entführte. Auch an seine häufigen Besuche in der Talk-Show von Johnny Carson werden sich die Fernsehzuschauer erinnern, wo er sich der scharfen Zunge seines Gastgebers stellte. Wohl niemand ist im letzten Jahrhundert so sehr zur Galionsfigur der Astronomie geworden wie Carl Sagan.

1985 veröffentlichte Sagan den Roman *Contact*, der die erste Begegnung zwischen Menschen und einer anderen Lebensform beschreibt. In dieser Geschichte erleben fünf Menschen eine wahrhaft phantastische Reise durch den Kosmos. Während der ersten Etappe ihrer Fahrt durchqueren sie ein Sternentor, gelangen durch einen Raumtunnel und erreichen eine Art kosmisches Niemandsland. Dann kommen sie in eine Region, die «Grand Central Station» heißt, ein Weltraumknotenpunkt, von dem aus Routen zu tausend verschiedenen Orten führen und wo interstellare Reisende die Möglichkeit zum Umsteigen haben. Schließlich enden die Protagonisten des Romans in einer Kreisbahn um den Stern Vega, Milliarden und Abermilliarden Kilometer von der Erde entfernt, in einer Region des Alls, die zweifellos zu weit entfernt ist, um mittels konventioneller Raumfahrt erreicht werden zu können. Doch diese fünf haben ihre gefährliche Reise in weniger als einer Stunde absolviert.

Nach Beendigung der Reise überlegen sich zwei der Protagonisten, Eda und Vaygay, mit welcher Geschwindigkeit sie geflogen sind und wie der Raumtunnel beschaffen sein könnte. Zunächst meint Eda, der Tunnel sei eine

Verbindung zwischen zwei Schwarzen Löchern. Doch verwirft sie diesen Gedanken rasch, wobei sie einige der Gründe anführt, die wir in den vorstehenden Kapiteln dieses Buches erörtert haben. Unter anderem nennt sie auch den Umstand, daß eine solche Verbindung instabil wäre und rasch zu einem Objekt zusammenfiele, was man *Singularität* nennt: einen nicht befahrbaren, nicht kontinuierlichen Punkt in Raum und Zeit.

Vaygay führt noch einige weitere Gründe dafür an, daß sie nicht durch ein Schwarzes Loch gefahren sein können. Ein solcher Vorgang hätte sie nämlich enormen Gravitationskräften ausgesetzt, intensiv genug, um ihr Raumschiff wie Kuchenteig in die Länge zu ziehen, und einer ungeheuren Strahlenmenge preisgegeben, die jeden Insassen getötet hätte. Außerdem wäre die auf der Erde gemessene Zeitspanne, die sie benötigt hätten, um durch ein Schwarzes Loch zu reisen, unendlich gewesen. Ein Astronaut, der sich in eine solche Passage begäbe, könnte also niemals wieder nach Hause zurückkehren.

Aus allen diesen Gründen gelangen die Personen in *Contact* zu dem Schluß, daß sie durch ein ganz anderes, bislang nicht bekanntes kosmisches Objekt gefahren sein müssen. Aber durch ein Objekt welcher Art? Genau diese Frage stellte sich auch Sagan, während er den Roman schrieb.

Natürlich wollte Sagan nicht, daß sein Roman gegen die Gesetze der Gravitationsphysik verstieß. Doch während er an *Contact* arbeitete, sah er keine Möglichkeit, seine Helden so geschwind durch den Kosmos zu schicken. Er las Dutzende von Zeitschriftenartikeln, aber aus allen ging hervor, daß die Reise von Schwarzen zu Weißen Löchern unmöglich wäre, so daß er, um den wissenschaftlichen Realismus zu wahren, diese Verkehrsart ausschließen mußte. Und keiner dieser Artikel ließ eine Alternative erkennen. Schließlich wandte Sagan sich an seinen alten

Freund Kip Thorne, einen Astrophysiker vom California Institute of Technology in Pasadena, und fragte ihn, ob er irgendeine Möglichkeit für einen interstellaren Sofortverkehr kenne, die die in Verbindung mit Schwarzen Löchern auftretenden Probleme vermeide.

Wie Sagan verfügt Kip Thorne über viele Talente: Er ist ein namhafter Theoretiker, angesehener Universitätslehrer und vielfach ausgezeichneter wissenschaftlicher Autor. 1940 in Utah geboren, absolvierte Thorne rasch Schule und Studium, machte 1962 sein Examen am Caltech und promovierte drei Jahre später in Physik an der Princeton University. Sein Doktorvater war John Wheeler, mit dem er auch nach der Promotion weiterhin zusammenarbeitete. Zusammen mit Charles Misner verfaßten Thorne und Wheeler das absolute Standardwerk über die Einsteinsche Relativitätstheorie – *Gravitation* –, das 1973 erschien.

Seit 1970 ist Thorne ordentlicher Professor am Caltech und beschäftigt sich mit den Prozessen des Sternenkollapses, insbesondere mit der Entstehung Schwarzer Löcher. Sehr intensiv hat sich Thorne in diesem Zusammenhang der Suche nach Kandidaten für Schwarze Löcher und ihrer Bewertung gewidmet, wobei seine besondere Aufmerksamkeit Cygnus X-1 galt. Mitte der siebziger Jahre hat er mit Stephen Hawking eine Wette abgeschlossen, in der es um die Frage geht, ob dieses Objekt wirklich ein Schwarzes Loch ist oder nur ein normaler Himmelskörper, der sich unseren Blicken entzieht. Thorne hat gewettet, daß Cygnus X-1 echt ist. Hawking vertritt die Auffassung, daß es sich um einen falschen Kandidaten handelt. Wenn Hawking gewinnt, bezahlt Thorne ihm ein Vierjahresabonnement der Zeitschrift *Private Eye*. Sollte sich herausstellen, daß Cygnus X-1 tatsächlich ein Schwarzes Loch enthält, bekommt Thorne ein Einjahresabonnement des *Penthouse*. Bislang ist die Wette noch nicht entschieden, obwohl Hawking vor kurzem eingeräumt hat, daß Thorne wohl recht habe.

Zweifellos ist Kip Thorne ein Mann, der eine Herausforderung zu schätzen weiß. Als Carl Sagan ihn fragte, ob er vielleicht eine Möglichkeit für interstellare Reisen finden könnte, vermochte er deshalb nicht zu widerstehen. Unter Mithilfe zweier Doktoranden – Michael Morris und Ulvi Yurtsever – entwarf er das funktionierende Modell eines kosmischen «Wurmloches», einer interstellaren Verbindung, die sicher genug, breit genug und stabil genug ist, um in kurzer Zeit von Raumschiffen durchfahren werden zu können. Diese Ergebnisse nahm Sagan sogleich in seinen Roman auf. Nachdem seine Personen die Möglichkeit einer Reise durch Schwarze Löcher ausgeschlossen haben, wenden sie sich der Wurmloch-Passage als der einleuchtenden Alternative für die Erklärung ihrer Reise zu.

1987, zwei Jahre nach der Veröffentlichung von *Contact*, beschlossen Morris und Thorne (Yurtsever schloß sich ihnen in einer späteren Arbeit an), ihre Ergebnisse im *American Journal of Physics* zu veröffentlichen, einer Zeitschrift, die sich mit didaktischen und kulturellen Fragen der Physik beschäftigt. Ihr Artikel entwirft die Grundlagen einer Wurmloch-Konstruktion. Morris und Thorne nennen neun Bedingungen für befahrbare Wurmlöcher, offenbar die Voraussetzungen, die unbedingt erforderlich sind, um eine sichere Durchfahrt zu gewährleisten. Gemeinsam liefern diese Regeln eine Basis für die Konstruktion kosmischer Tore.

Die erste Regel besagt, daß das Wurmloch statisch und sphärisch sein muß. Statisch heißt hier, daß sich die Form und Größe des Durchlasses im Laufe der Zeit nicht verändern dürfen, sondern auf Dauer erhalten bleiben müssen. Dadurch wird das grundlegende Problem der Kerr-Tunnel und der Verbindung zwischen Schwarzen und Weißen Löchern vermieden, das in Kapitel vier erörtert wurde, daß nämlich diese Passagen irgendwann bis zur unpassierbaren Singularität schrumpfen. Ein brauchbares Wurmloch muß eine zeitlich unbegrenzte Durchfahrt gewähren; nur so ist eine dauerhafte und sichere Beförderung möglich.

Daß das Wurmloch sphärisch sein muß, ist lediglich eine vereinfachende Annahme. Wie man sich denken kann, sind regelmäßige symmetrische Objekte für Physiker weit leichter zu berechnen als unregelmäßige. Unter Ingenieuren ist es ein stehender Witz, daß Physiker stets den einfachsten Fall annehmen, selbst wenn er nicht ganz anwendbar ist. In einer Geschichte, die sich Ingenieure gerne erzählen, besitzt ein Physiker eine Hühnerfarm. Zu dem Schluß gelangt, daß die Produktivität der Farm verbessert werden müsse, schickt er sich an, eine neue und leistungsfähigere Hühnchenrupfmaschine zu konstruieren. Als er sich hinsetzt, um die Pläne für seine Maschine zu entwerfen, hört man ihn murmeln:

«Wollen doch mal sehen. Nehmen wir zunächst einmal an, die Hühnchen sind sphärisch.»

In physikalischen Modellen geht man häufig von sphärischer Symmetrie aus, aber die Annahme trifft nicht immer zu, wie uns der Fall der Hühnerfarm zeigt!

Die zweite Bedingung von Morris und Thorne besagt, daß der kosmische Tunnel den Gleichungen der allgemeinen Relativitätstheorie gehorchen muß. Wie in Kapitel zwei gezeigt, ist das so zu verstehen, daß die Beziehung zwischen der Geometrie des Wurmloches und seiner materiellen Beschaffenheit Einsteins Theorie entspricht. Diese Bedingung trägt dafür Sorge, daß die Gesetze der relativistischen Physik befolgt werden.

Welche Gestalt könnte das Wurmloch annehmen? Genau das beschreibt die dritte Regel: Nach Morris und Thorne muß das Wurmloch wie eine abgeflachte Sanduhr aussehen, mit zwei «Becken», die durch einen engen «Schlund» oder eine «Passage» verbunden sind. Wie Sand, der vom oberen ins untere Glas rinnt, würden die Weltraumreisenden durch die Passage von einem Abschnitt des Kosmos in einen anderen gelangen. Das ist natürlich nur eine grobe Analogie; die tatsächliche «Wurmloch-Sanduhr» müßte aus der Struktur der Raumzeit selbst geformt werden.

Nach diesem Entwurf entspricht das obere Becken des sanduhrförmigen Wurmloches unserer Region des Universums, das untere Becken einer anderen. Diese Bereiche der Sanduhr müssen flach sein, weil nach der allgemeinen Relativitätstheorie, wie wir uns aus Kapitel zwei erinnern, Regionen des Kosmos mit keiner oder wenig Materie flachen Raumzeitbereichen entsprechen. So wäre im leeren Raum in einiger Entfernung vom Zentrum des Wurmloches außerordentlich wenig Masse anzutreffen. Deshalb müßte auch die Krümmung gering sein.

Die Passage des Wurmloches, ein enges Stück extrem gekrümmter Raumzeit, das die beiden flachen Becken verbindet, muß dagegen durch eine erhebliche Menge konzentrierter Masse erzeugt werden. Alle Wege in die Wurmloch-Region beginnen in einem Becken (einer Region des Kosmos) und verlaufen gerade, bis sie in die Nähe der Passage gelangen, wo sie mit einer scharfen Kurve in die Passage einmünden und in dem anderen Becken (einem anderen Teil des Kosmos) eintreffen. Das Schema von Morris und Thorne beschreibt also exakt, wie ein Wurmloch beschaffen sein muß, durch dessen Passage Raumschiffe fahren können.

Die vierte Regel besagt, daß es keine Ereignishorizonte geben darf. Da sie jedes Entkommen verhindern, würden Ereignishorizonte kosmische Verbindungen für Reisende nutzlos machen. Wer hätte schon Lust, durch ein Wurmloch von einem Teil des Kosmos in einen anderen zu gelangen, wenn er wüßte, daß er ihn niemals verlassen könnte?

Fünftens, die Gravitationskräfte, die ein Reisender erfährt, müssen so klein wie möglich sein. Niemand möchte wie ein Gummiband gestreckt werden. Doch genau diesen Effekt haben die Gravitationskräfte. (Beispielsweise strekken die Gravitationskräfte des Mondes die Weltmeere bei jeder Flut ein bißchen.)

Entsprechend müssen die Beschleunigungen und Verzögerungen der Passagiere auf ein Mindestmaß beschränkt werden. Jeder weiß, wie unangenehm es ist, wenn man zu schnell anfährt oder zu abrupt bremst. Gewiß, in einer Achterbahn können diese Effekte aufregend sein. Doch dieser Spaß würde sicherlich schnell verfliegen, würden die Bewegungen noch unregelmäßiger und heftiger.

Welche vernünftige Obergrenze sollte man für die Beschleunigung eines Schiffes bei der Befahrung eines Wurmlochs ziehen? Die Geschwindigkeitsveränderung, die Menschen oder Objekte erleben, wenn sie aus einer gewissen Höhe frei auf die Erde fallen, bezeichnet man als *Gravitationsbeschleunigung* der Erde, häufig durch den Buchstaben *g* abgekürzt; sie beträgt fast zehn Meter pro Sekunde. Das heißt beispielsweise, daß eine Frau, die von einem Sprungbrett springt, pro Sekunde ihres Falles die Geschwindigkeit um zehn Meter pro Sekunde erhöht. Menschen können auch ohne erhebliche physiologische Schäden größere Beschleunigungen ertragen, doch es gibt eine Grenze, oberhalb derer ernste Probleme auftreten. Astronauten und Jetpiloten müssen beim Start ein vielfaches der Gravitationsbeschleunigung aushalten, werden aber auf solche Situationen durch ein Spezialtraining vorbereitet. Morris und Thorne meinen, daß die Gravitationsbeschleunigung der Erde für Wurmloch-Passagen die Grenze bilden sollte. Jeder Wert darüber hinaus wäre ihrer Meinung nach sehr unangenehm und könnte gefährlich werden.

Die sechste Bedingung von Morris und Thorne betrifft

die Zeit, die die Passagiere brauchen, um das Sternentor zu durchqueren: die Dauer der Reise für die Besatzung und für die, die auf der Erde zurückbleiben. (Erinnern wir uns, daß das nicht unbedingt dasselbe sein muß; bei Hochgeschwindigkeitsreisen sagt die spezielle Relativitätstheorie für die Reisenden eine Zeitdilatation voraus.) Diese Bedingung ist relativ streng: Die Reise darf für die Reisenden wie für die Menschen, die sie zurücklassen, nicht länger als ein Jahr dauern. Der Grund für diese Voraussetzung ist klar. Raumfahrten, die ein paar Jahre oder mehr in Anspruch nähmen, wären entweder gefährlich, ungesund oder langweilig und könnten kostspielige Verfahren wie den Kältetiefschlaf erforderlich machen. Man würde auch nicht durch ein Wurmloch reisen mögen, nur um bei der Rückkehr festzustellen, daß die Menschen, die man geliebt hat, gealtert oder verstorben sind. Deshalb ist es von entscheidender Bedeutung, daß die Länge einer Reise durch ein kosmisches Tor nach den Uhren der Besatzung wie der Menschen auf der Erde nicht zu lange dauert.

Die siebente Bedingung betrifft die Herstellung des Wurmloches und erweist sich als die schwierigste, selbst wenn alle anderen Bedingungen erfüllt sind. Danach müssen sich nämlich die Materie und die Energie, die erforderlich sind, um das Wurmloch zu bilden, in einem physikalisch vernünftigen Rahmen halten, das heißt, sie müssen die üblichen physikalischen Eigenschaften bekannter Stoffe besitzen. Da die Verteilung der Masse in einem gegebenen Bereich dessen räumliche und zeitliche Geometrie bestimmt, muß man zur Herstellung eines Wurmloches gegebener Art die Anordnung der Materie in dieser Region genau angeben. Ein Schwarzes Loch braucht eine Masse, die größer als die Chandrasekhar-Grenze (vgl. Kapitel 3) ist und sich auf eine hinreichend kleine Fläche beschränkt; ein befahrbares Wurmloch verlangt viel mehr. Wie wir im nächsten Abschnitt sehen werden, ist vielleicht eine neue, exotische Materieform erforderlich, um diese besonderen Durchlässe zu erzeugen. Man hofft allerdings, daß sich solche Bauwerke auch mit gewöhnlicher Materie herstellen lassen.

Nach der achten Bedingung muß das Tor auch unter dem Einfluß der Raumschiffmasse stabil bleiben, das heißt, der Gravitationseinfluß des Fahrzeugs darf beim Passieren des Wurmloches nicht so stark sein, daß er das Loch zum Einsturz bringt.

Die neunte Bedingung schließlich betrifft den Bau des Wurmlochs. Er muß sich in einem vernünftigen Zeitraum bewältigen lassen, erheblich kürzer als das Alter des Universums, und darf nur eine vernünftige Materiemenge beanspruchen, deutlich weniger als das Universum besitzt. Ferner ist zu hoffen, daß eine künftige Zivilisation mit einer höher entwickelten Technik ein solches interstellares Tor mit den ihr zur Verfügung stehenden Rohstoffen bauen kann.

Grundsätzlich lassen sich diese neun Bedingungen in drei Kategorien zusammenfassen. Die ersten vier und die letzten beiden Voraussetzungen betreffen die wesentlichen Aspekte der Wurmloch-Herstellung: Was macht ein Wurmloch zu dem, was es ist? Die Bedingungen fünf und sechs beschäftigen sich mit den physiologischen Bedürfnissen der menschlichen Passagiere, die in einem Raumschiff durch ein solches Tor reisen. Bedingung sieben schließlich grenzt die physikalischen Eigenschaften der Materie, aus der das Wurmloch besteht, auf einen vernünftigen Rahmen ein. Wie wir sehen werden, erweist sich diese letzte Voraussetzung als die schwierigste.

Im Grunde genommen haben Morris und Thorne eine Art «Lackmustest» für Wurmloch-Kandidaten entwickelt. Wenn ein Bewerber einem der neuen Kriterien nicht genügt, dann sollte er ihres Erachtens sofort ausgeschlossen werden. Das hat zur Folge, daß sich die Zahl theoretischer Himmelsobjekte, die als befahrbare Wurmlöcher in Frage kommen, erheblich reduziert.

Von ihren Kriterien und den Gleichungen der allgemeinen Relativitätstheorie ausgehend, konnten die Autoren schlüssig beschreiben, wieviel Materie und Energie erforderlich sind, um ein kosmisches Tor herzustellen. Sie errechneten, welche Eigenschaften die Materie an der verengten Durchfahrt des Loches besitzen müßte und schätzten das Ausmaß der mechanischen Spannung.

Diese *Spannung* ist im Prinzip die Zugfestigkeit eines Objektes. Beispielsweise ist die Spannung eines Stahlstabs die Kraft, die erforderlich ist, um den Stab auseinanderzureißen. Für alle Objekte gibt es einen Punkt, jenseits dessen auf sie einwirkende Kräfte zu ihrer Zerstörung führen würden; damit haben sie feste Größen für die mechanische Spannung.

Leider stellten Morris und Thorne fest, daß eine gewaltige Spannung erforderlich wäre, um das Wurmloch am Einsturz zu hindern. Dabei richtet sich der Betrag der Spannung nach der Größe der Passage. Für eine solche Passage mit einem Durchmesser von sechs Kilometern beträgt die erforderliche Kraft ungefähr 10^{32} Kilogramm pro Quadratzentimeter – mehr als der Druck einer Billion Frachtstücke mit je einer Billion Tonnen Gewicht, untergebracht auf einem Spielzeuglastwagen. In etwa entspricht das dem Druck im Zentrum eines Neutronensterns von großer Masse.

Wäre der Durchlaß noch kleiner, müßte die innere

Spannung beträchtlich größer sein. Eine Passage, so breit wie ein Spielfeld (hundert Meter) brauchte einen Druck von ungefähr 10^{37} Kilogramm pro Quadratzentimeter – einhunderttausendmal größer als beim Durchmesser von sechs Kilometern. Das alles sind unvorstellbare Größen, weit höher als jeder Druck, der jemals in der Natur beobachtet worden ist.

Schließlich entdeckten Morris und Thorne einen verblüffenden Umstand: Die Spannung, die erforderlich ist, um das Wurmloch am Einsturz zu hindern (in Kilogramm pro Quadratzentimeter ausgedrückt), muß mindestens 10^{17}mal größer als die Dichte (Masse pro Volumeneinheit) der Substanz, mit der das Wurmloch gebaut wird, sein. 10^{17} ist ein Zehntel von einer Million mal einer Billion. Bei einem Wurmloch, das mit Materie von einer Dichte von einem Kilogramm pro Kubikzentimeter konstruiert ist, muß die erforderliche innere Spannung mindestens 10^{17} Kilogramm pro Quadratzentimeter betragen. (10^{17} ist im übrigen das Quadrat der Lichtgeschwindigkeit, gemessen in Metern pro Sekunde: Der gleiche Faktor, der in Einsteins berühmter Gleichung $E = mc^2$ auftaucht.)

Soweit wir heute wissen, gibt es jedoch im Universum gegenwärtig keine Materie mit Spannungen, die so viel größer als ihre Dichte sind. Nehmen wir beispielsweise einen normalen Stahlstab mit einer Massedichte von ungefähr dreißig Gramm pro Kubikzentimeter. Seine Zugfestigkeit liegt bei ungefähr 10 000 Kilogramm pro Quadratzentimeter – weit, weit weniger als die gut tausend Billionen Kilogramm pro Quadratzentimeter, die für ein Wurmloch erforderlich sind.

Wenn die Spannungen und Drücke von Materialien so unglaublich groß werden, ergeben sich auch erhebliche Probleme mit den Gesetzen der relativistischen Physik. Stiege die Spannung eines Stoffes über den «magischen» Wert von 10^{17}mal der eigenen Dichte an, dann würde dieses

Material, wie man vermutet, höchst ungewöhnliche Eigenschaften zeigen. Dazu gehören Merkmale wie zum Beispiel negative Masse, die allen vertrauten Vorstellungen über die Beschaffenheit von Materie widersprächen. Aus diesem Grunde zwingen uns Stoffe mit so hohen Spannungen, *exotische Materie* genannt, langgehegte physikalische Vorstellungen zu überdenken.

Was macht exotische Materie, den Stoff, aus dem Wurmlöcher sein müßten, so ungewöhnlich? Den Schlüssel zu dieser Frage finden wir wiederum in der speziellen Relativitätstheorie, und zwar in dem Umstand, daß zwei Beobachter für die gleiche Größe (etwa die Zeit, die Entfernung oder die Masse) zwei völlig verschiedene Werte ermitteln können. Nehmen wir beispielsweise an, zwei Fußballschiedsrichter messen die Zeit, die ein Ball braucht, um von einem Spieler zum anderen zu gelangen. Einer dieser Schiedsrichter, Sammy, steht am Spielfeldrand. Der zweite, Tammy, befindet sich in einem Hochgeschwindigkeitszug, der (nahe der Lichtgeschwindigkeit) am Spielfeld vorbeirast. Nach dem Zeitdilatations-Prinzip der speziellen Relativitätstheorie müssen Sammy und Tammy verschiedene Werte für die Zeit messen, die der Ball für den Paß benötigt. Beide Ergebnisse sind richtig; der Unterschied geht auf die verschiedenen Geschwindigkeiten der Beobachter zurück.

Das gleiche gilt für die Masse. Nehmen wir an, Sammy und Tammy messen beide die Masse des Fußballs und vergleichen ihre Ergebnisse. Wie bei der Zeit verlangt auch hier die spezielle Relativitätstheorie, daß sie unterschiedliche Ergebnisse erzielen. Mithin mißt Tammy, der sich nahe der Lichtgeschwindigkeit bewegt, für den Fußball eine weit größere Masse als Sammy.

Andererseits gelangen sowohl Sammy wie Tammy zu dem Schluß, daß der Fußball *positive Masse* besitzt. Unter keinen bekannten physikalischen Umständen könnte einer von beiden feststellen, daß das Gewicht des Fußballes, sagen wir, minus zehn (–10) Pfund beträgt. Noch für keinen Stoff auf der Erde hat man, unter welchen Bedingungen auch immer, eine negative Masse gemessen.

Exotische Materie, dieser seltsame Stoff, der für den Wurmloch-Bau *unentbehrlich* ist, stellt uns vor ein Rätsel: Unter bestimmten Umständen ergäbe die Messung seiner Masse einen negativen Wert. Wenn also die Fußballspieler in unserem Beispiel um einen Ball aus exotischer Materie stritten, könnte Tammy im Hochgeschwindigkeitszug den Ball als ein Objekt aus negativer Masse wahrnehmen. Exotische Materie scheint negative Masse zu haben, wenn sich ein Beobachter hinreichend schnell bewegt. Wie kommt es zu dieser ungewöhnlichen Situation? Durch Einsteins spezielle Relativitätstheorie: dank der gleichen Prinzipien, die auch für Zeitdilatation und Längenkontraktion verantwortlich sind.

Natürlich verträgt sich die exotische Materie schlecht mit herkömmlichen physikalischen Auffassungen. Da noch nie ein Stoff mit negativer Masse entdeckt wurde, wäre es höchst verblüffend, wenn man ein unbekanntes Objekt wöge und auf der Waage –100 Pfund abläse; höchstwahrscheinlich nähme man an, daß die Waage kaputt wäre. Doch genau dieses Meßergebnis erhielte man, wenn man ein Stück exotische Materie auf eine Waage legte, die negative Massen anzeigen könnte, und wenn man dabei mit der richtigen Geschwindigkeit flöge: Die Skala würde einen negativen Wert anzeigen.

Eine Welt mit exotischer Materie von negativer Masse wäre in der Tat eine seltsame Welt: Man ist an die Kindergeschichte *Charlie und der große gläserne Fahrstuhl* des verstorbenen Roald Dahl erinnert. In einem Abschnitt dieser Geschichte entdecken Charlie und seine Großeltern eine Flasche mit «Jugendpillen» aus einem Stoff, der bei seiner Einnahme neue Lebenskraft schenkt. Charlies

Großeltern sind völlig aus dem Häuschen bei dem Gedanken, sich zu verjüngen, und nehmen viel zu viele Pillen. Infolgedessen werden sie immer jünger, bis sie jünger sind als zum Zeitpunkt ihrer Geburt. Was geschieht mit Menschen, deren Alter negativ ist? Nun, nach Dahl müssen sie in einem riesigen Wartezimmer sitzen, bis sie alt genug sind, um wieder geboren zu werden.

Folgt daraus, daß Menschen, die zu viele Schlankheitspillen nehmen, schließlich negative Masse annehmen und dann in einem Wartezimmer sitzen müssen, bis sie wieder zunehmen? Bestehen diese unglücklichen Menschen vorübergehend aus exotischer Materie? Oder haben Menschen mit negativem Alter auch negative Masse? Es ist höchst interessant, diesen faszinierenden Fragen nachzusinnen, auf die Dahl sicherlich befriedigende Antworten gefunden hätte.

Dahls wunderliche Geschichte verdeutlicht die spekulative Natur exotischer Materie. So wenig wie man sich ein negatives Alter vorstellen kann, hätte man jemals geglaubt, daß es Massen unter null geben könnte. Und doch scheint dieses ungewöhnliche Material nach der Theorie von Morris und Thorne notwendig für die Herstellung befahrbarer Sternentore zu sein.

Wo ließe sich exotische Materie finden? Wie könnte die Suche nach Objekten mit negativer Masse aussehen? Eine Möglichkeit wäre, unerforschte Regionen des Kosmos durchzumustern; man könnte aber auch in Teilchenbeschleunigern nach speziellen Elementarteilchen mit negativer Masse suchen. Es ist durchaus möglich, daß unsere Annahme, Masse müßte immer positive Werte besitzen, nur ein liebgewonnenes Vorurteil ist und daß die Wahrheit ganz anders aussieht.

Ein weit hoffnungsvollerer Ansatz für die Suche nach exotischer Materie liegt im Bereich der Quantenmechanik. Seit langem sind den Physikern Ereignisse bekannt, die im

Rahmen der Newtonschen Mechanik niemals stattfinden könnten, die aber aus quantentheoretischer Sicht völlig normal sind. Wenn beispielsweise die klassische Physik, wie Newton sie gesehen hat, auf subatomarer Ebene absolut gültig wäre, könnte ein Wasserstoffatom, bestehend aus einem negativ geladenen Elektron, das um ein positiv geladenes Proton kreist, nicht stabil sein; das Elektron würde sich spiralförmig auf das Proton zubewegen und schließlich mit ihm zusammenstoßen. Nun wissen wir aber, daß Wasserstoffatome stabil sind, sonst könnten Objekte wie die Sonne, die größtenteils aus Wasserstoff besteht, nicht existieren. Wie läßt sich die Stabilität des Wasserstoffs erklären? Nur durch die Quantenmechanik, gewiß nicht durch die klassische Mechanik. So ist deutlich zu erkennen, daß die Quantentheorie Ergebnisse hervorbringt, die den Newtonschen Erwartungen zuwiderlaufen.

Die ersten Versionen der Quantentheorie wurden Anfang des Jahrhunderts unter anderem von den Physikern Louis de Broglie und Niels Bohr entwickelt. Obwohl sich aus ihrer Arbeit viele erfolgreiche Vorhersagen ergaben, etwa Formeln, die die Elektronenkreisbahnen in Wasserstoffatomen beschreiben, erhielt die Quantenmechanik erst mit Werner Heisenberg und Erwin Schrödinger die schlüssige und allgemein anerkannte Gestalt, die sie heute noch besitzt.

Heisenberg beschäftigte sich sehr eingehend mit dem Wesen des Meßaktes. Damals nahm man allgemein an, daß die Aufzeichnung von Größen wie Geschwindigkeit, Ort, Energie und Impuls Ergebnisse liefere, die unabhängig vom Messenden seien: daß, wer nur eine Eigenschaft eines Objektes beobachte, nicht auf das Objekt oder seine anderen Merkmale einwirke.

1927 widerlegte Heisenberg diese Vorstellung. Überzeugend wies er nach, daß es bei mikroskopischen Objekten Größenpaare gibt, über die sich keine vollständige Erkenntnis gewinnen läßt; die Messung einer Eigenschaft macht die Messung der zweiten völlig nutzlos. Ein Beispiel für ein solches Paar sind Ort und Impuls; für ein gegebenes Objekt lassen sich keine exakten Ergebnisse für beide Größen zugleich gewinnen.

Um die *Heisenbergsche Unschärferelation* zu verstehen, stellen wir uns einen fehlerhaften Fernsehapparat mit zwei Einstellknöpfen vor. Der eine ist für den Ton, der andere für das Bild zuständig. Nehmen wir an, die Unschärferelation würde für Ton und Bild des Apparates gelten. Wenn Sie nun den Ton scharf und klar einstellen, ist das Bild verschwommen. Versuchen Sie andererseits das Bild so lange zu verstellen, bis es vollkommen klar auf dem Apparat erscheint, litte der Ton unter atmosphärischen Störungen. Sie können also niemals einen klaren Ton und ein klares Bild zugleich haben; eine Größe wäre immer von Schwankungen (Fluktuationen) der einen oder anderen Art beeinträchtigt.

Entsprechend fluktuieren nach Heisenbergs Unschärferelation die Eigenschaften winziger Objekte ständig. Im allgemeinen verändern sich der Ort, die Energie und der Impuls mikroskopischer Teilchen im Laufe der Zeit in einer nicht ganz vorhersagbaren Weise. Man kann die durchschnittlichen oder wahrscheinlichsten Werte dieser Größen angeben, aber niemals für alle die *exakten* Werte gleichzeitig bestimmen. Infolge der Zufallsfluktuation ist eine vollständige Kenntnis unmöglich.

Ferner haben diese Quantenfluktuationen meßbare physikalische Auswirkungen, Eigenschaften, die sich bei unserer Suche nach der exotischen Materie, die für die Herstellung von Wurmlöchern erforderlich ist, als außerordentlich nützlich erweisen. Eine dieser Eigenschaften ist der *Casimir-Effekt*, benannt nach dem holländischen Physiker Hendrik Casimir, der ihn im Jahre 1948 errechnete. Casimir stellte sich zwei Metallplatten vor, die durch einen kleinen Abstand getrennt sind. Normalerweise erwartet man, daß eine elektrische Kraft zwischen ihnen entsteht, wenn eine elektrische Ladung an diese Platten angelegt wird. Und umgekehrt, wenn keine Ladung vorhanden ist, wird man auch keine Kraft zwischen ihnen annehmen.

Nun sagte Casimir aber auch für den zweiten Fall, den ohne Ladung, eine kleine, meßbare Kraft zwischen den Platten vorher. Nach Auffassung des holländischen Wissenschaftlers ergibt sich diese Kraft aus der elektromagnetischen Energie zwischen den Flächen. Doch woher soll die Energie kommen, wenn sich nichts zwischen den Platten befindet?

Nun, Casimir erklärte, daß es so etwas wie Nichts nicht gibt! Nach der Heisenbergschen Unschärferelation können wir die Energie eines angegebenen Teils des leeren Raumes nicht ständig exakt kennen. Daraus folgt, daß diese Energie fluktuiert (wie unser gestörter Fernsehapparat) und daß neue Teilchen ständig erzeugt und vernichtet werden: Sie bilden sich aus dem Vakuum und kehren nach einem kurzen Zwischenspiel in der «Wirklichkeit» wieder ins Vakuum zurück. So müssen wir den «leeren» Raum, statt ihn als ruhiges Meer des Nichts zu sehen, uns vielmehr als turbulenten Ozean voller kurzlebiger Teilchen und fluktuierender elektromagnetischer Felder vorstellen.

Natürlich müßte sich dieses Meer aus *virtuellen Teilchen*, wie sie genannt werden, auf die umgebenden Platten auswirken. Und tatsächlich läßt sich, genau wie Casimir es vorhergesagt hat, eine kleine Kraft zwischen den Platten messen. So hat ein Nichts (ein Vakuum) etwas (eine Kraft) hervorgebracht.

Wenn man die Energiedichte des Raumes zwischen den Platten mißt, gelangt man zu dem interessanten Ergebnis, daß die fluktuierenden Felder einen Wert erzeugen, der weniger als null beträgt. Ursache ist der Umstand, daß diese Felder im Durchschnitt unter dem Niveau des Teilchenmeeres liegen. Da nach Einstein Energie und Masse frei umwandelbare Formen derselben Erscheinung sind, ist auch entsprechend die Spannung, die mit dem Vakuum assoziiert ist, größer als die mit c^2 multiplizierte Masse. Insofern können die Vakuumfluktuationen im freien Raum, wie sie durch den Casimir-Effekt vorhergesagt werden, als ein Beispiel für exotische Materie angesehen werden.

Somit könnte der Casimir-Effekt vielleicht von Nutzen für die Herstellung des Materials sein, das für Wurmloch-Passagen erforderlich ist. Obwohl diese Möglichkeit äußerst spekulativ ist, betrachten Wissenschaftler, die nach exotischer Materie suchen, das bemerkenswerte Resultat des holländischen Physikers als einen Hoffnungsschimmer für die Zukunft der Wurmloch-Konstruktion. Vielleicht sind die Mittel zur Herstellung exotischer Materie doch in unserer Reichweite, und wir müssen nur die Möglichkeiten der Quantenmechanik nutzen, um uns ihrer zu bedienen. Aus diesem Grunde ist man heute eifrig bemüht, die ungewöhnlichen Eigenschaften von Vakuumfluktuationen wie dem Casimir-Effekt zu nutzen und mögliche verborgene Energiequellen anzuzapfen. Paradoxerweise könnte einer der Vorratsspeicher, der sich zur Nutzung anbietet, der leere Raum selbst sein.

Sehr zum Kummer derer, die auf befahrbare Wurmlöcher hoffen, haben die meisten Physiker lange Zeit nicht an die Existenz exotischer Materie geglaubt. Dieses über die negative Masse verhängte Tabu hat auch einen Namen: Es heißt *schwache Energiebedingung*. Doch wie der Casimir-Effekt zeigt, ist völlig unklar, ob dieses Prinzip, das die zur Wurmloch-Herstellung notwendige Materie ausschließt, irgendeine Basis in der physikalischen Wirklichkeit hat. Einige Physiker behaupten, der Casimir-Effekt reiche aus, um die schwache Energiebedingung experimentell zu *widerlegen*. Wenn also die Bedingung, daß man exotische Materie braucht, Wurmloch-Architekten wie Morris und Thorne beunruhigt, so halten sie sie sicherlich nicht für ein unüberwindliches Hindernis, das einer vollständigen Entwicklung der Theorie im Wege steht.

Konstruktion von Wurmlöchern

Wie würde eine hochentwickelte Zivilisation ein befahrbares Wurmloch herstellen? Welche Voraussetzungen brauchte sie für die Konstruktion, für die Überwindung der technischen Schwierigkeiten, auf die sie dabei möglicherweise stieße? Wo würde sie die exotische Materie finden, die sie zur Herstellung des kosmischen Tores brauchte? Und wie ließe sich ein solches Bauwerk stabilisieren?

Offenkundig gibt es eine Fülle von Fragen, die beantwortet werden müssen, bevor das transgalaktische Transportsystem von den Zeichenbrettern der Spekulation in die Konstruktionsanlagen der Wirklichkeit gelangen kann. Die Arbeit von Morris und Thorne ist ein vielversprechender Anfang; überlegen wir uns, was erforderlich wäre, um den nächsten Schritt zu tun.

Vor allem müßten wir exotische Materie entweder entdecken oder herstellen. Ein Ort, an dem künftige Zivilisationen exotische Materie gewinnen könnten, ist die Nachbarschaft eines Schwarzen Loches. Stephen Hawkings Entdeckung, daß Schwarze Löcher zerfallen (vgl. Kapitel drei), legt den, natürlich höchst spekulativen, Gedanken nahe, daß sich das ungewöhnliche Material dort finden lasse. Wie gezeigt, verdunsten Schwarze Löcher, weil in der unmittelbaren Umgebung ihrer Ereignishorizonte Teilchen-Antiteilchen-Paare erzeugt werden. Diese Materie-Antimaterie-Partner entstehen aus dem Vakuum und tauchen buchstäblich aus dem Nichts auf. Sie sind das Produkt von Quantenfluktuationen, die wir aufgrund der

Heisenbergschen Unschärferelation postulieren können (den gleichen Fluktuationen verdankt auch der Casimir-Effekt seine Existenz).

Wie man nachgewiesen hat, haben diese Teilchen-Antiteilchen-Paare nur eine begrenzte Lebensdauer. Normalerweise müßten sie sich schon nach kurzer Zeit wieder vereinigen und ins Vakuum zurückkehren, sonst begingen sie einen Verstoß gegen die Naturgesetze. Da diese mikroskopischen Objekte tatsächlich aus dem Nichts erzeugt werden, muß sich ihre Energie zu null addieren. Das heißt, daß ein Mitglied des Paares positive Energie (und Masse) besitzt, während das andere negative Energie (und Masse) hat.

Was geschieht jedoch, wenn das Teilchen mit negativer Energie in den Ereignishorizont (die Grenze) des Schwarzen Loches stürzt? Mit Sicherheit kann es nicht wieder entkommen und sich mit seinem Partner vereinigen. Deshalb muß das Objekt mit negativer Energie seinen Fall in den Mittelpunkt des Schwarzen Loches fortsetzen, während sich das Teilchen mit positiver Energie, allein gelassen, vom Schwarzen Loch entfernt. Ein Beobachter, der sich in der Nähe des Ereignishorizontes befände, würde deshalb eine Freisetzung positiver Teilchen durch das Schwarze Loch und einen negativen Energie- und Massefluß in den Horizont registrieren.

Auf diese Weise zerfallen Schwarze Löcher; der Prozeß ist möglicherweise auch eine Quelle für exotische Materie. Wenn es uns irgendwie gelänge, vor dem Ereignishorizont ein «Netz» aufzuspannen, um die negative Energie einzufangen, kurz bevor sie ins Schwarze Loch eindringt, und dieses Material zu speichern, so hätten wir ein beträchtliches Reservoir an exotischer Materie. Zu verdanken hätten wir sie dem Gesamtfluß von negativer Masse durch die Grenze des Schwarzen Loches, eingefangen, bevor sie den Punkt ohne Wiederkehr erreicht hätte.

Betrachten wir zur Veranschaulichung dieser etwas abstrakten Konzepte das ungewöhnliche Verhalten fliegender Fische. Normalerweise müssen Fische unterhalb der Wasseroberfläche bleiben. Doch bestimmte Fischarten können für kurze Zeit aus einem Gewässer herausspringen, vorausgesetzt, sie kehren rasch wieder dorthin zurück.

Stellen wir uns nun ein Teilchen-Antiteilchen-Paar als Fischpärchen vor: einen «positiven» Fisch und einen «negativen» Fisch. Sie leben in einem großen Strom (dem Vakuum), der zur Linken von einem Flußufer begrenzt wird (dem Rand eines Schwarzen Loches, das heißt einem Ereignishorizont). Alle zwei, drei Minuten springen sie als Paar aus dem Wasser und trennen sich, wobei der negative Fisch sich nach links, der positive nach rechts wendet. Einige Sekunden lang bleiben sie in der Luft. Dann tauchen sie einen Meter voneinander entfernt wieder in den Strom ein.

Einmal verirren sich die Fische jedoch zu nahe an das Flußufer. Der negative Fisch springt aus dem Wasser und trennt sich wie gewöhnlich von seinem Partner, muß aber diesmal feststellen, daß er zu weit nach links geraten ist, um sicher ins Wasser zurückkehren zu können. Statt dessen landet er auf dem Ufer und läßt seinen positiven Gefährten allein zurück. Kurz bevor der negative Fisch den Boden berührt, wird er jedoch von einem Fischer eingefangen, der am Ufer sitzt. Dieser Fischer ist ein Sammler «exotischer», negativer Fische und hat festgestellt, daß er sie in großer Zahl fangen kann, indem er einfach darauf wartet, daß sie sich auf das Ufer verirren. Entsprechend könnten Sammler exotischer Materie in der Nähe von Ereignishorizonten lauern und die sich diesem Rand nähernden Teilchen mit negativer Masse einfangen, bevor sie absorbiert werden.

Dieses Beispiel für eine Methode zur Gewinnung exotischer Materie ist zugegebenermaßen spekulativ und natürlich äußerst gefährlich. Es ist kaum vorstellbar, daß künftige Astronauten ihre Raumschiffe nahe genug an Ereignishorizonten parken werden, um die dort vorhandene negative Energie einfangen zu können. Das Fischen in solch gefährlichen «Wassern» müßte man wohl Roboterschiffen übertragen. Doch selbst wenn wir die Gewinnung exotischer Materie der fernen Zukunft überlassen müssen, ist es doch ermutigend zu sehen, daß es mögliche Erschließungsformen gibt.

Nach der Gewinnung der exotischen Materie wäre natürlich der nächste Schritt, das Wurmloch zu bauen und dafür zu sorgen, daß es in die Regionen des Universums führt, mit denen wir eine Verbindung wünschen. Leider gibt es gegenwärtig noch keinen Ansatzpunkt für die Herstellung eines Bauwerkes von solcher Größe und seiner gezielten Ausrichtung. Das heißt jedoch nicht, daß die Aufgabe unlösbar ist. Möglicherweise werden künftige Zivilisationen in der Lage sein, Objekte zu schaffen, die so groß wie Asteroiden und Planeten sind. Da wären auch Wurmlöcher möglich.

Vertrauen wir also auf die Zukunft und nehmen wir an, daß höher entwickelte Gesellschaften tatsächlich über die technischen Voraussetzungen zum Bau von Wurmlöchern verfügen werden. Als nächstes wäre die Frage zu klären, wieviel exotische Materie zu verwenden wäre und wie man sie zu verteilen (welche Struktur man ihr zu geben) hätte. Exotische Materie wäre, wie gezeigt, ein Rohstoff, der sich nur unter enormen Kosten und erheblichen Mühen gewinnen ließe. Deshalb müßte er in möglichst geringer Menge und auf effektivste Weise verwendet werden. Morris und Thorne schlagen verschiedene Methoden vor, um die erforderliche Menge dieses kostbaren Stoffes zu reduzieren. Stets konzentrieren sie ihn auf einen begrenzten Bereich in der Mitte des Wurmloches. In allen Entwürfen besteht das

Wurmloch zum größten Teil aus gewöhnlicher Materie, während die exotische Materie nur den mittleren Abschnitt der Passage bildet.

Mit diesem Problem verwandt ist die Notwendigkeit, die Passagiere vor Wechselwirkungen mit dem exotischen Material zu schützen. Da der Stoff die mechanische Spannung eines Neutronensterns hätte, könnte er sich auf Menschen höchst schädlich auswirken. Drei Möglichkeiten gibt es, dieses Problem zu lösen. Die eine bestünde darin, die Reisenden abzuschirmen: Beispielsweise könnten sie durch eine Schutzröhre geleitet werden. Zweitens ließe sich eine besondere Art exotischer Materie verwenden, die nur begrenzte Auswirkungen auf Menschen hätte. Die dritte Möglichkeit wäre, die exotische Substanz so weit wie möglich vom Zentrum der Wurmloch-Passage fernzuhalten. So könnten menschliche Passagiere, wenn sie sich strikt in der Mitte hielten, den extremen Spannungen und Dichten dieser Materieart aus dem Wege gehen. Man hofft, daß sich zumindest mit einer dieser Methoden die theoretischen Schwierigkeiten bewältigen lassen, vor die uns die Wechselwirkungen zwischen exotischer Materie und Passagieren stellen würden.

Das letzte Problem, das der Bau und die Erhaltung von Wurmlöchern aufwirft, ist die Stabilität. Wie kann man dafür sorgen, daß sie von Dauer sind? Auch diese Frage konnte die Caltech-Gruppe beantworten: Sie fand stabile Wurmloch-Lösungen für ihre Gleichungen. Im Gegensatz zu Weißen Löchern, die bei der Berührung mit normaler Materie rasch zerfallen, lassen sich Wurmlöcher so konstruieren, daß sie von anderem Material nicht beeinträchtigt werden. Trotzdem müßte eine ständige Kontrolle dafür sorgen, daß keines der hergestellten Wurmlöcher zusammenstürzen kann. Wenn erforderlich, könnten kleine Korrekturen vorgenommen werden, damit die kosmischen Tore offenbleiben, solange sie gebraucht werden.

Bei der Herstellung und Wartung von Wurmlöchern entstehen enorme technische Probleme. Noch wissen wir nicht, wie wir exotische Materie gewinnen, wie wir sie in kosmische Tore einbauen und wie wir die Reisenden vor ihren intensiven Auswirkungen beschützen können. Andererseits hat der Artikel von Morris und Thorne aber auch großes Interesse hervorgerufen und Arbeiten angeregt, in denen man systematisch versucht, diese Probleme anzugehen, um umfassende und praktikable Lösungen zu entwikkeln.

Der Weltraum-Spiegel

Im Frühjahr 1989 erschien in einer angesehenen Physikzeitschrift ein vielbeachteter Bericht mit dem Titel «Traversable Wormholes: Some Simple Examples» (Befahrbare Wurmlöcher – Einige einfache Beispiele). Hätte es sich nicht um eine seriöse wissenschaftliche Zeitschrift, sondern um ein Boulevardblatt gehandelt, hätte man wohl eine Schlagzeile wie die folgende lesen können: *Verbesserte Wurmlöcher entdeckt – Interstellare Reisen einen Schritt nähergerückt.* Trotz der eher zurückhaltenden Präsentation ließ der Abdruck dieser Nachricht im Hauptteil der Zeitschrift darauf schließen, daß die Herausgeber dem Thema und dem Autor – Matt Visser von der Washington University in St. Louis – einige Bedeutung zumaßen. (Einen Teil der Arbeit hat er auch in Los Alamos geleistet.)

Visser gehört zu einer neuen Gruppe von Astrophysikern und Kosmologen, die sich für die Mechanik von Wurmloch-Konstruktionen interessieren. Unter dem Eindruck der Arbeit von Thorne, Morris und Yurtsever sind diese Wissenschaftler bemüht, die Grenzen unseres Wissens über kosmische Tore so weit wie möglich hinauszuschieben. Es geht ihnen darum, die Caltech-Modelle von

Morris und Thorne so abzuändern, daß einige der krassesten Probleme entfallen, vor allem die Schwierigkeiten bei der Verwendung von exotischer Materie für den Wurmloch-Bau. Je weniger man von dieser problematischen Substanz braucht, um so besser – meinen jedenfalls diese Physiker. Deshalb möchten sie so weit wie möglich auf normale Materie (mit positiver Masse) zurückgreifen und die Verwendung exotischer Materie (mit negativer Masse) auf ein Mindestmaß beschränken.

Visser hat sich die Annahmen von Morris und Thorne eine nach der anderen angesehen und versucht herauszufinden, was sich verändern ließe, ohne die Vorzüge des Caltech-Modells zu schmälern. Als er die Liste von Bedingungen überprüfte, die Morris und Thorne für die Konstruktion von Wurmlöchern aufgestellt hatten, gelangte er zu dem Schluß, daß offenbar nur die Bedingung sphärischer Symmetrie überflüssig war. Diese Voraussetzung war nur aufgenommen worden, um die Rechnungen zu vereinfachen.

Und so hat Visser ein Modell entwickelt, das gänzlich auf sphärische Symmetrie verzichtet. Seine Wurmloch-Lösung sieht keineswegs wie eine abgeflachte Sanduhr aus, eher wie eine rechteckige Garnspule. Um einen Eindruck von Vissers Modell zu gewinnen, müssen wir uns eine gewöhnliche Garnspule vorstellen: zylinderförmig, mit einem runden Loch in der Mitte. Natürlich sind die Enden nach außen gezogen, um das Garn am Abrutschen zu hindern. Diese Rolle müssen wir nun im Geiste so abändern, daß sie *rechteckig* wird, mit einem rechtwinkligen Loch in der Mitte.

Die beschriebene Garnrolle liefert eine dreidimensionale Darstellung von Vissers vierdimensionalem Modell. In diesem Abbild entspricht der obere Teil der Spule einer Region des Kosmos und der untere Teil einer anderen Region. Die Flächen sind eben, da ja der Raum in Abwesenheit von Materie als flach gilt (was aus Einsteins allgemeiner Relativitätstheorie hervorgeht). Der einzige gekrümmte Teil der Spule ist das rechtwinklige Zentrum, das in Vissers Modell der Passage des Wurmlochs entspricht. Die Ränder dieses Loches sind mit exotischer Materie ausgekleidet, jener Substanz, die für die Wurmloch-Herstellung erforderlich ist.

Betrachten wir nun, wie sich Vissers Modell als Wurmloch eignen könnte. Im folgenden haben wir es natürlich mit einer vierdimensionalen Abbildung zu tun: Neben den drei Dimensionen des normalen Raumes, von denen wir üblicherweise ausgehen, gibt es eine vierte, entlang der Wurmloch-Passage. Raumschiffe würden am flachen oberen Teil der Spule, einer Region, die einem Teil des Universums entspricht, in das Wurmloch gelangen. Im Mittelpunkt des rechteckigen Loches der Spule führen sie dann in die Passage des Wurmloches ein. Nach der Fahrt durch die Passage würden sie im unteren Teil der Spule auftauchen, die einem anderen Teil des Universums entspricht. So dient also das rechteckige Loch als Tor zwischen zwei Raumregionen.

Grundsätzlich besitzt Vissers Theorie einen wesentlichen Vorteil gegenüber der von Morris und Thorne. Im Caltech-Modell ähnelt die Passage des Wurmloches dem schmalen Kanal zwischen den beiden Gläsern einer Sanduhr. Natürlich würde man bei der Fahrt durch diesen Schlund feststellen, daß die Wände der Passage immer enger würden. Auf halbem Weg zwischen dem oberen und dem unteren Becken müßte man schließlich den engsten Teil des Durchlasses passieren. Da die Wände dieses Abschnitts aus exotischer Materie bestehen müßten und sie hier sehr eng zusammenstünden, käme man gefährlich nah an diesem gefährlichen Material vorbei.

In Vissers Modell dagegen verlaufen die Wände des Wurmlochs schnurgerade und können beliebig weit voneinander entfernt sein. Deshalb wären Reisende bei der Benutzung dieses Wurmlochs in der Lage, die Wände der Passage zu vermeiden und sich stets in der Mitte des Loches zu halten. So könnten die Innenflächen der Passage mit exotischem Material ausgekleidet werden, ohne daß Benutzer dem Material ausgesetzt wären.

Aller Wahrscheinlichkeit nach wäre Vissers Modell stabiler als der Entwurf von Morris und Thorne. Da es in Vissers Modell zu keiner Berührung mit exotischem Material käme, wäre die Gefahr einer Beschädigung des Wurmlochs geringer als bei Morris und Thorne. Aus dem gleichen Grund wäre in Vissers Modell die Sicherheit viel größer; die Gravitationskräfte, denen die Passagiere ausgesetzt wären, nähmen kaum nennenswerte Stärken an.

Doch wie für das Caltech-Modell gilt auch für Vissers Entwurf, daß der Bau eines solchen Wurmloches nicht im Bereich unserer heutigen technischen Möglichkeiten liegt. Vissers Modell ist genauso hypothetisch wie das von Morris und Thorne. Wahr ist aber auch, daß der geringere Bedarf an exotischer Materie Vissers Entwurf dem Caltech-Wurmloch überlegen macht.

Wie würde Vissers Wurmloch Reisenden erscheinen, wenn sie hineinführen? Gewiß nicht als Spule. Das Bild der Spule ist eine vierdimensionale Darstellung des Wurmlochs – der Anblick der sich uns böte, wenn wir aus der Raumzeit heraustRäten und das Wurmloch in seiner Gesamtheit betrachteten. Tatsächlich würden Astronauten ein dreidimensionales rechtwinkliges Loch erblicken, das aus dem Raum herausgeschnitten zu sein schiene (im Spulenmodell entspräche es dem oberen Teil der zentralen rechtwinkligen Öffnung). Und wie sähe ein rechtwinkliges Loch im Raum aus? Im Prinzip wie eine dunkle, rechtwinklige, im Raum schwebende Schachtel – eine Art schwarzes Prisma. Ein Raumschiff führe in der Mitte des Prismas hinein und käme nach einer kurzen Zeitspanne in einem ähnlichen Prisma in einer anderen Region des Alls hervor. Verbunden wären die Prismen über die vierte Dimension entlang des Schaftes der Spule, das heißt über die Passage des Wurmlochs.

Zwischen dieser theoretischen Beschreibung eines rechteckigen Wurmloches und Clarkes fiktivem Porträt des Sternentors in *2001: Odyssee im Weltraum* gibt es außerordentliche Parallelen. Betrachten wir beispielsweise den folgenden Abschnitt, der beschreibt, wie David Bowman ins Sternentor hineinfährt:

«[Bowman] war einfach nicht imstande, das, was er sah, zu beschreiben. Er hatte über einem flachen Rechteck von zweihundertfünfzig Meter Länge und sechzig Meter Breite geschwebt, das aussah, als wäre es aus schwarzem Fels gehauen. Doch es schien vor ihm zurückzuweichen. Es war wie bei jenen optischen Täuschungen, bei denen ein dreidimensionales Objekt – wenn man seinen Blick lang genug darauf konzentriert – plötzlich den Eindruck erweckt, vollkommen umgestülpt, von innen nach außen gekehrt zu werden... Was vorher wie ein Dach ausgesehen hatte, war ein schwarzer Abgrund. Einen Augenblick meinte Bowman, in einen senkrechten Schacht hinunterzublicken.

David Bowman hatte gerade noch Zeit für einen gestammelten Satz: ‹Das Ding ist hohl – es nimmt kein Ende – und – oh, mein Gott! – *Es ist voller Sterne.*›»*

Vergleichen wir diese Beschreibung mit Vissers weit nüchterneren Überlegungen (*Physical Review*, 1989):

«Nun läßt sich leicht vorstellen, wie man ein Wurmloch dergestalt bauen kann, daß der Reisende nicht mit exotischer Materie in Berührung kommt. Man muß einfach dafür sorgen, daß [die Passage] eine flache Vorderseite bekommt... Ein Reisender, der eine solche flache Seite vor

* Arthur C. Clarke: *2001, Odyssee im Weltraum.* Düsseldorf/Wien, 1989, S. 237 f.

sich hat, wird keine Gravitationskräfte spüren und keine Materie sehen, weder exotische noch andere. Er wird einfach in ein anderes Universum befördert...

[Dazu] wäre jedes rechteckige Prisma genausogut geeignet.»

Man könnte sich vorstellen, daß Bowman den außerirdischen Konstrukteuren des Sternentors begegnet, sie nach dem Geheimnis des interstellaren Beförderungssystems fragt und sie ihm antworten: «Jeder rechteckige Monolith ist dazu genausogut geeignet.» Hier scheint das Leben die Fiktion nachzuahmen.

In seinem Artikel weist Visser auf ein anderes interessantes Merkmal seines Wurmlochs hin – sein Äußeres wirkt wie ein riesiger Spiegel. Ein Lichtstrahl, der die rechteckige Oberfläche träfe, würde zurückgeworfen, als hätte er eine reflektierende Glasfläche getroffen. Wie im Falle des ebenen Spiegels wäre der Einfallswinkel exakt gleich dem Ausfallswinkel. Doch während der einfallende Lichtstrahl aus einer Region des Universums käme, würde der ausfallende Strahl, nachdem er den Schlund des Wurmlochs durchquert hätte, in einen anderen Abschnitt des Kosmos geschickt werden. Und darin liegt natürlich ein wichtiger Unterschied zwischen einem «Weltraum»-Spiegel und einem gewöhnlichen Exemplar dieser Gattung.

So ergibt sich eine amüsante Parallele: In dem einen Fall landet unser Spiegelbild infolge der Wurmloch-Übertragung in einem anderen Teil des Universums und in dem anderen tritt ein kleines Mädchen durch einen Spiegel in ein «Spiegel-Reich». Vielleicht war Lewis Carroll viel prophetischer, als er sich hat träumen lassen!

Nachdem Visser sein rechtwinkliges «Spiegel»-Wurmloch entwickelt hatte, beschloß er ein weiteres Modell für ein kosmisches Tor zu entwerfen. Vissers zweiter Vorschlag besitzt zwar nicht die elegante Einfachheit seines ersten, ist aber doch eine wichtige Alternative für den Entwurf von interstellaren Passagen. Die Grundbedingungen, die ich für das rechteckige Modell im vorigen Abschnitt beschrieben habe, gelten auch für den neuen Entwurf: Er braucht nur ein Mindestmaß an exotischer Materie, ist stabil und für menschliche Reisende vollständig durchfahrbar.

Die Idee, die Visser seinem Modell Nummer zwei zugrunde legt, ähnelt dem chirurgischen Verfahren, das man bei biologisch angebauten Äpfeln anwendet. Wie jeder weiß, der einmal natürliche, nicht gespritzte Äpfel gegessen hat, besitzt dieses Obst im allgemeinen zahlreiche Makel – Druckstellen, Wurmlöcher (nicht von der kosmischen Art, sondern von der, die echte Würmer fressen) und angefaulte Teile. Gewöhnlich schneidet man die schadhaften Stellen einfach mit einem scharfen Messer aus, so daß der verzehrbare Teil des Apfels übrigbleibt.

In seinem «chirurgischen Schwarzschild-Modell» geht Visser von der Feststellung aus, daß eines der Hauptprobleme beim Befahren eines interstellaren Tors zwischen zwei Schwarzen Löchern der Schwarzschild-Art die Ereignishorizonte sind, die das Entkommen von beiden Endpunkten der Reise verhindern. Das ist gewissermaßen der verfaulte Teil des Apfels. Zur Lösung des Problems schlägt Visser nun vor, den beiden Schwarzschild-Lösungen mit einem kosmologischen Skalpell zu Leibe zu rücken und die ungenießbaren Teile herauszuschneiden: den Ereignishorizont und die Zentralregion. Dann empfiehlt er, die äußeren Teile jeder Lösung mittels eines Zentralschachtes zusammenzufügen. So würde die Innenseite jeder verbleibenden «Hülle» eine Grenze der Wurmloch-Passage bilden.

Das ist schwierig vorzustellen, da es sich um ein höherdimensionales Bild handelt. Man könnte sich zwei kernlose Äpfel denken, bei denen die inneren Wände über die vierte Dimension miteinander verbunden sind. Dem liegt die Idee zugrunde, daß man durch die Haut des einen Schwarzschild-Modells eindringt, die Passage durchfährt und dann durch die Haut des zweiten wieder austritt. Ohne Ereignishorizonte, die den Austritt aus dem zweiten Schwarzschild-Modell verhindern, würde das Entkommen aus dieser Region kein Problem bedeuten; die Fahrt in einen anderen Teil des Kosmos wäre also theoretisch möglich.

Die exotische Materie dieses Wurmlochs konzentriert sich auf eine dünne Schicht an den Grenzwällen der Passage. Wie beim Weltraumspiegel würde diese Konzentration des Materials mit negativer Masse zur Überwindung jener Probleme beitragen, die der Kontakt mit diesem Stoff hervorriefe – etwa die Entstehung starker Gravitationskräfte. Nimmt man also das Ziel zum Maßstab, die Verwendung problematischer exotischer Materie auf ein Mindestmaß zu beschränken, sind beide Vissersche Modelle dem von Morris und Thorne überlegen.

Unter der Voraussetzung, daß sich das Problem der exotischen Materie lösen läßt, scheinen Vissers Modelle – das monolithische, rechtwinklige Plattenschema, das sogenannte Weltraumspiegel-Verfahren, und die chirurgisch veränderte Schwarzschild-Lösung, das kernlose Apfelmodell – theoretisch schlüssig zu sein. Allerdings wäre denkbar, daß Wurmloch-Konstruktionsteams der Zukunft aus rein praktischen Gründen eine der beiden Methoden vorzögen.

Die von Morris, Thorne und Visser entwickelten Wurmloch-Modelle liefern eine Fülle von Informationen, denen zu entnehmen ist, wie solche Reisen durch interstellare Tore sein könnten. So vermitteln sie höchst interessante Erkenntnisse darüber, wie sich Passagiere während solcher Reisen *fühlen* könnten: beispielsweise wie groß die Beschleunigung, die Gravitationskräfte und der Druck wären, die sie aushalten müßten.

Diesen Modellen lassen sich noch weitere Informationen über Wurmloch-Reisen entnehmen. Was *sähen* Reisende tatsächlich, wenn sie diese Weltraumtunnel durchführen? Das heißt, welchen Anblick böten ferne Sterne, wenn sich die Passagiere eines auf ein Wurmloch zuhaltenden Raumschiffes umwenden und aus dem Fenster blicken würden?

Da die Modelle von Morris, Thorne und Visser neueren Datums sind, hat man bislang noch nicht ausgerechnet, wie ferne Objekte für einen Beobachter in einer Wurmloch-Raumzeit aussähen. Allerdings hat der australische Mathematiker William Metzenthen unlängst in einem Artikel gezeigt, wie Reisende auf dem Weg in verschiedene Arten von Schwarzen Löchern Objekte wahrnähmen. Vielleicht lassen sich Metzenthens Schlußfolgerungen auf befahrbare Wurmlöcher übertragen, zumindest wenn man die Unterschiede zwischen Schwarzen Löchern und Wurmlöchern hinreichend berücksichtigt. Dabei entsteht ein faszinierendes Bild dessen, was Astronauten sähen, wenn sie ein kosmisches Tor durchqueren würden.

Stellen wir uns ein Raumschiff vor, das im freien Fall auf ein Wurmloch zuschwebt. Denken wir uns die Wände des Fahrzeugs aus dickem, durchsichtigem Glas, so daß man während des Fluges hinaussehen und den Himmel beobachten kann. Jede Veränderung im Erscheinungsbild und der Konfiguration der Sterne ist sofort zu bemerken.

Solange das Raumschiff noch Tausende von Kilometern vom Wurmloch-Eingang entfernt ist, wirkt der Weltraum normal. Die Sterne scheinen offenbar mit normaler Leuchtkraft; sie zeigen ihr übliches Farbspektrum und weisen ihre gewöhnlichen Abstände auf. Abgesehen davon, daß die Konstellationen und Muster der Sterne anders sind, zeigt der Himmel genau das gleiche Erscheinungsbild wie von der Erde aus.

Doch sobald das Schiff sich der Passage des kosmischen Tores nähert, geschehen seltsame Dinge. Lücken reißen im Himmel auf, während sich die Sterne zu Lichtstreifen zusammenfügen. Dann beginnen diese Streifen sich zu vervielfältigen und sich in Mehrfachbildern über den Himmel auszubreiten. Jede Konstellation ist nicht einmal zu erblicken, sondern in einer wachsenden Zahl identischer Abbilder. Der Himmel scheint sich in einer Reihe merkwürdiger Zerrspiegel zu zeigen.

Diese Vervielfältigung der Bilder hat offenbar mit dem unlängst entdeckten Phänomen des *Gravitationslinsen-Effektes* zu tun. Wenn ein Mensch sein Spiegelbild in einem gekrümmten Spiegel betrachtet, so erblickt er eine verzerrte Erscheinung. Je nach Krümmung des Spiegels ist das Bild entweder kürzer und gedrungener als der Mensch oder länger und schmaler als das Original oder in anderer Weise verändert. Ursache dieser Verzerrung ist der Umstand, daß die vom Menschen kommenden Lichtstrahlen beim Auftreffen auf den Spiegel gestreut und abermals reflektiert werden. Ähnliches geschieht, wenn ein Objekt durch eine gekrümmte Linse betrachtet wird: Es erscheint, ebenfalls durch die Beugung seiner Lichtstrahlen, modifiziert. Hier verändert sich der Weg des Lichtes, weil es sich verlangsamt, wenn es das Material der Linse durchquert. Beim *Gravitationslinsen-Effekt* schließlich bewirkt die Schwerkraft eine Krümmung des Lichtes, so daß es zur beschriebenen Verzerrung der Bilder kommt. Die Krümmung des Raumes selbst, hervorgerufen durch die Gegenwart von Masse, veranlaßt das Licht in einer bestimmten Region, sich entweder auszubreiten oder zu einem Bündel zusammenzuschließen. Der daraus resultierende Effekt ist eine Streckung oder Vervielfältigung der Bilder.

Betrachten wir nun, wie sich dieser Effekt in der Nähe eines Wurmlochs auswirkt. Die außerordentliche Masse des Wurmlochs veranlaßt die Lichtstrahlen in diesem Bereich, sich zu konzentrieren und zu Bündeln anzuordnen. Nehmen wir an, diese Lichtstrahlen würden durch Sterne hervorgerufen. Normalerweise tritt Sternenlicht in geraden Strahlen auf, und die Augen verfolgen die Linien zurück zu einzelnen Punkten. Mithin erscheinen die Sterne als einzelne Gebilde. Doch in der Nähe eines Wurmlochs *konvergieren* die Lichtstrahlen, laufen sie zusammen. Das menschliche Auge verfolgt diese Linien zurück, um ein Bild des Himmels zu erhalten. Konvergente Linien sind, sobald man sie zurückverfolgt, divergent: Sie scheinen um so stärker auseinanderzulaufen, je weiter sie sich vom Auge entfernen. Infolgedessen erweckt das Licht der Sterne den Eindruck, daß es sich in einzelnen Bündeln über den Himmel verteilt. Dadurch hat es den Anschein, als seien vielfältige Sternenbilder über den Himmel verstreut – und so kommt der Zerrspiegeleffekt zustande.

Während sich das Raumschiff dem Wurmloch nähert, treten noch weitere Veränderungen am Erscheinungsbild des Himmels zutage. Wenn das Sternenlicht das Schiff erreicht, kommt es zu einer scheinbaren Verschiebung des Farbspektrums und der Leuchtkraft. Vor allem werden die Lichtwellen offenbar immer kürzer und kürzer: Aus Rot wird Orange, aus Orange Gelb und Grün, während sich das Grün mehr und mehr zum blauen und violetten Ende des Spektrums hin verschiebt. Diese Reduzierung der Wellenlängen, das Gegenteil einer Rotverschiebung, bezeichnet man als *Doppler-Blauverschiebung*, ein Phänomen, das normalerweise in Verbindung mit hohen Geschwindigkeiten der Lichtquelle oder starken Gravitationsfeldern auftritt. Im Falle der Wurmlöcher bewirken enorme Gravitationskräfte, daß sich der Impuls des eintreffenden Lichtes erhöht, was sich in einer Steigerung der Frequenz und einer Abnahme der Wellenlänge äußert.

Der Blauverschiebung entspricht eine Zunahme der Energie und Leuchtkraft des wahrgenommenen Lichtes. Diese Intensivierung manifestiert sich in der scheinbaren Helligkeit des Lichtes. Je näher also das Raumschiff dem Wurmloch kommt, desto zersplitterter, blauverschobener und intensiver erscheint das Licht.

Augenscheinlich würde die Befahrung eines Wurmloches den Reisenden ein höchst faszinierendes Lichtspektakel bescheren. Wie der Himmel im einzelnen verzerrt wäre, hinge in gewissem Maße von der Art des Wurmloches ab, mit dem man es zu tun hätte. Beispielsweise würde das Modell von Morris und Thorne Muster und Bilder ganz anderer Art erzeugen als Vissers Entwurf. Doch unabhängig von der Wurmloch-Struktur wäre der Anblick, der sich den Reisenden böte, in der Tat höchst ungewöhnlich – eine echte Farborgie.

Ein dichtes Geflecht

Einige der anregendsten Ideen zur Herstellung befahrbarer Wurmlöcher stammen aus einem extrem theoretischen Bereich der Physik: der Quantengravitation. Die *Quantengravitation*, die hypothetische Verbindung zwischen der allgemeinen Relativitätstheorie und den Gesetzen der Quantenmechanik, hat sich in den letzten Jahren zu einem der wichtigsten Forschungsbereiche in der theoretischen Physik entwickelt. Die auf diesem Gebiet tätigen Wissenschaftler bemühen sich um ein vertieftes Verständnis der

Gravitationskräfte, besonders im mikroskopischen Bereich. Aus dieser Diskussion über die fundamentalsten Ebenen der Raumzeit und den Versuchen, eine Quantentheorie der Gravitation zu formulieren, hat sich als Nebenprodukt das Konzept des Wurmlochs ergeben. Man hofft, daß man die im Rahmen dieser Theorie entdeckten mikroskopischen Wurmlöcher irgendwie erweitern und für interstellare Raumfahrten nutzen kann. Statt solche Tore aus dem Nichts erbauen zu müssen, könnte man sie einfach mit Hilfe der Quantengravitation im All bergen.

In der mikroskopischen Welt der Teilchen wissen wir von allen Naturkräften (starke und schwache Wechselwirkung, Elektromagnetismus und Gravitation) über die Schwerkraft oder Gravitation am wenigsten. In den letzten Jahrzehnten sind umfassende Theorien der elektromagnetischen und schwachen Kraft entwickelt worden, und man hat auch erste Konzepte zur Natur der starken Wechselwirkung skizziert. Zusammen mit der Gravitation bilden sie die vier fundamentalen Teilchenwechselwirkungen: Alle natürlichen Ereignisse gehen auf Kombinationen aus einer oder mehreren dieser Kräfte zurück.

In der makroskopischen Welt, mit der wir am vertrautesten sind, spielt die Quantenmechanik nur eine indirekte Rolle. Doch sobald man sich in die Welt der kleinsten Dinge begibt, nehmen die Quanteneffekte eine entscheidende Bedeutung an. Die atomaren und subatomaren Größenordnungen werden von den geheimnisvollen Wahrscheinlichkeiten der Schrödingerschen und Heisenbergschen Physik bestimmt. Zufall und *Informations-Verschmierung* (die Ausbreitung physikalischer Größen über eine ganze Bandbreite von Werten) sind die Charakteristika dieser chaotischen und nur ansatzweise verstandenen Region.

Die Quantendynamik wird von der Heisenbergschen Unschärferelation bestimmt, die die direkte und vollständige Kenntnis eines Teilchenzustands (die Gesamtheit aller Teilcheneigenschaften) ausschließt. Oben haben wir gesehen, daß für ein gegebenes Teilchen Impuls und Ort nicht gleichzeitig in Erfahrung gebracht werden können. Wie das Beispiel des fiktiven Fernsehapparates zeigte, bewirkt die Scharfeinstellung des einen Parameters (des Impulses beispielsweise), daß der andere (der Ort) unscharf ist. Was können wir dann *überhaupt* über ein mikroskopisches Objekt sagen?

Statt über *beobachtbare* Größen wie Energie und Ort zu sprechen, legen die von Schrödinger und Heisenberg entwickelten Gesetze fest, daß wir ein fundamentales und abstraktes Objekt namens *Wellenfunktion* betrachten. Alle Information, die zu einem gegebenen Zeitpunkt über ein Teilchen vorliegt, ist in der Wellenfunktion verborgen, kann aber, gemäß der Heisenbergschen Unschärferelation, nicht vollständig abgerufen werden. Wenn Wissenschaftler gegebene Größen messen, erhalten sie bestimmte Antworten nur, insoweit sie mit dieser Relation «kompatibel» sind. Die gleichzeitige Messung von Ort und Impuls ist ein Beispiel für Inkompatibilität. Beide Informationen lassen sich nicht zugleich aus der Wellenfunktion errechnen.

Nehmen wir an, wir messen eine von zwei inkompatiblen Eigenschaften: Was kann man über den Wert der anderen Eigenschaft sagen? Nach der Quantentheorie ist der Wert der zweiten Größe «unscharf», das heißt, sie ist über einen Bereich von Möglichkeiten verschmiert. Tatsächlich *bleibt* der Wert der zweiten Eigenschaft unscharf, bis er gemessen wird. Das belegt einen grundlegenden Unterschied zwischen der Quantenmechanik und der klassischen Mechanik: Die physikalischen Eigenschaften eines Teilchens bilden ein Spektrum möglicher Werte, bis sie von einem Beobachter gemessen werden. Nachdem die Messungen vorgenommen worden sind, nehmen diese Eigenschaften einen Wert aus einem ganzen Spektrum an. Man spricht dann davon, daß die Wellenfunktion in einen Zustand *kollabiert*, der diesem bestimmten Wert der gemessenen Größe entspricht.

Nehmen wir beispielsweise an, die Position eines Elektrons wird gemessen. Bevor der Ort des Elektrons wissenschaftlich beobachtet wird, läßt sich nicht sagen, daß er einen bestimmten Wert hat. Nachdem eine Ortsmessung stattgefunden hat, wird die Position des Elektrons durch den Kollaps der Wellenfunktion festgelegt. Nehmen wir ein anderes Beispiel: den Elektronenspin. Er kann entweder gegen den Uhrzeigersinn verlaufen (dann spricht man von *aufwärts*-Spin) oder im Uhrzeigersinn (*abwärts*-Spin). Bis zu dem Zeitpunkt, da der Spin des Elektrons gemessen wird, spricht man von einem gemischten Zustand – weder aufwärts noch abwärts.

Diese merkwürdige Eigenschaft mikroskopischer Phänomene wirft einige faszinierende philosophische Fragen auf, von denen wohl das Schrödingersche Katzenparadoxon am berühmtesten ist. Dabei stellt man sich vor, daß eine Katze in einer schwarzen Kiste sitzt und durch Kabel oder andere Vorrichtungen mit einem Spin-Detektor verbunden ist. Nun schickt man ein Elektron in den Spin-Detektor und mißt die Spinrichtung. Wenn die Spinachse des Elektrons nach oben zeigt, wird die Katze getötet. Zeigt der Spin abwärts, bleibt die Katze verschont. Die gesamte Versuchsanordnung wird mit einem schwarzen Tuch bedeckt, so daß sich keine Messung ablesen läßt und die Katze nicht zu sehen ist.

Das Paradoxon dieses ziemlich makabren Experiments hat folgende Form: Da keine Messung des Elektronenspins vorgenommen worden ist (oder der Versuchsleiter die Ergebnisse zumindest nicht gesehen hat), muß das Elektron in einem gemischten Zustand bleiben, teils aufwärts und teils abwärts. Daraus folgt, daß sich auch die Katze in einem gemischten Zustand befindet, halb lebendig und halb tot. Nur wenn das schwarze Tuch entfernt und die Schachtel geöffnet wird, läßt sich mit Bestimmtheit sagen, ob die Katze lebendig oder tot ist. Solange das nicht geschieht, bleibt die Katze in einer Art Quantenvorhölle, wo sie darauf wartet, daß die Wellenfunktion in einen bestimmten Zustand kollabiert. Natürlich kann das im wirklichen Leben nicht geschehen. Dort ist die Katze entweder lebendig oder tot. Doch im Gegensatz zu unseren Erwartungen legt die Quantenmechanik ganz andere Verhältnisse fest.

Angesichts so verwirrender theoretischer Vieldeutigkeit ist die Standardinterpretation der Quantenmeßtheorie (nach der die Wellenfunktion «unscharf» ist, bis sie im Augenblick einer Messung kollabiert) auch mehr als sechzig Jahre nach ihrer Formulierung noch umstritten. Allerdings deckt sie sich in vielen Punkten vollständig mit den Experimentaldaten und ist deshalb unbedingt ernst zu nehmen. Bevor sich die Teilchenphänomene nicht durch eine genauere Methode erklären lassen, müssen wir davon ausgehen, daß die Quantentheorie, so verwirrend sie auch erscheinen mag, völlig richtig ist.

Die Quantengravitation ist die letzte Grenze der Quantenmechanik und, wie mancher meint, auch der Teilchenphysik. Dieser Versuch, die Heisenbergsche Unschärferelation auf das Gebiet von Raumzeit und Gravitation zu übertragen, begann ernsthaft vor mehr als dreißig Jahren, als klar wurde, daß sich der Elektromagnetismus vollständig quanteln (durch die Quantentheorie ausdrücken) läßt. Deshalb meinte man, daß Gleiches auch mit der Gravitation möglich sein müsse. Leider gelang es bisher noch nicht, eine erfolgreiche Theorie dieser Art zu entwickeln.

Wie könnte eine Quantentheorie der Gravitation aussehen? Zunächst einmal würde sie extrem winzige Größenordnungen erfassen, Längen von 10^{-33} Zentimeter oder weniger. Auf dieser Ebene sähe die Geometrie von Raum und Zeit außerordentlich seltsam aus. Infolge der Unschärferelation würde die Raumzeit einen unruhigen und ungenauen Eindruck vermitteln. Da die Quantenmechanik bei Messungen für einen Mangel an Genauigkeit sorgen würde, müßten die Geometrien zwischen verschiedenen möglichen Konfigurationen schwanken – etwa flach, ringförmig und sattelförmig.

Wie John Wheeler und andere theoretische Physiker meinen, besteht das Universum auf so mikroskopischer Ebene aus einem *Raumzeitschaum*, das heißt, einem vielfältig verknüpften, turbulenten Meer geometrischer Konfigurationen. Durch mikroskopische Wurmlöcher bestünden Verbindungen zwischen verschiedenen Teilen des Kosmos. Solche Mini-Wurmlöcher müßten nicht erst gebaut werden wie die großräumigen Wurmlöcher, sondern würden wegen der komplexen Wechselbeziehungen zwischen den geometrischen Gebilden spontan im Raumzeitschaum auftreten. Die Unschärferelation würde für eine mangelnde Kenntnis über mögliche Wurmloch-Verbindungen garantieren. Deshalb könnten sie alle vorhanden sein.

Mit anderen Worten, wie im Falle von Ort, Impuls und Spin würde auch der Beschaffenheit der Raumzeit-Verbindungen eine «Unschärfe» innewohnen. In der Standardtheorie der allgemeinen Relativität definieren zwei beliebige Punkte immer eine «kürzeste» Verbindung zwischen sich: den Weg, den das Licht von einem Punkt zum anderen zurücklegt. Die Menge aller dieser Verbindungen, die Metrik, ist eindeutig definiert und läßt sich theoretisch mit großer Genauigkeit bestimmen. In der Quantengravitation könnte man dagegen eine so exakte Bestimmung nicht vornehmen. Die Metrik des Universums könnte zwischen verschiedenen Konfigurationen fluktuieren und ständig Wurmloch-Abkürzungen entstehen und verschwinden lassen, so daß sich ein oszillierendes Spektrum von möglichen Wegen zwischen zwei gegebenen Punkten ergäbe.

Wir erkennen also, daß es einen scharfen Gegensatz zwischen Einsteins Modell der Raumzeit und dem neueren «schwammartigen» Modell der Quantengravitation gibt. Im ersten ist die Raumzeit auf allen Ebenen, auch der mikroskopischen, genau definiert. Dagegen ist im quantenmechanischen Modell das Universum auf tiefster Ebene ein Labyrinth von Wurmloch-Verbindungen, die mit unterschiedlicher Wahrscheinlichkeit die vielfältigsten Wege durch den Kosmos ermöglichen. Herrscherin dieser niederen Reiche wäre die Unbestimmtheit.

Nach einer Spekulation von Morris und Thorne wäre dieser «Raumzeitschaum» mit seinem dichten Geflecht von Verbindungen ein Ort, wo eine hochentwickelte Zivilisation der Zukunft mit besten Erfolgsaussichten nach Wurmlöchern suchen könnte, um sie dann zu vergrößern. Eine solche Gesellschaft könnte ein mikroskopisches Wurmloch aus diesem brodelnden Meer geometrischer Möglichkeiten ziehen, seine Größe auf makroskopische Ausmaße aufblähen, seine Eigenschaften so verändern, daß sie den vorgesehenen Sicherheitsbestimmungen entsprechen und dann an den Ort des Kosmos bringen, wo es seine vorherbestimmte Funktion als interstellares Tor erfüllen könnte.

Diese Ausführungen sind natürlich äußerst spekulativ. Gegenwärtig können wir uns kein Verfahren vorstellen, mit dem man dem theoretisch vorhergesagten Raumzeitschaum zu Leibe rücken könnte. Wir wissen noch nicht einmal mit Sicherheit, ob es ihn gibt, da die gesamte Quantengravitation noch in den Kinderschuhen steckt. Aber es ist schon faszinierend, sich vorzustellen, daß wesentlich höher entwickelte Kulturen eines Tages mit Geräten und Verfahren, über die sich heute zumindest spekulieren läßt, die tiefsten Ebenen des Kosmos nutzen könnten, um die in ihnen schlummernden Möglichkeiten und Kräfte ihren Zwecken dienstbar zu machen.

6. KAPITEL

Energiesuche 2500 – ein Schwarzes Loch als Bergwerk

Nutzbarmachung verborgener Energien

Der größte Teil des Universums besteht aus leerem Raum, einem riesigen dunklen Nichts, das niemand ganz zu ermessen vermag. Doch nach der Theorie der Quantengravitation liegt tief in diesem ungeheuren Vakuum ein gewaltiger Energievorrat verborgen, eine kolossale Kraftquelle, die alle menschlichen Bedürfnisse auf Jahrmillionen befriedigen könnte. Wenn es tatsächlich eine Möglichkeit gibt, diesen phantastischsten aller Träume zu verwirklichen – nämlich aus nichts etwas zu gewinnen –, werden dabei die Wurmlöcher mit ihrer Fähigkeit, in scheinbar undurchdringliche Barrieren Breschen zu schlagen, eine außerordentlich wichtige Rolle spielen.

Gegenwärtig wächst die Weltbevölkerung atemberaubend an und verdoppelt sich alle paar Jahrzehnte. Ähnlich nimmt weltweit der Brennstoffverbrauch pro Kopf der Bevölkerung zu. Neue Technologien beanspruchen die Ressourcen der Erde in immer höherem Maße. Das läuft auf eine erschreckende, aber leider nicht zu leugnende Feststellung hinaus: Der Energieverbrauch steigt auf der ganzen Erde exponentiell an, und ein Ende dieser Entwicklung ist noch nicht in Sicht.

Andererseits sind die Energieressourcen der Erde begrenzt. Wie uns die Krise im Mittleren Osten gezeigt hat, werden die Ölreserven knapper und in ihrer Erschließung immer teurer. Beim gegenwärtigen Verbrauch werden diese Vorkommen im Laufe des nächsten Jahrhunderts praktisch erschöpft sein. Kohle und andere fossile Brennstoffe werden die Lücke kaum schließen können, denn ein paar Jahrhunderte später wird es auch mit ihnen ein Ende haben. Die Kernspaltung hat ihre Probleme. Wie die Katastrophen von Three Mile Island und Tschernobyl gezeigt haben, kann sie große Gebiete lebensbedrohend verseuchen. Wie die fossilen Brennstoffe sind im übrigen auch Uran und andere Kernbrennstoffe erschöpfbare Ressourcen.

Leider ist nach wie vor fraglich, ob die *Kernfusion*, eine Methode zur Energiegewinnung aus dem reichlich vorhandenen Wasserstoff, eine nutzbare Energiequelle werden kann. In gegenwärtigen Fusionsexperimenten ist ein enormes Maß an Wärmeenergie (das heißt, eine sehr hohe Temperatur) erforderlich, um den Fusionsprozeß in Gang zu setzen, während dabei relativ wenig Energie erzeugt wird. Unlängst hat man behauptet, daß unter den richtigen Bedingungen eine *kalte Fusion* möglich sein müßte, das heißt, eine Fusion, die bei Zimmertemperaturen und geringer Energiezufuhr stattfindet. Doch obwohl man sich intensiv um den Beweis bemüht hat, daß kalte Fusion möglich ist, haben sich bislang noch keinerlei Anhaltspunkte für die Richtigkeit dieser Hypothese finden lassen.

Gewiß sind einige Energiequellen der Erde «erneuerbar». Sonnenenergie, Windkraft, Wasserkraft und geothermische Energie kommen in der Natur reichlich vor und sind offenbar ewige Energiereserven. Wenn diese Ressourcen unseren Energiebedarf vollständig decken könnten, brauchten wir uns zumindest für die nächsten Jahrmilliarden keine Sorgen mehr zu machen.

Doch was wäre, wenn eine künftige Zivilisation mehr

Energie brauchte, als die Sonne oder die Erde liefern können? Oder wenn in einer schrecklichen Katastrophe gar die Sonne selbst verlöschen würde, ihr der Kernbrennstoff ausginge? Die Mitglieder einer künftigen Gesellschaft stünden vor einer trostlosen Entscheidung: neue außerirdische Energiequellen zu suchen oder einen eisigen Tod zu sterben. Möglicherweise würden befahrbare Wurmlöcher diesen angstgepeinigten Menschen irdischer Endzeit zu Fluchtrouten werden, um sie in energiereichere Regionen des Kosmos zu führen oder ihnen als Transportschächte zu dienen, mit denen sich Energie und Materie aus anderen Teilen des Universums zur Erde bringen ließe.

Auf jeden Fall würden sich Forscher der Zukunft, um die zusätzlichen Energiereserven zu mobilisieren, die zur Eroberung des Weltraums oder auch einfach zum Überleben der Menschheit erforderlich wären, wohl am ehesten an die verborgene Energie halten, die in die Textur des Universums «eingefroren» ist. Obwohl es noch keine umfassende Quantentheorie der Gravitation gibt, hat die Physik heute eine ziemlich klare Vorstellung, wo sich diese Energievorkommen befinden könnten. Astronomische Messungen von unseren Observatorien aus liefern immer genauere Karten von der Energie- und Materieverteilung des Universums, Orientierungshilfen, die künftigen Energiesuchern helfen werden, die ergiebigsten Energiequellen zu finden.

Heute weiß man, daß die sichtbaren Sterne und leuchtenden Gase, die am Nachthimmel zu beobachten sind, nur einen kleinen Teil der Materie und Energie des Kosmos ausmachen. Noch vor kurzem glaubte man, das Universum bestehe überwiegend aus Galaxien, die ihrerseits Sterne, Planeten, Gase und schwebende Trümmer enthielten – kurzum aus Objekten, die sich mit gewöhnlichen Teleskopen, wenn auch sehr leistungsfähigen, entdecken lassen müßten. Heute spricht jedoch immer mehr dafür, daß mehr als 90 Prozent des Material- und Energieinhalts des Universums *unsichtbar* sind. Das heißt, die Masse des Universums liegt größtenteils in Form *dunkler Materie* vor.

Was für Anhaltspunkte gibt es für dunkle Materie? Ein entscheidender Hinweis ist die Geschwindigkeit der Sterne, die sich um die Galaxienzentren bewegen. Wie unser Sonnensystem rotieren auch alle Galaxien, während die Sterne, die diese Galaxien bilden, mit deutlich erkennbaren Geschwindigkeiten um die galaktischen Zentren kreisen. Zwischen den Bahnen der Sterne um die Mitte einer Galaxie und den Bahnen, die die Planeten um die Sonne beschreiben, gibt es einige Übereinstimmungen, aber auch einen entscheidenden Unterschied: Während die äußeren Planeten in ihren Bahnen langsamer sind als die inneren, weisen die äußersten Sterne einer Galaxie die gleichen Bahngeschwindigkeiten auf wie die am weitesten innen gelegenen Sterne. Mit anderen Worten, Pluto, der äußerste Planet des Sonnensystems, bewegt sich sehr viel langsamer als Merkur, der innerste Planet, doch die Sterne in den äußersten Randgebieten der Milchstraße sind genauso schnell wie Sterne auf Kreisbahnen in der Nähe des Zentrums. Dieser Unterschied im Verhalten der Elemente von Sonnensystemen und Galaxien deutet auf ganz andere Massenverteilungen der Systeme hin. Beim Sonnensystem bedeutet der Geschwindigkeitsrückgang zur Peripherie hin, daß der Großteil seiner Masse sich im Zentrum befindet. Das ist natürlich der Fall: Die zentral gelegene Sonne besitzt weit mehr Masse als die fernen Planeten. Im Falle der Galaxien ist der *fehlende* Geschwindigkeitsrückgang so zu verstehen, daß die Masse einer Galaxie größtenteils außerhalb ihres Zentralkerns liegt.

Dieser Befund steht in krassem Gegensatz zum herkömmlichen Bild der Galaxien: massereiche Zentralkerne, umgeben von dünnen Scheiben. Wie läßt sich dann die nicht zu beobachtende fehlende Masse erklären? Die Antwort muß wohl lauten, daß die Masse von Galaxien größtenteils in Form dunkler Materie vorliegt.

Es gibt noch andere Hinweise für die besondere Bedeutung dunkler Materie im Universum. Nach der Urknalltheorie entfernen sich die Galaxien mit einer Geschwindigkeit voneinander, die sich astronomisch messen läßt. Je nach der Gesamtmasse des Universums wird es entweder ewig expandieren oder zu einem Punkt zusammenstürzen. Gegenwärtige Messungen der *sichtbaren* Masse des Universums lassen darauf schließen, daß es weit weniger Materie gibt, als für einen großen Endkollaps erforderlich wäre. Doch wenn man die Fluchtbewegung der Galaxien genau berechnet, scheint sich die gegenteilige Auffassung zu bestätigen: daß (nach einer außerordentlich langen Zeitspanne) eher der Endkollaps wahrscheinlich ist. Diese Diskrepanz ist nur mit der Annahme zu erklären, daß die *dunkle Materie* im Kosmos vorherrscht und die galaktische Fluchtbewegung abbremst.

Schließlich legen noch die Berechnungen der Gravitationskraft, die in Galaxienhaufen wirksam ist, nachdrücklich die Existenz dunkler Materie nahe. Galaxienhaufen sind stabile Ansammlungen von Galaxien, bei denen sich dank ihrer Stabilität der Gesamtwert ihrer Gravitationskräfte bestimmen läßt. Sobald man weiß, welche Anziehungskraft die Gravitation in einer Konfiguration von Objekten insgesamt ausübt, kann man die dazugehörige Masse ungefähr berechnen. Wenn man diesen Wert für alle bekannten Galaxienhaufen ausrechnet, gelangt man zu dem überraschenden Resultat, daß die Massen der Galaxienhaufen weit größer sind als die Massen der in ihnen enthaltenen Galaxien. Folglich muß sich ein beträchtlicher Anteil der Materien in Galaxienhaufen *zwischen* den Galaxien befinden. Die überwiegende Menge dieser intergalaktischen Materie läßt sich nicht beobachten und ist folglich als dunkle Materie anzusehen.

Die Vorstellung, daß ein so großer Teil der Materie im Universum unsichtbar ist, stiftet beträchtliche Verwirrung unter den zuständigen Wissenschaftlern, denen es deshalb auch noch nicht gelungen ist, das Rätsel befriedigend zu erklären. Es gibt zahlreiche Vermutungen, woraus die dunkle Materie bestehen könnte, wobei die meisten Theorien neue Teilchenarten bemühen, die angeblich die weiten Räume des Alls füllen. Nach einer anderen Hypothese besteht die fehlende Masse zu einem hohen Prozentsatz aus Schwarzen Löchern verschiedener Größe.

Natürlich würden auch diese Schwarzen Löcher, in verschiedenen Epochen des Universums entstanden, gewaltige Energievorkommen enthalten. Die vielen Anhaltspunkte, die für das Vorkommen von dunkler Materie sprechen, legen den Schluß nahe, daß die sichtbaren Sterne beileibe nicht die einzigen Energiequellen im Universum sind. Schwarze Löcher und andere verborgene kosmische Objekte könnten eines Tages die letzte Chance der Energiesuche sein.

Schwarze Löcher als Energiequellen

Als im 19. Jahrhundert die großen Schienenwege quer durch die Vereinigten Staaten gebaut wurden, verfolgte man damit einen doppelten Zweck: erstens, Passagiere zu befördern, und zweitens, Güter zu transportieren. Insbesondere brachten (und bringen) die «Eisenrösser» Kohle aus den Minen in Pennsylvania, West Virginia und anderen Bundesstaaten, die reich an Bodenschätzen sind, in Städte und Industriezentren überall im Lande.

Wenn eines Tages Verkehrsnetze, die Wurmlöcher oder interstellare Tore benutzen, quer durch unsere Galaxis gebaut werden, werden sie ebenfalls diesen doppelten Zweck erfüllen: einerseits Menschen und andererseits Güter zu befördern. Sowohl Rohstoffe wie Fertigprodukte wird man durch die kosmischen Abkürzungen aus fernen Regionen des Kosmos zur Erde schaffen und von dort wieder in weit entfernte, vielleicht ganz andere Gebiete des Kosmos befördern. Wie die Schienenstränge für den Kohletransport wird man auch die Wurmloch-Routen nach Möglichkeit so wählen, daß sie die Gebiete, die reiche Energievorkommen besitzen, mit den zivilisierten Zonen verbinden.

Die wichtigsten Energiequellen des 19. und 20. Jahrhunderts bestanden aus fossilisierten Pflanzen, deren Energien in Kohle- und Ölvorkommen gebannt waren. Es ist ein merkwürdiger Zufall, daß auch die Energiequellen der Zukunft durchaus in Fossilien gefunden werden könnten – Schwarzen Löchern. Kohle und Öl haben Sonnenenergie als chemische Energie gespeichert, während Schwarze Löcher Sternenenergie enthalten, die durch die Fossilisierung der Himmelskörper in Gravitations- und Rotationsenergie umgewandelt wird. Wenn Wurmloch-Verkehrssysteme Schwarze Löcher in die Reichweite irdischer Raumschiffe bringen, wird man wahrscheinlich ähnliche Expeditionen auf die Suche nach diesen kosmischen Objekten schicken, wie man sie in den vergangenen Jahrhunderten auf die Spur des «Schwarzen Goldes» setzte.

Wie könnte man aber aus einem Schwarzen Loch Energie gewinnen? Eine mögliche Methode haben wir im letzten Kapitel erörtert – ein Raumschiff am Rande eines Schwarzen Loches zu parken, um dort nach exotischer Materie zu fischen.

Möglicherweise ließe sich aber auch die Rotationsenergie eines Schwarzen Loches nutzen. Wie gesehen befindet sich eine wichtige Klasse von Schwarzen Löchern, die Kerr-Modelle, in Rotation. So ist ein großer Teil ihrer

Energie in der Drehbewegung enthalten, wenn natürlich auch ein Teil als Gravitationsenergie gespeichert ist. Durch Verlangsamung der Rotation kann ein enormer Energiebetrag freigesetzt werden.

Das erinnert an den Schlagmann eines Baseballspiels, der die Rotationsenergie seines Körpers in die lineare Bewegung des Baseballs umsetzt. Wenn der Schlagmann sich auf einen Wurf vorbereitet, dreht er seinen Körper um mindestens neunzig Grad. Sobald der Ball dann abgeworfen ist, erzeugt der Schlagmann eine Rotationsenergie, indem er sich dem heranschießenden Ball zudreht. Wenn der Spieler den Ball schließlich trifft, beendet er die Drehbewegung und wandelt seine Rotationsenergie in eine Translationskraft um, die ihrerseits den Ball vom Schlagmal forttreibt. Die Rotationsenergie des Schlagmanns hat sich genau um den Betrag vermindert, um den sich die Vortriebsenergie des Baseballs erhöht hat.

Eine ähnliche Methode zur Gewinnung von Rotationsenergie aus einem Schwarzen Loch hat Roger Penrose entwickelt. Danach nähert sich ein Raumschiff einem rotierenden Schwarzen Loch mit abgeschalteten Antriebsaggregaten. Es fährt nahe an den Ereignishorizont heran, durchquert ihn aber nicht. Statt dessen umkreist es das Schwarze Loch in Richtung der Rotationsbewegung. Sobald die Kreisbahn eng genug ist, zündet der Pilot die Raketen. Der verbrauchte Treibstoff wird vom Antriebsstrahl in den Ereignishorizont befördert. Da jede Wirkung eine gleiche Gegenwirkung hat, katapultiert der Raketenstrahl das Schiff in eine andere Kreisbahn. Auf dieser neuen Bahn schleudert die Rotationsenergie des Schwarzen Loches das Raumschiff in einer Art «Slingshot-Effekt» mit gewaltiger Geschwindigkeit nach außen. Oder, um noch einmal den Baseball-Vergleich zu bemühen, das Gravitationsfeld des Schwarzen Lochs «schlägt» das Schiff nach einem vorausgehenden «Schwungholen» (der Rotation des Schwarzen Lochs) weit hinaus ins All. Dabei wird die Rotationsenergie des Schwarzen Loches teilweise auf das Raumschiff übertragen, während sich die Bewegung des kosmischen Strudels um einen kleinen Betrag verlangsamt. Das Schiff übernimmt eine signifikante Menge nutzbarer Energie. Im Endeffekt ließe sich die gesamte Rotationsenergie des Schwarzen Loches auf diese Weise davontragen.

Entsprechend könnte man sich vorstellen, daß man ein rotierendes Schwarzes Loch mit einem sorgfältig plazierten Wurmloch koppelt und es als Hochleistungsanlage zur Beschleunigung von Raumfahrzeugen verwendet. Nehmen wir an, ein befahrbares Wurmloch ist so ausgerichtet, daß sich eine seiner Öffnungen nahe am Ereignishorizont eines rotierenden Schwarzen Lochs befindet und die zweite Öffnung einige hundert Kilometer von der anderen entfernt liegt. Nun parkt man ein Raumschiff mit abgeschalteten Antriebsaggregaten in der Nähe des Horizontes (und der ersten Öffnung des Wurmlochs). Im richtigen Augenblick werden die Raketen gezündet und der Antriebsstrahl ausgestoßen: Das Schwarze Loch «schlägt» die Rakete mit ziemlicher Geschwindigkeit ins All. Dieser Vorgang ist so berechnet, daß das Schiff einige hundert Kilometer vom Schwarzen Loch «fortgeschlagen» wird, und zwar genau in die *zweite* Öffnung des Wurmlochs. Natürlich taucht das Raumschiff wieder aus der *ersten* Öffnung des Wurmlochs auf, wo es die Raketen erneut einschaltet und abermals «fortgeschlagen» wird. Nach jedem Kreislauf übernimmt das Raumschiff vom Schwarzen Loch einen beträchtlichen Geschwindigkeitsbetrag. So beschleunigt es immer mehr und erhält eine wachsende Energiemenge vom Gravitationsstrudel. Wenn das Schiff schließlich die gewünschte Geschwindigkeit erreicht hat, steuern Computer an Bord das Schiff vom Wurmloch fort seinem eigentlichen Bestimmungsort entgegen.

Jedesmal wenn ein Raumschiff mit Hilfe des Schwarzen Lochs beschleunigt wird, verlangsamt der kollabierte Stern seine Rotation um einen kleinen Betrag. Deshalb läßt sich das Verfahren nur so lange anwenden, bis die Rotationsenergie des Schwarzen Lochs erschöpft ist. Wenn wir jedoch davon ausgehen, daß das Schwarze Loch anfangs sehr rasch rotiert ist, kann es sehr lange als Beschleunigungsvorrichtung dienen – einige Millionen Jahre lang.

Bis hierhin haben wir betrachtet, wie man einem Schwarzen Loch seine Rotationsenergie entziehen, seine Bewegung damit verlangsamen und seine Rotationskraft auf externe Objekte übertragen kann. Noch haben wir aber nicht gezeigt, wie man die beträchtliche innere Gravitationsenergie des kollabierten Sterns am besten nutzen könnte. Diese Gravitationsreserve entsteht aus der stetigen Kontraktion des toten Sterns zu seiner Endgestalt als Schwarzes Loch. Es ist die gleiche Energie, die der flüssige Körper in einem Wasserturm hoch über einem Gebäude besitzt. Sobald die Ventile geöffnet sind und man den Hahn aufdreht, stellt das herausströmende Wasser die Stärke seines Gravitationspotentials unter Beweis. Dieses Potential erwächst aus dem Höhenunterschied zwischen dem Turm und dem Gebäude und wird durch den Fall des Wassers genutzt. Entsprechend enthält ein Schwarzes Loch eine gewaltige Gravitationsenergie, die nur darauf wartet, durch die Öffnung eines geeigneten Ventils freigesetzt zu werden. Man muß nur eine Methode ersinnen, durch die sich das starke gravitationelle Potentialgefälle nutzen läßt, für das das Schwarze Loch sorgt.

Unter anderem könnte man die Gravitationsenergie Schwarzer Löcher dadurch erschließen, daß man zwei von ihnen miteinander verschmilzt. Wenn sich zwei solche Objekte verbinden, entsteht ein Himmelskörper, der eine größere Masse und Oberfläche als eines der beiden ursprünglichen Löcher hat. Andererseits ist die Masse des resultierenden Schwarzen Loches etwas kleiner als die Summe der Ausgangsobjekte. Diese Massendifferenz wird, gemäß Einsteins Erkenntnis, daß Masse und Energie zwei Seiten einer Medaille sind, in nutzbare Energie umgewandelt.

Wieviel Energie sich durch diesen Prozeß gewinnen läßt, hängt von der Beschaffenheit der kollabierten Sterne ab. Laut dem englischen Mathematiker John Taylor läßt sich fast ein Drittel der Masse beider Objekte in Energie umwandeln, wenn keines der Schwarzen Löcher geladen ist oder rotiert. Das ergibt einen Energieertrag von ungefähr 30 Prozent. Wenn dagegen vier elektrisch neutrale, nichtrotierende Schwarze Löcher verschmolzen werden, läßt sich dieser Ertrag auf 50 Prozent erhöhen. Je größer die Zahl der anfänglich getrennten Objekte ist, desto mehr Masse läßt sich in Energie umwandeln. Da es vermutlich eine Fülle solcher Körper im Zentrum unserer Galaxis gibt, läßt sich durch die Fusion Schwarzer Löcher Energie in praktisch unbegrenzter Menge erzeugen.

Bei geladenen oder rotierenden Schwarzen Löchern sind die Aussichten noch besser. Zwei entgegengesetzt geladene oder rotierende Schwarze Löcher können etwa die Hälfte ihrer Gesamtmasse in Energie umwandeln, wenn sie bei ihrer Verschmelzung einen einzigen neutralen Körper bilden. Wie bei der Vereinigung neutraler Schwarzer Löcher steigt der Energiebetrag beträchtlich an, wenn man die Zahl der Ausgangsobjekte erhöht. Wenn man beispielsweise acht rotierende Schwarze Löcher verbindet, läßt sich etwa neunzig Prozent ihrer Masse in Gravitationsstrahlung umwandeln.

Natürlich dürften bei der Suche und Verschmelzung Schwarzer Löcher erhebliche Schwierigkeiten auftreten. Zunächst müßten wir vorhandene Schwarze Löcher aufspüren. Die Herstellung künstlicher Schwarzer Löcher würde soviel Energie verbrauchen, daß wahrscheinlich kein Ertrag dabei herauskäme. Glücklicherweise scheinen die Daten dafür zu sprechen, daß es im Zentrum der Milchstraße eine Vielzahl solcher Löcher gibt.

Sobald man die kollabierten Sterne gefunden hat, müßten sie bewegt werden, ein Vorgang, bei dem äußerste Vorsicht erforderlich wäre, weil der Sturz in den Ereignishorizont für jeden der Beteiligten tödlich wäre (wie uns die Geschichte des unglücklichen Astronauten in Kapitel drei gezeigt hat). Höchstwahrscheinlich würde man die Schwarzen Löcher mit Hilfe extrem starker elektromagnetischer Felder steuern – vorausgesetzt natürlich, daß diese Körper elektrisch geladen wären. Der Umgang mit elektrisch neutralen Schwarzen Löchern würde sich viel schwieriger gestalten, da sie auf externe Zugkräfte elektromagnetischer Art nicht reagieren würden.

Nach der Verschmelzung dieser massereichen Objekte wäre schließlich eine Methode erforderlich, um die resultierende Strahlung einzufangen. Dazu könnten riesige «Sonnenkollektoren» aus energiespeicherndem Material in einer sphärischen Region unmittelbar außerhalb der Kollisionszone angebracht werden. Sobald sich diese Batterien mit Energie aufgeladen hätten, könnte man sie über Wurmloch-Tunnel abtransportieren. Oder noch einfacher: Man könnte die Energie aus diesem Bereich direkt über Wurmlöcher fortschaffen. Dazu müßte man die Eingänge der Wurmlöcher in die Nähe der Kollisionsregion legen und die Ausgänge nahe an einen bevölkerten Bereich des Universums. Nach dem Zusammenstoß der Schwarzen Löcher würde man die gewaltige aus der Verschmelzung resultierende Energie aus der Gefahrenzone in einen sicheren Bereich transportieren. Dort könnte man geeignete Geräte aufstellen, um die Energie in die Bereiche zu übertragen, in denen sie gebraucht würde.

Weit leichter wäre die Energiegewinnung aus Schwarzen Löchern, wenn man sie als direkte Materie-Energie-Umwandler verwenden würde. Wenn ein materielles Objekt auf den Ereignishorizont eines kollabierten Sterns zustürzt, beginnt es einen Teil seiner Masse abzustrahlen. Bei Objekten, die rasch in den Horizont eintauchen, beträgt der Energieertrag dieses Prozesses lediglich fünf Prozent; doch bei Materieklumpen, die sich langsamer bewegen, könnte sich der Wert auf bis zu vierzig Prozent erhöhen. So ließe sich mehr als ein Drittel der Masse eines kosmischen Trümmerstücks direkt in Energie umwandeln. Das ist ein außerordentlich hoher Wert, sehr viel höher als der Energiegewinn der Kernfusion.

Für dieses Verfahren braucht man lediglich ein Schwarzes Loch, genügend kosmische Trümmer, eine Möglichkeit, die Materie durch den Ereignishorizont zu befördern, und ein Verfahren zur Gewinnung der resultierenden Energie. Wie gesagt, in der Nähe unseres galaktischen Zentrums sollte es nicht schwer sein, ein Schwarzes Loch zu finden. Auch die Zufuhr von Trümmern wäre kein Problem: Im Universum gibt es einen unendlichen Vorrat. Modernisierte Versionen heutiger Müllverbrennung zur Energiegewinnung könnten eines Tages so aussehen, daß man allen irdischen Abfall in gigantische kosmische «Mülltonnen» – Schwarze Löcher – wirft und die dabei erzeugte Energie speichert.

Wie ließe sich die Materie zu einem Schwarzen Loch befördern und die Energie zur Erde zurückführen? Natürlich bieten sich dafür Wurmloch-Tunnel an. Und zwar ließen sich diese kosmischen Tore für beide Aufgaben verwenden – um die Abfälle zum Ereignishorizont zu schaffen und um die Energie zu gewinnen, die durch die Materiestrahlung entsteht. Alle diese Prozesse würden kein Sicherheitsrisiko bedeuten. Das menschliche Bedienungspersonal könnte weit außerhalb der Reichweite dieser Gravitationsstrudel operieren.

Daß sich enorme Energie gewinnen läßt, wenn man Materie in Schwarze Löcher wirft, zeigen in höchst überzeugender Weise jüngste Informationen über die außerordentlich hellen, sehr weit entfernten Himmelsobjekte, die man als Quasare bezeichnet. Wie gezeigt, glaubte man zunächst, Weiße Löcher seien die Energielieferanten der Quasare. Doch dann entdeckte man, daß diese kosmischen Löcher dafür zu instabil wären.

Quasare sind unglaublich leistungsfähige Energiestrahler, mit weit höherer Leuchtkraft als hundert Galaxien. Doch die Energiequelle, aus der sie sich speisen, ist nach kosmischen Maßstäben geradezu winzig: knapp ein Lichtjahr im Durchmesser, nur tausendmal größer als die Breite des Sonnensystems. Nehmen wir zum Vergleich den Durchmesser der Milchstraße: mehr als 100 000 Lichtjahre. Obwohl also ein Quasar sehr viel heller ist als eine durchschnittliche Galaxie, ist der Energiemotor, der sie versorgt, weit kleiner.

Die Entdeckung, daß die Energiequelle von Quasaren relativ kompakt ist, hat man erst vor kurzem gemacht. Zwei sowjetische Wissenschaftler, Efremow und Scharow, und zwei Amerikaner, Smith und Hoffleit, haben das Problem indirekt gelöst. Als sie die Variationsrate der Quasarstrahlung maßen, stellten sie fest, daß sie ungefähr einmal im Jahr fluktuierte. Daraus folgt, daß der Durchmesser der Energiequelle nicht größer als ein Lichtjahr sein kann, sonst brauchte das Licht mehr als ein Jahr, um sie zu durchqueren und das Signal des Quasars würde sich in Zeitintervallen verändern, die länger als ein Jahr wären.

Da ein Quasar relativ klein ist, wenn man bedenkt, daß er heller als eine Billion Sonnen ist, wußte man mit diesem Phänomen zunächst wenig anzufangen. Allmählich wurde dann vielen Wissenschaftlern klar, daß es eine einfache Lösung für dieses Problem gibt: Quasare sind extrem massereiche Schwarze Löcher, die Materie verschlingen und

Strahlung ausspeien. Es gibt Anhaltspunkte dafür, daß alle Galaxien solche Riesen, solche brodelnden Energiedynamos, in ihren Kernen enthalten. Allerdings dürfte diese Aktivität bei Quasaren besonders stark sein. Das Schwarze Riesenloch, das nach dieser Theorie einen Quasar mit Energie versorgt, besitzt Hunderte von Millionen Sonnenmassen und einen Durchmesser, der etwa dem der Jupiterbahn um die Sonne entspricht. Ständig strömen Sterne, Gase und andere interstellare Trümmer in die hungrigen Riesen hinein. Bei der Absorption der Materie wird in dieser Region gewaltige Strahlung frei.

Nach dem gegenwärtigen wissenschaftlichen Modell von Quasaren und Galaxien sind diese Objekte also einfach extreme Spielarten des gleichen Phänomens, nämlich der Akkretion (Absorption) von Materie durch extrem massereiche Schwarze Löcher. Bei fernen Quasaren ist die resultierende Strahlung sehr viel ausgeprägter, doch selbst in nahe gelegenen Galaxien ist der Prozeß der Massenabsorption durch Schwarze Riesenlöcher von Astrophysikern deutlich zu beobachten. Alle galaktischen Kerne erzeugen gewaltige Mengen an elektromagnetischer Strahlung, und wahrscheinlich ist in den meisten Fällen die Akkretion durch Schwarze Löcher die Ursache.

Noch steht die Existenz Schwarzer Riesenlöcher gar nicht fest. Zwar glauben die meisten Physiker an sie, doch ein absoluter, unwiderlegbarer Beweis steht noch aus. Das 1980 ins All geschossene Hubble-Weltraumteleskop und das Gammastrahlen-Observatorium, das 1991 von der Weltraumfähre *Atlantis* in eine Umlaufbahn gebracht wurde, dürften schon bald genauere Informationen liefern (bislang haben auch detaillierte Analysen teleskopischer Daten keinen Hinweis auf Schwarze Löcher ergeben). Energiereiche Gammastrahlen, die von Sternen beim Eintritt in Schwarze Riesenlöcher abgegeben werden, dürften höchstwahrscheinlich den entscheidenden Beweis für die

Existenz dieser Objekte bringen. So könnte uns das Gammastrahlen-Observatorium entscheidend helfen, das Schicksal der Sterne, der Galaxien und letztlich unser eigenes zu verstehen.

Nun möchte man meinen, Schwarze Riesenlöcher seien die gewaltigsten Objekte ihrer Art im Weltraum, doch möglicherweise gibt es noch größere schwarze Gebilde im Universum. 1991 entdeckten Astronomen am Mauna Kea Observatory ein dunkles, geheimnisvolles Riesenobjekt, das sich in einer Schale aus leuchtendem Gas versteckt. Dieser Körper, den man entdeckte, als man eine helle Galaxie namens NGC 6240 näher untersuchte, besitzt zehn- bis hundertmal mehr Masse, als man bis dahin bei Schwarzen Löchern für möglich gehalten hatte. Messungen lassen darauf schließen, daß dieser gewaltige Strudel etwa so massereich ist wie die Milchstraße, aber nur ein Tausendstel ihrer Größe besitzt. Die Fachleute meinen, es handle sich bei diesem dunklen Objekt um einen toten oder inaktiven Quasar, der gerade anfange, sich mit frischer Materie aus einer nahe gelegenen Galaxie zu versorgen. Da die Entdeckung ganz neu ist, bleibt abzuwarten, ob sie den endgültigen Beweis für die Existenz Schwarzer Löcher liefern kann.

Wie gezeigt, gibt es viele Möglichkeiten, einem Schwarzen Loch Energie zu entziehen. Fügen wir der Liste noch ein weiteres Verfahren hinzu: Gravitationssuperstrahlung. Die von dem russischen Physiker J. B. Seldowitsch entdeckte Superstrahlung beruht darauf, daß helle elektromagnetische Strahlung oder Gravitationsstrahlung in ein Schwarzes Loch geworfen und die gestreuten Wellen aufgefangen werden. Wenn dies in der richtigen Weise geschieht, ist die Intensität – und damit die Energie – der austretenden Strahlung größer als die der eintretenden Wellen.

Bei der Superstrahlung arbeitet das Schwarze Loch also

als eine Art kosmischer Verstärker. Wie die Lautsprecher einer Stereoanlage fängt es die eintreffenden Signale auf und verstärkt sie, indem es dem Prozeß Energie hinzufügt. Da die zusätzliche Energie aus der Rotationsenergie des Sternenrelikts stammt, können nur rotierende Schwarze Löcher diesen Verstärkungseffekt hervorbringen.

Der Wirkungsgrad der Superstrahlung als Energiequelle ist nicht sehr groß. Für eintreffende elektromagnetische Wellen beträgt der Verstärkungsfaktor nur 4,4 Prozent. Damit würde nur ein kleiner Energiebetrag vom Schwarzen Loch auf die austretenden Wellen übertragen werden. Doch läßt sich dieser Effekt auf 138 Prozent erhöhen, indem man sich der bislang wenig verstandenen Gravitationswellen bedient.

Selbst mit elektromagnetischer Strahlung läßt sich enorme Energie erzeugen, wenn man Superstrahlung mit einem intelligenten Verstärkungsverfahren verbindet, das sich einer großen reflektierenden Fläche bedient. Nehmen wir an, ein Schwarzes Loch ist vollständig von einem riesigen sphärischen Spiegel umgeben, der alle elektromagnetische Strahlung reflektiert. Dann werden elektromagnetische Wellen in das Loch zurückgeworfen, durch den Superstrahlungs-Effekt verstärkt und nach außen auf den Spiegel gestreut. Der Spiegel wiederum reflektiert die Wellen zum kollabierten Stern, wo sie abermals verstärkt werden. Nachdem sich dieser Prozeß zwischen Schwarzem Loch und Spiegel mehrfach wiederholt hat, hat sich die Intensität der Welle um einen beträchtlichen Betrag verstärkt.

Das kann nicht ewig so weitergehen. Mit jeder Reflexion wächst die Stärke weiter an, so daß ein immer größerer Strahlungsdruck entsteht, der sich schließlich in einer gewaltigen Explosion entlädt. Somit ist Seldowitschs Superstrahlungs-Hypothese ein Entwurf für eine Art «Gravitationsbombe», die weit stärker als jede Kernwaffe ist.

Wie in Kapitel drei erörtert, entweicht Schwarzen Löchern Energie. Nach Hawkings bemerkenswerter Theorie braucht ein Schwarzes Loch von einer Sonnenmasse 10^{66} Jahre, um seine gesamte Energie abzustrahlen. Nun sehen wir, daß dieses langsame Tröpfeln sich mit geeigneten Techniken enorm verstärken läßt. Mit Hilfe von Ballistik, Fusion, Akkretion oder Superstrahlung läßt sich ein beträchtlicher Teil der Energie eines Schwarzen Loches anzapfen und nutzen. Und statt astronomische Zeitspannen in Anspruch zu nehmen, können diese Prozesse in weit kürzerer Zeit ablaufen. Bei Vorrichtungen zur Verstärkung von Superstrahlung und Gravitationsbomben können die Ergebnisse sogar nach überraschend kurzer Zeit auftreten, möglicherweise sogar augenblicklich. Natürlich sind Schwarze Löcher unsichere Kantonisten: energiereich, instabil und häufig tödlich!

Wurmloch-Stollen

Schwarze Löcher sind kosmische Parias. Niemand, der seine fünf Sinne beisammen hat, würde sich in die brodelnden, kaustischen Mägen dieser Himmelsriesen hineinwagen. Man könnte also mit gutem Grund meinen, ihr Inneres sei auf immer jeder Erkundung entzogen.

Glücklicherweise gibt es kosmologische Endoskope, um die merkwürdigen Eingeweide dieser Geschöpfe zu untersuchen. Der »Vater der Theorie Weißer Löcher«, Igor Novikov, hat zusammen mit seinem Kollegen Valery Frolov ein einfallsreiches Verfahren zur Erkundung Schwarzer Löcher mit Hilfe befahrbarer Wurmloch-Korridore entwickelt. Dank ihrer Technik könnte es eines Tages möglich sein, sicher in Schwarze Löcher hinein- und wieder herauszufahren.

Novikov, einer der führenden russischen Theoretiker auf dem Gebiet Schwarzer Löcher und Wurmlöcher, wuchs während der grausamen Stalinzeit auf. In seiner Jugend war die gesamte Sowjetunion praktisch ein Schwarzes Loch: Ausreisen durften nur wenige Privilegierte, meist Parteikader. Als Kind erlebte Novikov die schweren Zeiten des Zweiten Weltkriegs und nach Kriegsende eine schlimme Hungersnot. Einige Jahre nach dem Krieg schrieb er sich als Physikstudent an der Moskauer Universität ein.

Bei der Arbeit an seiner Dissertation erlebte Novikov am eigenen Leibe, wie mühsam das Gebiet der allgemeinen Relativitätstheorie sein kann. Sein Doktorvater Professor Selmanov gab ihm eine außerordentlich langwierige und komplizierte Rechnung. Da ihm keinerlei Hilfe gewährt wurde, mußte Novikov sich mit Bleistift und Papier (Taschenrechner waren noch nicht erfunden) daran machen, sein künftiges Dissertationsproblem zu lösen. Am Ende bestand Novikov die Geduldsprobe, brauchte aber Hunderte von Stunden, um die Aufgabe zu lösen. Dieses harte Training bereitete ihn auf ein Leben voller mühsamer Rechnungen vor, in denen er sich mit den Problemen von Sternen, Galaxien, Weißen Löchern, Wurmlöchern und anderen kosmischen Objekten herumschlug.

Nach seiner Promotion begann Novikov eine lange Zusammenarbeit mit Seldowitsch. Außerdem nahm er einen äußerst fruchtbaren Dialog mit Kip Thorne auf. Unlängst haben Thorne und Novikov sich gemeinsam mit einigen schwierigen Problemen befahrbarer Wurmlöcher befaßt. Heute arbeitet Novikov eng mit seinem alten Freund vom Caltech zusammen, um einige Fragen zu untersuchen, die mit der Verwendung von Wurmlöchern als Zeitmaschinen zu tun haben (einem Aspekt, den ich im nächsten Kapitel erörtern werde). Thorne und Novikov hoffen, daß sie gemeinsam die Schwierigkeiten lösen können, auf die die Theorie einer Raumfahrt mittels Wurmlöchern gegenwärtig noch stößt.

Glücklicherweise hat das Ende des kalten Krieges bewirkt, daß diese sowjetisch-amerikanische und sowjetisch-europäische Zusammenarbeit weit unproblematischer als früher geworden ist (wenn russische Wissenschaftler es auch seit dem Zusammenbruch der Sowjetunion außerordentlich schwer haben, Mittel aufzutreiben). Im Rahmen eines wissenschaftlichen Austauschprogramms, das in den schlimmsten Zeiten des kalten Krieges praktisch unmöglich gewesen wäre, hat Novikovs Mitarbeiter Frolov längere Zeit am Theoretical Physics Institute der University of Minnesota verbracht. Gemeinsam haben Frolov und Novikov unlängst einen höchst interessanten Forschungsartikel veröffentlicht, in dem sie untersuchen, wie Schwarze Löcher und Wurmlöcher wechselwirken würden. Sie überlegen dort, was geschähe, wenn man eine Wurmloch-Passage so legen würde, daß eine ihrer Öffnungen durch eine externe Kraft sehr nahe am Ereignishorizont eines Schwarzen Loches festgehalten würde. Die zweite Öffnung könnte man in großer Entfernung vom Schwarzen Loch plazieren.

Die Autoren zeigen, daß eine solche Konfiguration höchst förderlich für die Energiegewinnung aus Schwarzen Löchern wäre. Die Strahlungswolke, die das Schwarze Loch in der turbulenten Zone nahe des Ereignishorizontes umgäbe, wäre eine sehr ergiebige Förderstelle für energiereiches Material (was auf einige jener Prozesse zurückginge, die ich bereits beschrieben habe). Diese Energie könnte ungehindert durch die Passage des Wurmlochs gelangen und so die zweite Öffnung zu einer sprudelnden Energiequelle machen.

Stellen wir uns jedoch vor, was geschehen würde, wenn die externe Kraft ausfiele, die die erste Öffnung in ihrer Position hält. Dann würde diese Wurmloch-Öffnung rasch in den dunklen Abgrund eintauchen und ungehindert durch den Ereignishorizont bis in jene geheimnisvolle Region fallen, die sich im Inneren des Schwarzen Loches entfaltet. Dabei würden Schwarzes Loch und Wurmloch eine merkwürdige Mischung bilden. Das resultierende Objekt wäre weder ein Sternentor noch eine Sackgasse, sondern ein eigenartiges Zwitterwesen beider Extreme.

Wenn man eine Wurmloch-Öffnung in einem Schwarzen Loch hätte, könnte man dessen Inneres inspizieren und erkunden. Tapfere Forschungsreisende wären in der Lage, durch den Ereignishorizont in das Schwarze Loch einzudringen und durch die Passage des Wurmloches zu entkommen. Wissenschaftler hätten die Möglichkeit, die ungewöhnlichen Gravitationseffekte des kollabierten Sterns eingehend zu untersuchen. Da Wurmloch-Verbindungen die Hoffnung auf Rettungsmissionen eröffnen würden, könnte man die Risiken, die mit Schwarzen Löchern verbunden sind, massiv vermindern und dafür sorgen, daß diese kollabierten Objekte weit weniger bedrohlich wären.

Nehmen wir an, ein vom Wege abgekommener Weltall-Wanderer geriete tatsächlich ins Innere eines solchen kosmischen Malstroms. Normalerweise gäbe es für ihn absolut kein Entkommen. Isolierte Schwarze Löcher mit Wurmloch-Tunneln haben all denen, die so unglücklich sind, sich in eine dieser schwarzen Himmelsfallen zu verirren, nichts als Isolationshaft und schließlich ein schreckliches Ende zu bieten.

Glücklicherweise wären in vielen Fällen mit Hilfe von Wurmloch-Verbindungen Rettungsaktionen im Inneren von Schwarzen Löchern möglich. Einem Astronauten, der versehentlich die Einweg-Grenze eines Schwarzen Loches passiert hätte, bliebe zumindest eine gewisse Hoffnung auf Rettung. Allerdings sind für einen solch kühnen Befreiungsversuch einige wichtige Vorbedingungen erforderlich: Erstens muß das Schwarze Loch so groß sein, daß eine hinlängliche Zeitspanne zwischen dem Eintauchen des Astronauten ins Schwarze Loch und dem endgültigen

Sturz in die zentrale Singularität vergeht. Sonst wäre jeder Rettungsversuch müßig, bliebe doch nicht genügend Zeit für seine erfolgreiche Durchführung. Zweitens muß die Rettungsmannschaft den unvorsichtigen Astronauten entdecken – sie kann nicht einfach abwarten, bis sie ein Notsignal vernimmt. Kein Signal des Astronauten kann sie erreichen, weil einem Schwarzen Loch nichts entkommen kann, noch nicht einmal eine Radiowelle. Drittens muß der Rettungstrupp sofort handeln: Die geringste Verzögerung würde den Erfolg des gesamten Unternehmens aufs Spiel setzen.

Diese Bedingungen vor Augen, wollen wir uns nun überlegen, wie eine solche Rettungsaktion aussehen könnte. Vor allem muß der Kommandant der Rettungsmannschaft davon unterrichtet werden, daß jemand in den schwarzen Abgrund gefallen ist. Dann dirigiert der Kommandant durch geeignete Steuermechanismen die Öffnung eines Wurmlochs derart, daß sie an der richtigen Stelle in den Ereignishorizont eintaucht. Dieser Steuervorgang läßt sich mit starken elektromagnetischen oder Gravitationsfeldern durchführen, die die Öffnung erfassen und sie zu einem Punkt in der Nähe des Horizontes ziehen. Dort taucht die Öffnung in das Schwarze Loch ein und «landet» ganz in der Nähe des in Not geratenen Menschen. So kann dieser ein Raumschiff in die Wurmloch-Öffnung steuern, dessen Passage durchfahren und weit fort im All auftauchen, von wo aus seiner Heimreise nichts mehr im Wege steht.

Wenn man eines Tages Wurmloch-Öffnungen auf diese Weise plazieren könnte, wären die Schwarzen Löcher gar nicht mehr so schwarz! Tatsächlich ließe sich mit den Verfahren, die Frolov und Novikov beschrieben haben, Material aus dem Inneren dieser Objekte in die Außenwelt befördern, womit eine weitere Methode zur Energiegewinnung aus Schwarzen Löchern zur Verfügung stünde. Für diese Form der Nutzung Schwarzer Löcher würde man lediglich ein Wurmloch brauchen, welches so ausgerichtet wäre, daß einer seiner Eingänge innerhalb des Ereignishorizontes läge. Damit ließe sich die Energie aus der zentralen Region des kollabierten Sterns abziehen – in die Öffnung des Wurmlochs hinein, durch seine Passage hindurch und schließlich zur zweiten Öffnung hinaus. Diese zweite Öffnung könnte man sich in jeden beliebigen Teil des Universums verlegen, so daß eine Energie-Pipeline überall dorthin entstünde, wo die Energie des Schwarzen Loches vonnöten wäre. Wenn die zweite Öffnung beispielsweise in der Nähe der Erde läge, dann wäre eine direkte Energieverbindung zwischen dem Schwarzen Loch und der Erde möglich, womit sich ihren Bewohnern eine gewaltige Energiequelle erschlösse.

Unbegrenzte Energie

Unbeschränkte Freizügigkeit, unbegrenzte Macht über die Natur und schrankenlose Kontrolle über das Schicksal sind drei der kühnsten Menschheitsträume. Wurmlöcher rücken sie in Reichweite der Wirklichkeit. Sie überwinden scheinbar unüberbrückbare Gräben, erschließen anscheinend unzugängliche Energiequellen und verändern offenbar schicksalhafte Abläufe (wie etwa den Sturz in den Ereignishorizont eines Schwarzen Loches). Leider sind Wurmloch-Passagen bislang rein theoretische Konstrukte. Doch angesichts der außerordentlichen Kreativität und des wissenschaftlichen Einfallsreichtums der Menschheit, ist es durchaus möglich, daß diese Erfindungen innerhalb der nächsten Jahrhunderte verfügbar werden. Dann werden Reisen durchs Universum so selbstverständlich sein wie heute Transatlantikflüge. Gewaltige Energien werden erschlossen werden, um eine neue Gesellschaft von unvorstellbarem Reichtum und einem Höchstmaß an Freizeit zu schaffen. Und schließlich werden sich, wie im nächsten Abschnitt zu sehen, auch Zeit und Schicksal dem kontrollierenden Zugriff der Menschheit nicht mehr entziehen können.

Wenn die Wurmlöcher eines Tages die Adern einer neuen transgalaktischen Zivilisation werden sollten, dann werden die Schwarzen Löcher das lebenspendende Blut liefern. Mit ihrer ungeheuren Fähigkeit zum Sammeln und Speichern von Energie und angesichts ihrer fast mit Sicherheit zu vermutenden Häufigkeit im Universum, werden diese kosmischen Hexenkessel einen gewaltigen Vorrat an kostbarer Energie bereitstellen. Zur Nutzung ihrer Energiereserven wäre lediglich eine Erschließungsmethode erforderlich. In diesem Kapitel habe ich mehrere theoretische Möglichkeiten beschrieben, die sich für eine solche Nutzung Schwarzer Löcher denken lassen: Man könnte die Energievorkommen außerhalb des Ereignishorizontes abbauen, die Drehung des Schwarzen Loches mit Hilfe einer ballistischen Methode verlangsamen und so seine Rotationsenergie gewinnen, Material in ein Schwarzes Loch schleudern und die resultierende Strahlung auffangen, die Superstrahlungs-Verstärkung eintreffender Wellen nutzen, die Schwarze Löcher leisten, und mit dem Verfahren von Frolov und Novikov die Öffnung eines Wurmlochs in den Ereignishorizont eintauchen lassen. Wenn es uns gelingt, eine oder mehrere dieser Methoden anzuwenden, werden Schwarze Löcher im nächsten Jahrtausend sehr wahrscheinlich praktisch unerschöpfliche Energien liefern.

Im Jahre 2500 vielleicht oder noch früher werden Expeditionen zur Erschließung Schwarzer Löcher in der Milchstraße zu Selbstverständlichkeiten geworden sein. Bewaffnet mit Karten aller Wurmloch-Verbindungen im Kosmos, werden die Energiesucher der Zukunft sich in der Weite des Alls auf die Suche nach jenem Stoff machen, auf den die technische Entwicklung künftiger Zivilisationen und die Ausbreitung der Menschheit angewiesen sein werden. Um ihre wertvolle Fracht aufzuspüren und zu bergen, werden sich diese kühnen Abenteurer in ein unvorstellbares Reich wagen, eine Welt, die sich jedem Blick entzieht und in der die ungeheure Gravitation alle Verhältnisse auf den Kopf stellt – kurzum, sie werden dem Schwarzen Loch zu Leibe rücken.

[illegible], auf den
die technische Entwicklung [illegible] und
die [illegible] der Menschheit [illegible] werden
[illegible]
[illegible]
[illegible]
und [illegible]
den Kopf [illegible]
zu Liebe [illegible]

7. KAPITEL
Die Zukunft war gestern

Dem Zeitfluß entronnen

Eines Tages werden wir mit Hilfe kosmischer Wurmlöcher oder anderer interstellarer Tore Breschen in die Barrieren schlagen, die uns heute noch an raschen Reisen durchs All hindern. Doch was ist mit jener anderen Zwangsjacke, die unsere Bemühungen um ein vollständiges Verständnis des Universums einengt: den verborgenen Beschränkungen, die uns die Zeit selbst auferlegt? Die «Kraft» der Zeit reißt uns fort auf eine Reise entlang der vierten Dimension des Universums, die nur eine Richtung kennt. Während uns auf räumlichen Bahnen die freie Bewegung möglich ist, scheint uns gleiches in der Zeit merkwürdigerweise verwehrt zu sein. Dennoch geht aus Einsteins Relativitätstheorie offensichtlich eine weitreichende *Äquivalenz* zwischen Raum und Zeit hervor. Wenn also unbeschränkte Raumreisen möglich sind, müßte dies auch für die Bewegung durch die Zeit gelten. Deshalb spricht einiges dafür, daß die Raumfahrttechniken, die man im bevorstehenden Zeitalter interstellarer Reisen entwickeln wird, auch die Voraussetzungen für ungehinderte Zeitreisen schaffen werden.

Die Möglichkeit, durch die Zeit in die Vergangenheit oder in die Zukunft zu gelangen, gehört zu den ältesten Menschheitsträumen. Wir betrachten bestimmte historische Ereignisse und fragen uns, was geschähe, wenn sie durch jemanden verändert würden, der sich, mit entscheidenden Informationen über diese Ereignisse versehen, aus der Gegenwart in die betreffende Epoche begeben könnte. Beispielsweise wäre die Überlegung höchst interessant, ob das Chaos nach dem amerikanischen Bürgerkrieg unverändert eingetreten wäre, wenn man Lincolns Ermordung hätte verhindern können. Hätte ein Zeitreisender, ausgerüstet mit genauer Kenntnis der Attentatsumstände, John Wilkes Booth gewaltsam daran gehindert, das Ford Theater zu betreten, wäre es dann unter der Führung Lincolns rascher gelungen, die Wunden des Bürgerkriegs zu heilen?

Was wäre gewesen, wenn die Mörder von Martin Luther King, den Kennedy-Brüdern, John Lennon und Olof Palme von Zeitreisenden an ihrem Tun gehindert worden wären? Wäre die Welt heute friedlicher? Oder nehmen wir an, Hitler, Stalin, Idi Amin und Pol Pot wären abgesetzt oder beseitigt worden, bevor sie ihre Terrorherrschaften hätten antreten können. Vielleicht hätte man Millionen Leben retten können, unter anderem das hervorragender Dichter, Erfinder und anderer schöpferischer Menschen, so daß unsere Kultur heute sehr viel reicher wäre. Könnte eine exakte und gut überlegte Veränderung der Geschichte eine vernünftigere und glücklichere Gesellschaft hervorbringen?

Angesichts der Faszination, die diese Fragen hervorrufen, kann es nicht verwundern, daß sich zahlreiche Kurzgeschichten, Romane, Fernsehserien und Filme mit den Konsequenzen solcher Zeitreisen beschäftigt haben. Geschichten über kühne Forschungsreisende, die aus dem Zeitfluß hinaustreten, um sich in die Vergangenheit oder Zukunft der Erde zu begeben, gelingt es immer wieder, unsere Phantasie gefangenzunehmen. Parallel zur Entwicklung der modernen Technik, die Hunderte von wundersamen Erfindungen in unsere Wohnzimmer gebracht hat, ist das öffentliche Interesse an Zeitmaschinen ständig gewachsen.

Obwohl das öffentliche Interesse an Geschichten über Zeitreisen erst im letzten Jahrhundert so richtig erwacht ist, gibt es Erzählungen dieser Art fast schon so lange wie die amerikanische Nation. Eine der ältesten amerikanischen Geschichten, *Rip Van Winkle* von Washington Irving, ist der Bericht über eine unglückliche Reise durch die Zeit. In dieser berühmten Erzählung fällt Van Winkle in einen tiefen Schlaf und stellt beim Erwachen fest, daß alle seine Freunde und Angehörigen bis zur Unkenntlichkeit gealtert sind, und findet dann zu seinem Entsetzen heraus, daß er nicht in seine Jugend zurückkehren kann. Eine zweite populäre Erzählung, *Ein Rückblick aus dem Jahr 2000*, stammt aus der Feder von Edward Bellamy und ist wesentlich erfreulicher. Dort schläft ein Bostoner Bürger in einem schalldichten Gewölbe ein, um hundert Jahre später in einer utopischen sozialistischen Gesellschaft aufzuwachen. In Mark Twains Erzählung *Ein Yankee am Hofe des Königs Artus* wird ein anderer Bewohner New Englands – dieses Mal durch einen Schlag auf den Kopf – in das England König Artus' entführt.

In allen diesen frühen Beispielen findet die zeitliche Entrückung nicht auf mechanische Weise statt, sondern durch Körper- und Bewußtseinsereignisse wie Schlaf oder Ohnmacht. Diese Vorgänge haben Ähnlichkeit mit den in Kapitel eins beschriebenen Methoden des Kälteschlafs. Schlafende Entdeckungsreisende verlassen den Zeitfluß nicht wirklich. Sie verlieren nur für ein längeres Intervall das Bewußtsein und *merken nicht*, daß die Zeit verstreicht.

Dagegen würde eine Zeitmaschine dem Wagemutigen erlauben, bewußt aus dem Fluß der Zeit zu steigen und zu einem frei gewählten Augenblick wieder in ihn einzutauchen. Hunderte von Science-fiction-Erzählungen haben Reisen dieser Art eingehend beschrieben, wobei in bezug auf die verwendeten Apparate der Phantasie keine Grenzen gesetzt sind – von abgewandelten Fahrrädern und Autos bis hin zu Telefonzellen und völlig neu ersonnenen Fahrzeugen. In jeder Geschichte wird eine Methode vorgeschlagen, mit deren Hilfe sich die Verbindungen zwischen menschlicher und physikalischer (Uhren-)Zeit vorübergehend aufheben läßt.

Die erste Geschichte über einen Zeitreiseapparat hat 1881 Edward Page Mitchell, ein Redakteur der *New York Sun*, veröffentlicht. Seine Erzählung mit dem Titel *The Clock That Went Backward* blieb praktisch unbekannt, bis sie 1973 neu aufgelegt wurde.

Erst 1895 wurde mit H. G. Wells' Novelle *Die Zeitmaschine* die Science-fiction-Gattung der Zeitreise geboren. Dieser Kurzroman, ein höchst origineller Versuch über das Thema, was mit einem Menschen geschähe, wenn er weit in die Zukunft reisen und sicher zurückkehren könnte, trug seinem Verfasser viel Beifall ein. Später zu zwei abendfüllenden Spielfilmen verarbeitet, beflügelte diese Erzählung die Phantasie des Publikums in außergewöhnlicher Weise.

Wells' Geschichte beginnt mit einem abendlichen Gespräch über die Natur von Raum und Zeit. Der Wortführer dieser Unterhaltung, den der Leser nur als der «Zeitreisende» kennenlernt, erläutert, daß man räumliche Abstände und zeitliche Intervalle als Bestandteile eines gemeinsamen vierdimensionalen Gebildes betrachten müsse. Drei Dimensionen seien für die drei Richtungen räumlicher Bewegungen zuständig, während die vierte die Zeit sei. Diese Bestandteile, so der Zeitreisende, sind an sich völlig gleich und lassen sich nur dadurch unterscheiden, daß für menschliches Erleben die Zeit nur in eine Richtung abläuft. Dazu der Zeitreisende: «Es gibt keinen Unterschied zwischen der Zeit und einer der drei Dimensionen des Raumes, abgesehen davon, daß sich unser Bewußtsein entlang der Zeitlinie bewegt... Die Wissenschaft... weiß sehr gut, daß die Zeit nur eine Spielart des Raumes ist.»

Dann legt der Zeitreisende dar, wie sich durch eine entsprechend konstruierte Maschine Bewegung in der Zeit ermöglichen läßt. Zur Überraschung seiner Gäste erklärt er anschließend, er habe tatsächlich einen solchen Apparat gebaut. Daraufhin besteigt er seine Maschine und reist in die Zukunft, wo er eine Gesellschaft vorfindet, die sich von der unseren radikal unterscheidet. Als er wenige Minuten nach seinem Aufbruch ins 19. Jahrhundert zurückkehrt, hat er damit den Beweis erbracht, daß tatsächlich eine kontrollierte Bewegung in der Zeit möglich ist.

Inzwischen sind Geschichten über Zeitmaschinen zum festen Bestandteil der Science-fiction-Literatur unserer Zeit geworden. Zahllose Autoren, von Ray Bradbury bis Robert Heinlein, haben solche Erzählungen geschrieben und sich mit den Konsequenzen dieser ungewöhnlichen Reiseart auseinandergesetzt. In der Erzählung *Das Ende der Ewigkeit* von Isaac Asimov entwickelt beispielsweise eine zukünftige Zivilisation mit einer Art «Kessel» das Mittel zur Erforschung der Zeitalter. Wenn man die Steuermechanismen dieses Apparates geeignet programmiert, kann man sich in das Jahrhundert seiner Wahl befördern. Eine Elitegruppe, die Eternals, verfügt über die Maschine und kontrolliert mit ihrer Hilfe die Geschichte, das heißt, sie manipuliert historische Ereignisse so, daß sie ihren Zwecken dienen. Am Ende wird ihre Gesellschaft durch eine historische Intervention zerstört, die verhindert, daß die Organisation der Eternals überhaupt gegründet werden kann.

In Ian Watsons Erzählung *Die sehr langsame Zeitmaschine* beobachten Wissenschaftler einen Mann, der sich verhält, als hätte sich die Richtung seiner persönlichen Uhr umgekehrt, das heißt, als ginge sie rückwärts in der Zeit. Es stellt sich heraus, daß er aus der Zukunft kommt und sich rückwärts in der Zeit bewegt, um sich schließlich noch weiter in die Zukunft zu «katapultieren». Die Zeitmaschine ist so konstruiert, daß der Benutzer einen kurzen Augenblick der Zeitumkehrung durchleben muß, um in die Zukunft gelangen zu können. Mit anderen Worten, wir haben es hier mit einer Art Slingshot-Effekt für Zeitreisen zu tun.

In seinem Roman *Sturm der Zeit* schildert Gordon Dickson eine Katastrophe besonderer Art: Eine Art «Zeitbeben» unterbricht die Kontinuität des irdischen Zeitsystems. In den Zeitschichten öffnen sich Risse und Spalten, so daß historische Augenblicke zu verschiedenen Zeiten an verschiedenen Orten erlebt werden. Infolgedessen gibt es in einem Gebiet auf der Erde Höhlenmenschen, während in einem anderen Bereich Zeitgenossen leben und in einer dritten Region Außerirdische aus der Zukunft anzutreffen sind. Man braucht sich nur von einem Ort zu einem anderen zu begeben, um durch die Zeit zu reisen. So fungieren normale Fahrzeuge als Zeitmaschinen.

In der jüngst erschienenen Erzählung *The Toynbee Convector* hat sich Ray Bradbury einen sehr schlauen Zeitmaschinen-Schwindel ausgedacht. Im Jahre 1985 behauptet ein Mann fälschlich, er sei mit einer Zeitmaschine aus einer friedlichen, von aller Not befreiten Zukunft zurückgekehrt. Da er seine Behauptung anscheinend dokumentarisch belegen kann, vermag sich die Gesellschaft dem Einfluß seiner Schilderungen nicht zu entziehen: Optimismus macht sich breit, und mit vereinten Kräften schickt sich die Menschheit an, Utopia zu erschaffen. So wird der Traum des Mannes zur sich selbst erfüllenden Prophezeiung: Die ideale Welt der Zukunft wird von den Menschen der Gegenwart erbaut. Als sie feststellen, daß der Mann sie getäuscht hat, ist es zu spät. Die Welt hat sich so zu ihrem Vorteil verändert, daß man sie nicht mehr wiedererkennt.

Zahlreiche Fernsehserien und Filme haben das Thema aufgegriffen. In der Fernsehserie *Time Tunnel* aus den sechziger Jahren fallen die unglücklichen Opfer eines mißglückten Experimentes aus einer geschichtlichen Epoche in die andere. In jedem Zeitalter erleben sie entscheidende historische Ereignisse, ohne Einfluß auf sie nehmen zu können. (Diese Bedingung gilt auch für die jüngere Serie *Quantum Leap*.) Die beliebteste englische Science-fiction-Serie aller Zeiten, *Dr. Who*, beruht auf der Voraussetzung, daß ihr Protagonist mittels einer speziell präparierten Notrufzelle durch Zeit (und Raum) reisen kann. In der überaus erfolgreichen Fernseh- und Filmserie *Raumschiff Enterprise* gehört die Zeitreise zum Repertoire. In einer Episode der Fernsehserie gelangen die Helden beispielsweise in eine Bücherei mit einer umfangreichen Sammlung von Videobändern. Um in eine beliebige historische Epoche zu gelangen, brauchen sie nur das entsprechende Band der Sammlung auszuwählen und durch ein Spezialtor zu treten.

Schließlich gibt es noch die amüsanten Filme *Bill und Teds verrückte Reise* und *Zurück in die Zukunft*, die jüngst in den Kinos gelaufen sind und in denen junge Burschen von verrückten Wissenschaftlern in andere Zeiten versetzt werden, wo aufregende Abenteuer auf sie warten. Am eigenen Leibe erfahren sie, zu welchen Mißverständnissen es kommt, wenn zwei verschiedene Epochen sich begegnen und ihre grundverschiedenen Sitten und Bräuche aufeinanderprallen.

Zeit und Relativitätstheorie

Natürlich ist die Vorstellung aufregend, nach Belieben in die Vergangenheit oder Zukunft reisen zu können. Es fragt sich allerdings, ob sie sich verwirklichen läßt. Zwar reisen wir alle mit einem Tempo von vierundzwanzig Stunden pro Tag in die Zukunft, doch diese triviale Form der Zeitreise ist kaum dazu angetan, unsere weiterreichenden Wünsche zu befriedigen. Wir möchten den Gang unserer Uhren beschleunigen oder umkehren – mit anderen Worten, die Zwangsjacke zeitlicher Gleichförmigkeit abwerfen.

Erstaunlicherweise scheinen Zeitreisen mit Hilfe speziell konstruierter Wurmlöcher möglich zu sein, vorausgesetzt, es werden tatsächlich Verfahren zur Wurmloch-Herstellung entwickelt. Morris, Thorne und ihr Kollege Ulvi Yurtsever haben unlängst in einer theoretischen Arbeit gezeigt, wie man Wurmloch-Korridore für Zeitreisen nutzen könnte, das heißt, wie es möglich wäre, die Vergangenheit oder Zukunft mit Raumschiffen zu erreichen. Bevor ich ihr Modell erörtere, möchte ich jedoch noch kurz auf andere wissenschaftliche Vorschläge für Reisen durch die Zeit eingehen.

Die moderne Physik liefert uns viele Entwürfe für Zeitreisen, viele Möglichkeiten, die Dauer zu verformen und gleichzeitige Ereignisse asynchron werden zu lassen. Diese Ideen werden aus Einsteins Relativitätstheorie abgeleitet und fortlaufend überarbeitet, sobald neue Informationen verfügbar sind.

In Kapitel zwei haben wir gesehen, daß die spezielle Relativitätstheorie ein einfaches Mittel zur Zeitdilatation beschreibt: Eine Bewegung nahe der Lichtgeschwindigkeit verlangsamt die Uhren von Objekten relativ zu denen eines unbewegten Beobachters. Folglich sagt diese bemerkenswerte Theorie vorher, daß Reisen in die Zukunft durchaus möglich sind, wenn wir die technischen Voraussetzungen für Raumfahrten mit hoher Geschwindigkeit schaffen. Wer in der Zeit vorwärts reisen möchte, braucht «nur» ein Raumschiff zu besteigen, das schnell genug fährt, und zurückzukehren, sobald genügend Erdzeit verstrichen ist.

Welche praktischen Auswirkungen hätten Zeitreisen in die Zukunft? Unter anderem würden sie Gaunern interessante Möglichkeiten eröffnen. So könnte ein Dieb Geld auf ein Konto einzahlen, ein Raumschiff stehlen und dieses dann dazu benutzen, in die Zukunft zu reisen und die Zinsen einzustreichen. Dieses Szenario wäre absolut realistisch, wenn Reisen nahe der Lichtgeschwindigkeit möglich wären. Der Dieb zahlt also tausend Dollar auf das Nummernkonto einer absolut verschwiegenen Schweizer Bank, wo er, sagen wir, zehn Prozent Jahreszins erhält. Dann benutzt er seine beruflichen Fertigkeiten, um in ein Raumfahrtzentrum einzubrechen und eines der Fahrzeuge zu stehlen. Sobald er abgehoben hat, stellt er die Geschwindigkeitsregler auf 99,99 Prozent der Lichtgeschwindigkeit ein und zischt ins All davon. Nun bleibt er drei Jahre nach der Uhrzeit seines Schiffes (und seiner eigenen) im Weltraum, bevor er zur Erde zurückkehrt.

Bei der Landung auf der Erde stellt der Dieb fest, daß sich enorme Veränderungen vollzogen haben. Obwohl er sich nur drei Jahre älter fühlt und auch so aussieht, stellt er fest, daß seit seinem Aufbruch zweihundert Jahre Erdzeit vergangen sind. Keiner von den Menschen, die er vor seinem Aufbruch gekannt hat, ist noch am Leben. Zweitens erfährt er, daß er dank der Zinsen, die auf seinem Konto aufgelaufen sind, außerordentlich reich geworden ist. Die 1000 Dollar, die er dort eingezahlt hat, sind auf annähernd 200 Milliarden Dollar angewachsen. Für die drei Jahre seines Lebens, die er im All verbracht hat, erhält er das fast Zweihundertmillionenfache seiner ursprünglichen Investition.

Das Beispiel zeigt nur eine der vielen Möglichkeiten, die uns Zeitreisen in die Zukunft eröffnen, sobald es uns gelingt, Geschwindigkeiten nahe der des Lichtes zu erzielen. Ein Entdeckungsreisender könnte buchstäblich alles tun, was den beschleunigten Eintritt in die Zukunft zur Voraussetzung hätte. Nach der speziellen Relativitätstheorie dürfte es mit einem extrem schnellen Beförderungssystem keine Schwierigkeiten bereiten, den Gang der eigenen inneren Uhr relativ zu einer äußeren Uhr zu verändern.

Praktisch müßte man natürlich eine Möglichkeit finden, mit Raumschiffen solche Geschwindigkeiten zu erzielen, doch theoretisch stehen diesen Bemühungen keine unüberwindlichen Hindernisse im Wege.

Weit mehr Probleme stellen sich hingegen bei rückwärts gerichteten Zeitreisen. Während die spezielle Relativitätstheorie für Objekte, die sich nahe der Lichtgeschwindigkeit bewegen, Reisen in die Zukunft zuläßt, scheint sie Abstecher in die Vergangenheit auszuschließen. Um nach dem relativistischen Prinzip der Zeitdilatation die Richtung des Erlebnisstroms eines Beobachters umzukehren, müßten Geschwindigkeiten erzielt werden, die höher als die des Lichtes wären. Das heißt, um in die Vergangenheit zu reisen, müßte man die von der speziellen Relativitätstheorie geltend gemachte Barriere der Lichtgeschwindigkeit durchbrechen. Mit den Worten eines bekannten Limericks (von A. H. Reginald Buller):

> There was a young lady named Bright
> Who travelled much faster than the light
> She started one day
> In the relative way
> And returned on the previous night.*

Normalerweise hält man es für unmöglich, daß Objekte sich rascher als das Licht bewegen. Warum ist das so? Wenn sich ein Stoff schneller als das Licht bewegen könnte, wäre er in eine Wechselwirkung einbezogen, die gegen die *Kausalität* verstieße, das Prinzip, nach dem die Ursache der Wirkung vorangeht.

Um zu verstehen, warum Bewegungen mit Überlichtgeschwindigkeiten problematisch wären, wollen wir uns vorstellen, was geschähe, wenn man eine Frisbee-Scheibe mit

* Es war mal eine junge Dame namens Bright,/die war viel schneller als das Licht./Eines Tages brach sie auf,/nach relativistischer Weise,/und kehrte in der vorhergehenden Nacht zurück.

dieser Eigenschaft entwickeln würde. Sie soll, einmal abgeworfen, mit zehnfacher Lichtgeschwindigkeit durch die Luft segeln.

Überlegen wir nun, wie ein Frisbee-Spiel zwischen zwei Spielerinnen, Sandy und Mandy, aussähe, die hundert Meter voneinander entfernt stünden. Der Spielbericht ist einfach: Sandy wirft Mandy die Frisbee-Scheibe zu, die sie einen Augenblick später auffängt. Natürlich geht aus dieser Beschreibung hervor, daß Sandys Handlung die Ursache für den Flug der Scheibe und daß Mandys Handlung die Wirkung ist.

Betrachten wir aber nun, wie Mandy diese Situation *erschiene*: Da die Frisbee-Scheibe sich schneller als das Licht bewegt, erreichen die von ihr reflektierten Lichtsignale Mandy später als die Scheibe selbst. Deshalb hat sie zuerst physischen Kontakt mit der Scheibe, das heißt, sie fängt sie. Dann sieht sie die Scheibe unmittelbar vor sich, kurz bevor sie sie fängt. Anschließend scheint sich das Spielgerät fünfundzwanzig Meter entfernt zu befinden, dann fünfzig und fünfundsiebzig Meter. Schließlich sieht Mandy, wie Sandy die Frisbee-Scheibe wirft. Folglich erscheint Mandy die Reihenfolge der Ereignisse zeitverkehrt. Offenbar liegt ein Verstoß gegen das Kausalitätsprinzip vor, denn die Ursache folgt der Wirkung.

Welche Ereignisfolge wäre die richtige: diejenige, die Mandy wahrnähme, oder diejenige, die uns die Vernunft vorschreibt? Das ist ein echtes Paradoxon, hervorgebracht durch die Natur des Lichtes und der Kommunikation. Alles, was die Geschwindigkeit des Lichtes überträfe, würde natürlich seinen Bestimmungsort vor dem Lichtsignal erreichen. Lange nachdem das Objekt selbst eingetroffen wäre, kämen also die Signale aus der Vergangenheit an, so daß das Bild einer Rückwärtsbewegung in der Zeit entstünde. Während aus der Perspektive des Objektes die Zeit vorwärts abliefe, würden alle externen Signale den gegenteiligen Schluß nahelegen: Die Wirklichkeit und ihr Abbild stünden in krassem Widerspruch zueinander.

Warum können wir nicht einfach annehmen, die in der Zeit rückwärts ablaufende Ereignisfolge sei die richtige? Warum akzeptieren wir nicht die visuelle Illusion der umgekehrten Bewegung als die zutreffende Wiedergabe der Wirklichkeit – den Eindruck also, die Scheibe wäre von Mandy zu Sandy geflogen?

Eine einfache Gedankenübung zeigt, daß dies offensichtlich nicht der Fall gewesen sein könnte. Nehmen wir an, Sandy hat ihren Namen auf die Scheibe geschrieben, bevor sie sie abgeworfen hat. Dann ist klar, daß Sandy und nicht Mandy die Scheibe zuerst in der Hand gehalten hat, denn beide Frauen erklären übereinstimmend, daß die Unterschrift von Sandy und nicht von Mandy stammt. Damit steht eindeutig fest, daß Sandy die Ursache des Scheibenwurfes und Mandys Auffangen die Wirkung ist. Folglich ist unsere paradoxe Schlußfolgerung bestätigt: daß nämlich die Wirkung (das Auffangen der mit Sandys Namenszug versehenen Frisbee-Scheibe) der Ursache vorausgegangen zu sein *scheint*, tatsächlich aber der Ursache gefolgt ist.

Die Widersprüche, die Kommunikationsprozessen mit Überlichtgeschwindigkeit innewohnen, zeigen sich besonders deutlich, wenn man sich näher mit den *Tachyonen* beschäftigt, hypothetischen Teilchen, die sich «superluminal» (schneller als das Licht) fortbewegen. In den sechziger Jahren war das theoretische wie experimentelle Interesse groß, diese Teilchen zu entdecken. Da die Relativitätstheorie derartige Objekte nicht ausschließt, hielt man ihre Existenz für durchaus möglich. Leider blieb ein Experiment nach dem anderen erfolglos: Man fand keine Teilchen, die sich mit Überlichtgeschwindigkeit fortbewegten.

Auch theoretisch ergaben sich Probleme mit den Tachyonen. In dem einflußreichen Forschungsaufsatz *The Ta-*

chyonic Antitelephone zeigten G. Benford, D. Book und W. Newcomb von der University of California in Livermore, daß die Verwendung von Tachyonen für Kommunikationszwecke zu Kausalitätsverstößen und logischen Widersprüchen führen würde. Benford, Book und Newcomb beriefen sich auf einen Ansatz aus dem Jahre 1917, das sogenannte Tolman-Paradox, wonach die Existenz von Signalen, die schneller als das Licht wären, zur Kommunikation mit der Vergangenheit führen müßte. Das heißt, man erhielte eine Art «Antitelefon». Mit Hilfe eines solchen Apparates könnte also ein Fernsprechteilnehmer dem anderen eine Nachricht in dessen Vergangenheit schicken.

In ihrem Artikel geben die Autoren ein Beispiel dafür, wie man ein solches Antitelefon benutzen könnte, und führen damit vor Augen, welche philosophischen Probleme es aufwürfe. In ihrem Gedankenexperiment unterhalten sich William Shakespeare und Francis Bacon am Antitelefon. Das Drama (oder sollte ich sagen: das Antidrama?) beginnt mit der ersten Niederschrift des *Hamlet* durch Shakespeare. In dem Wunsch, sein Meisterwerk von einer verwandten Seele lesen zu lassen, schickt der Dichter das Manuskript per Tachyonen-Übermittler an Bacon. Da dies mittels Antitelefon erfolgt, erhält Bacon die Nachricht zu einem früheren Zeitpunkt und kann das Stück lesen, bevor es geschrieben worden ist! Deshalb behauptet er, Autor des Werkes zu sein.

Wer ist nun der wirkliche Autor des Stückes, Shakespeare oder Bacon? Einerseits ist richtig, daß Bacon das Originalexemplar des *Hamlet* besitzt, bevor Shakespeare es verfaßt hat. Andererseits gib es keinen Zweifel daran, daß Shakespeare den *Hamlet* geschrieben hat. In dem Werk drücken sich sein besonderer Stil und seine Eigenart aus, und es ist sogar in seiner Handschrift verfaßt. Damit tritt, wie im oben beschriebenen Frisbee-Beispiel, die Ursache für die Entstehung des *Hamlet* (die Niederschrift durch Shakespeare) später ein als die Wirkung (die Lektüre durch Bacon). So erscheinen befremdlicherweise Ursache und Wirkung für außenstehende Beobachter in umgekehrter zeitlicher Reihenfolge. Das ist ein höchst verwirrendes Dilemma.

Noch größer wird das Problem, wenn man mehrere voneinander abhängige Nachrichten betrachtet, die in zeitlicher Umkehrung übermittelt werden. Nehmen wir beispielsweise an, Abe und Gabe, zwei Funker, besitzen beide Antitelefone, die Nachrichten eine Stunde in die Zeit zurück senden können. Sie gehen folgende verbindliche Vereinbarung ein: Erstens, Abe sendet eine Nachricht um drei Uhr, wenn und nur wenn er *keine* um ein Uhr erhält. Zweitens, Gabe sendet eine Nachricht kurz nach zwei, wenn und nur wenn er eine von Abe um zwei Uhr erhält. Die Frage lautet: Schickt Gabe eine Nachricht ab oder nicht?

Das Paradoxon ist klar: Der Nachrichtenaustausch findet statt, wenn und nur wenn er nicht stattfindet. Unlösbare logische Widersprüche dieser Art lassen darauf schließen, daß die Verwendung von Tachyonen im Nachrichtenwesen zumindest als höchst problematisch anzusehen ist.

Infolge der Paradoxa, die mit Überlichtgeschwindigkeiten verknüpft sind, ist unklar, ob Zeitreisen und zeitverkehrte Nachrichtenübertragung mit dieser Methode möglich sind. Man hat noch andere Verfahren für Zeitreisen vorgeschlagen, die ebenfalls von Einsteins Relativitätstheorie ausgehen, aber einige theoretische Probleme zu vermeiden scheinen, die dem Konzept der Tachyonen innewohnen. Dazu gehören einerseits die Methoden, die von den kosmologischen Modellen Gödels, Tiplers und Gotts ausgehen, und andererseits die Verfahren, die auf die Theorie der Schwarzen Löcher und der Wurmlöcher zurückgreifen.

Kurt Gödel gilt als einer der größten Mathematiker des 20. Jahrhunderts und ist vor allem bekannt wegen seines berühmten Unvollständigkeitssatzes, der zeigt, daß alle logischen Systeme entweder nicht vollständig oder nicht schlüssig sind. Doch Gödel beschäftigte sich auch mit vielen anderen Gebieten, unter anderem dem der Kosmologie. 1949, nachdem er Einsteins Gleichungen der allgemeinen Relativitätstheorie eingehend untersucht hatte, fand er eine Lösung, derzufolge sich eine Reihe von Universummodellen in Rotation befinden. Da es nach allen astronomischen Messungen unwahrscheinlich ist, daß unser Universum rotiert, bleibt unklar, was Gödels Modelle genau beschreiben. Andererseits ist Einsteins Theorie so erfolgreich, daß jede ihrer Lösungen als Beitrag zu einem besseren Verständnis der Kosmologie ernsthaft in Betracht gezogen werden muß.

Interessant ist, was die Existenz der Gödelschen Lösung für das Wesen von Zeitreisen bedeutet. Im Gegensatz zum nichtrotierenden Friedman-Robertson-Walker-Modell (FRW-Modell), dessen man sich meist bedient, um die Urknalltheorie des Kosmos zu beschreiben, läßt Gödels rotierendes Universummodell den Schluß zu, daß man zu jedem beliebigen Punkt in der Vergangenheit oder Zukunft der Welt reisen kann. Damit beschreibt das rotierende kosmologische Modell eine Art «universeller Zeitmaschine», bei der der Kosmos selbst zu der Vorrichtung wird, die den Reisenden von einer Epoche in die andere befördert. So kann nach Gödels Modell die Raumfahrt selbst zur Zeitreise werden, ohne gegen die spezielle oder allgemeine Relativitätstheorie zu verstoßen.

Um in Gödels Universummodell durch die Zeit zu reisen, müßte man nur eine große kreisförmige Bahn senkrecht zur Rotationsachse des Modells beschreiben. Der Radius dieser Bahn muß einen bestimmten Mindestwert überschreiten, der von der Rotationsgeschwindigkeit des

Universums abhängt. Auf dieser Route bewirkt die Rotation der Materie im Universum, daß sich die Richtungen von Raum und Zeit verdrehen, so daß sich Zeitreisen als normale Raumreisen durchführen lassen. Die Fortsetzung der zyklischen Bewegung um die Achse dieses Modells würde aus einer einfachen Reise durch den Raum zugleich eine Reise in die Vergangenheit oder Zukunft des Astronauten machen.

Um Zeitreisen zu ermöglichen, muß Gödels Modell eine bestimmte Rotationsgeschwindigkeit überschreiten, denn die Zentrifugalkraft des Universums muß groß genug sein, um die Gravitationskraft der in ihm enthaltenen Materie auszugleichen. So wie wir gegenwärtig die Dichte des Universums einschätzen, besäße dieses Modell eine Umdrehungszeit von 70 Milliarden Jahren – die Zeitspanne, die das Universum brauchen würde, um sich einmal vollständig zu drehen.

Bei einem Universum, das mit dieser Geschwindigkeit rotieren würde, hätte die Kreisbahn, die man durchmessen müßte, um in die eigene Vergangenheit oder Zukunft zu gelangen, eine Länge von ungefähr 100 Milliarden Lichtjahren. Das ist eine gewaltige Entfernung: einemillionmal so breit wie die Milchstraße. Tatsächlich haben eingehende Berechnungen ergeben, daß unser Universum bei dieser Rotationsrate zu klein für solche Reisen wäre, von ihrer Durchführbarkeit ganz zu schweigen. Um die für Zeitreisen zurückzulegende Entfernung auf ein vernünftiges Maß zu reduzieren, müßte das Universum weit schneller rotieren.

Befindet sich unser eigenes Universum in der Rotation, die für Zeitreisen Gödelscher Art erforderlich ist? Offenbar nicht – Rotationen dieser Größenordnung würden erkennbare Effekte hervorrufen, von denen keiner je gemessen wurde. Wenn der Kosmos sich drehen würde, gäbe es vor allen Dingen eine *Anisotropie* (eine richtungsabhängige

Verteilung) in der Hintergrundstrahlung, die vom Urknall übriggeblieben ist: Mit anderen Worten, das Licht, das aus der Urexplosion des Universums stammt, würde in verschiedenen Richtungen verschieden stark erscheinen. Doch da eine solche Anisotropie nicht beobachtet worden ist, scheint es keine wesentliche Rotation zu geben.

Offensichtlich dreht sich unser eigenes Universum nicht und deshalb stellt sich die Frage, welche physikalische Bedeutung Gödels Rotationsmodell besitzt. Dagegen beruht ein jüngeres Zeitmaschinenmodell des Physikers Frank Tipler auf möglichen Strukturen in unserem eigenen Universum und hat deshalb realistischere Auswirkungen.

Tipler entwirft in seiner Hypothese einen massereichen unendlichen Zylinder, der derart rotiert, daß seine Oberfläche sich schneller bewegt als mit halber Lichtgeschwindigkeit. Da Einstein in der allgemeinen Relativitätstheorie voraussagt, die Masse verzerre die Raumzeit, müßte ein solches Objekt die Region in seiner Umgebung krümmen. Nahe des Zylinders wären Raum und Zeit extrem verdreht, ganz ähnlich einem Eierteig in der Nähe der rotierenden Spindel eines Mixers. In dieser Region wäre die Zeitachse so verändert, daß Astronauten den Zylinder nur im Uhrzeigersinn oder gegen ihn zu umkreisen brauchten, um in ihre Vergangenheit oder Zukunft zu reisen.

Nehmen wir an, man hätte Tiplers Zylinder gebaut (eine rein hypothetische Annahme, da sich ein unendliches Objekt nicht herstellen läßt). Wie könnte seine praktische Nutzung für Zeitreisen aussehen? Sagen wir, Tipler wollte Einstein treffen und kosmologische Fragen mit ihm erörtern. Da Einstein 1955 gestorben ist, wäre Tipler auf irgendein zeitliches Verkehrsmittel angewiesen, zum Beispiel seine eigene Vorrichtung, um dieses Rendezvous zustande zu bringen. So könnte er ein Raumschiff besteigen, ins All schießen, sich dem rotierenden Zylinder nähern, ihn mehrere Male in seiner Rotationsrichtung umkreisen und zur

Erde zurückkehren. Nach dem Eintreffen auf dem Heimatplaneten könnte er mit Professor Einstein zusammenkommen und ihm seine bemerkenswerte Zeitmaschine erklären.

Leider haben wir nur geringe Aussichten, Tiplers zylindrische Zeitmaschine zu finden oder zu bauen. An eine wirklich *unendliche* Vorrichtung ist natürlich nicht zu denken: Für sie wäre eine unendliche Materialmenge erforderlich. Dagegen wäre ein *endlicher* Zylinder, wie Tipler später herausfand, außerordentlich instabil und damit für Zeitreisen ungeeignet. Unabhängig von der Frage, ob sich Tiplers Maschine wirklich bauen ließe oder nicht, hat sie der Science-fiction-Autor Poul Anderson bereits in seinem Roman *The Atavar* verwendet.

1991 hat der Physiker J. Richard Gott von der Princeton University Zeitreisen mit Hilfe von kosmischen Strings vorgeschlagen. *Kosmische Strings* sind die hypothetischen filamentartigen Überreste riesiger Defekte in den vereinheitlichten Feldern, die einst das Universum bildeten. Nach den gültigen Modellen entstanden diese Strings, als die Felder in die Kräfte und Teilchen «zerfielen», die wir heute in der Natur antreffen. So sind also kosmische Strings «Sprünge» im Gefüge des Raumes, wie geologische Bruchlinien auf Verwerfungen in der Grundstruktur der Erdrinde schließen lassen. Man nimmt an, die kosmischen Strings hätten sich in der Textur des Universums «festgesetzt», als der ursprüngliche Feuerball zum Rest des Universums abkühlte.

Wenn es heute kosmische Strings geben sollte, wären sie trotz ihrer Dünnheit unglaublich massereich. Ihre Dichte, ein paar Hundert Billionen Tonnen pro Zentimeter Länge, würde die Bahn von Lichtstrahlen in ihrer Nachbarschaft krümmen. Dieser Effekt, der sich unmittelbar aus den Vorhersagen der allgemeinen Relativitätstheorie ergibt, würde auch den Zeitfluß in der Region verändern.

In einem Artikel in der angesehenen Zeitschrift *Physical Review Letters* beschreibt Gott zwei gerade kosmische Strings, die sich nicht überschneiden und sich mit Geschwindigkeiten, die der des Lichtes außerordentlich nahe kommen, in entgegengesetzte Richtung bewegen. Wie Gott in detaillierten Berechnungen nachweist, könnten Beobachter ihre eigene Vergangenheit einfach dadurch aufsuchen, daß sie das Stringpaar in einer riesigen Kreisbahn umrundeten. Die beiden kosmischen Strings hätten einen gewaltigen zeitlichen «Bumerang-Effekt» und würden Raumschiffe in der Zeit zurückschleudern.

Gotts Hypothese ist der Tiplerschen insofern überlegen, als kosmische Strings tatsächlich in der Natur vorkommen könnten, während unendliche rotierende Zylinder lediglich mathematische Abstraktionen sind. Allerdings sind auch kosmische Strings noch nicht nachgewiesen worden. Damit ist das Modell der kosmischen Strings noch spekulativer als neuere Theorien, die Schwarze Löcher und Quasare einbeziehen.

Mit ihrer Möglichkeit zu Zeitreisen in die Vergangenheit gestatten die Modelle von Gödel, Tipler und Gott Kausalitätsverstöße in Form von *geschlossenen zeitartigen Kurven* (CTGs nach englisch *closed timelike curves*). Wenn eine Raumregion eine CTG enthält, dann ist die Kommunikation mit der Vergangenheit aus einer Zeitperiode in eine frühere möglich, ohne gegen das lange gültige Verbot von Signalen zu verstoßen, die schneller als das Licht sind. Folglich können CTG-Lichtstrahlen sich selbst schneiden, indem sie in ihre eigene Vergangenheit reisen und dort auftauchen, wo sie zu einem früheren Zeitpunkt waren. Davon mehr im nächsten Kapitel.

Im Gegensatz zu Gödels, Tiplers und Gotts ziemlich abstrakten Modellen für Reisen durch die Zeit, ist die Hypothese von Zeitreisen mittels Schwarzer Löcher etwas fester in den astronomischen Beobachtungen verankert. Während Gödels Modell wahrscheinlich nicht unser eigenes Universum beschreibt, Tiplers Zylinder extrem instabil ist und Gotts Modell auf kosmischen Strings fußt, die noch nicht entdeckt worden sind, existieren Schwarze Löcher fast mit Sicherheit und nehmen gegenwärtig einen weit gesicherteren Platz in der Welt der Astrophysik ein.

In der folgenden Erörterung werde ich nicht auf die möglichen Auswirkungen einer Verbindung von Schwarzen Löchern und Wurmlöchern eingehen. Wie wir im vorigen Kapitel gesehen haben, werden Modelle vom Inneren Schwarzer Löcher weit komplizierter, sobald befahrbare Wurmlöcher ins Spiel kommen. Später werden wir uns mit den vielversprechenden Versuchen beschäftigen, Modelle von Zeitmaschinen zu entwickeln, die sich auf befahrbare Wurmlöcher selbst gründen.

Wir haben gesehen, daß sich die einfachste Form des Schwarzen Loches durch das Schwarzschild-Modell beschreiben läßt. Als man sich zum erstenmal darüber klar wurde, daß diese einfache Lösung der Einstein-Gleichungen eine Art kosmologischer Verbindung zwischen zwei Universen enthält, begann eine intensive Debatte über die physikalische Bedeutung solcher Verknüpfungen. Eines der Probleme, die in dieser Diskussion eine Rolle spielten, war die Frage, ob Zeitreisen mit Hilfe der seltsamen Raumzeitgeometrie des Modells möglich seien.

Heute, wo feststeht, daß die Schwarzschild-Lösung mit elektrisch neutralen, nichtrotierenden Schwarzen Löchern identisch ist, läßt sich die Frage wie folgt formulieren: Könnten Astronauten in ein solches dunkles Objekt durch die Einweg-Membran seines Ereignishorizontes eindringen, in der dort befindlichen Zone der Raumzeit-Inversion durch die Zeit reisen und dann durch ein anderes Schwarzes Loch entkommen, das in einem zweiten Universum (oder einem anderen Teil unseres eigenen Universums) liegt?

Diese Frage ist etwas schwierig, aber letztlich lautet die Antwort Nein. Es ist richtig, daß innerhalb des Ereignishorizontes jedes Schwarzen Loches eine Region der Raumzeit-Inversion liegt, wo die räumlichen und zeitlichen Koordinaten ihre Eigenschaften tauschen. Exakt formuliert, findet eine Rollenumkehrung in der Raumzeitmetrik statt: Die Raumkoordinaten wechseln von reellen zu imaginären Zahlen, während die Zeitkoordinaten von imaginären zu reellen Zahlen übergehen. Wenn das geschieht, dann tauschen Zeit und Raum die Rollen: Man kann sich frei in der Zeit bewegen, aber nicht im Raum.

Stellen wir uns einen Reisenden vor (und nennen wir ihn Ishmael), der die Einweg-Membran eines Schwarzen Loches durchquert. Wie oben geschildert, spürt er beim Eintritt keinen «Ruck». Er stellt nur fest, daß er sein Schiff nicht mehr wenden kann. Sobald er sich in dem Himmelsgiganten befindet, gelangt er in die Inversionszone: Für den Rest seiner Fahrt in die zentrale Singularität des Schwarzen Loches bleiben Raum und Zeit vertauscht. In dieser invertierten Region kann Ishmael, ganz anders als im «normalen» Kosmos, nach Herzenslust durch die Zeit reisen, wird aber in einer Bewegung, die nur eine Richtung kennt, unaufhaltsam durch den Raum gezogen. Den abschließenden Sturz in den alles zermalmenden Mittelpunkt kann Ishmael, sosehr er sich auch bemüht, nicht verhindern. In seinem Buch *Black Holes: The End of the Universe*? hat John Taylor diese Region «verkehrte Welt» genannt.

Man könnte meinen, daß Ishmael, da in der Inversionszone freie Zeitreisen möglich sind, dem schrecklichen

Sturz ins Zentrum dadurch entkommen kann, daß er entweder seine zeitliche Bewegung verlangsamt und an einem bestimmten Punkt der Zeit praktisch innehält oder sogar die Zeiger der Uhr rückwärts laufen läßt. Vielleicht auch möchte er Martin nacheifern, dem Helden in Robert Blochs Kurzgeschichte *Der Zug zur Hölle*, und die Zeit zum Innehalten zwingen.

In dieser Erzählung schließt der Landstreicher Martin einen faustischen Handel mit dem Fahrer des Zugs, der zur Hölle fährt. Martin erklärt sich einverstanden, nach seinem Tode in den Zug zu steigen, wenn er dafür eine ungewöhnliche Uhr erhält, mit der er die Zeit anhalten kann, wann immer es ihm gefällt. Er beschließt, einen Augenblick vollkommenen Glücks abzuwarten und dann mit Hilfe der Uhr dafür zu sorgen, daß er in alle Ewigkeit in diesem seligen Augenblick verweilen kann. Leider stirbt Martin, bevor er die Zeit anhalten kann, und als er zu sich kommt, befindet er sich in dem Zug, der zur Hölle fährt. Doch am Ende überlistet er den Teufel, indem er noch im Zuge die Uhr anhält. Auf diese Weise gelingt es Martin und der bunt zusammengewürfelten Schar der Zuginsassen, in diesem Augenblick zu verharren, so daß sie dem feurigen Inferno niemals überantwortet werden können.

Könnte Ishmael auf seinem Flug ins Innere des Schwarzen Loches die Zeit ähnlich anhalten wie Martin? Könnte er durch geschickte Lenkung seines Raumschiffes dafür sorgen, daß er ewig in dem Augenblick verweilt, der unmittelbar vor seinem Sturz in den zermalmenden Abgrund des erloschenen Sterns liegt? Mit anderen Worten, könnte er den veränderten Zeitzustand in der Inversionszone nutzen, um sein Leben zu retten?

Armer Ishmael! Er hat keine Chance, sich solcherart zu retten. Während er unaufhaltsam dem Zentrum des Schwarzen Loches entgegenstürzt und dabei möglicherweise sogar zeitliche Purzelbäume schlägt, läuft seine persönliche Uhr, die das Zeitmaß seines Bewußtseins widerspiegelt, unaufhaltsam ab. Obwohl er sich mühelos durch die Zeitlinie des Schwarzen Loches zu bewegen vermag, war sein Schicksal von dem Augenblick an besiegelt, da er in die dunkle Kugel eingedrungen ist.

Im übrigen kann Ishmael nicht hoffen, aus dem Schwarzen Loch in ein zweites Universum zu entkommen. Wie bereits dargelegt, ist die Schwarzschild-Verbindung zwischen zwei Universen nicht befahrbar. Wie auch immer, er rast seinem Untergang in der zentralen Singularität entgegen. Da also ein Entkommen aus einem Schwarzen Loch der Schwarzschild-Art unmöglich ist, ist jeder Versuch müßig, ein solches Objekt als Zeitmaschine zu benutzen.

Schwarze Löcher Kerrscher Prägung (vgl. Kapitel drei) sind mit ihrem auffälligeren Rotationsverhalten etwas bessere Kandidaten für Zeitmaschinen. Sie verfügen über einige Eigenschaften, die die Überlebenschancen verbessern: So besitzen sie ringförmige und vermeidbare – nicht punktförmige und unausweichliche – Zentralsingularitäten sowie zeitartige – nicht raumartige – Verbindungen mit anderen Teilen des Universums. Wie wir uns erinnern, sind zeitartige Verbindungen bei weitem vorzuziehen, weil sie im Gegensatz zu raumartigen Tunneln keine Fortbewegung mit Überlichtgeschwindigkeiten erfordern – Geschwindigkeiten, die problematisch wären.

Rotierende Schwarze Löcher lassen sich in zwei Kategorien unterteilen: elektrisch neutrale (gewöhnliche Kerr-Objekte) und elektrisch geladene (Kerr-Newman-Objekte). In beiden Fällen ist die Singularität ringförmig und von einer Raumzeit-Inversionszone umgeben, die ihrerseits von einer Einweg-Membran eingefaßt ist. Im Inneren des Rings befindet sich in jedem Fall eine Region – Taylor nennt sie «Niemandsland» –, in der Zeitreisen theoretisch durchführbar sind. Der Unterschied zwischen der Kerr-Newman-Lösung und dem gewöhnlichen Kerr-Modell liegt darin, daß sich im ersten Fall das Niemandsland nicht über den Ring hinaus erstreckt, während diese Region den Ring im zweiten Fall auch als dünne Hülle umgibt. Sobald man sich innerhalb der Hülle befindet, kann man Reisen in die Zukunft oder Vergangenheit unternehmen, indem man die Rotationsachse des Schwarzen Loches in der entsprechenden Richtung umkreist.

Nehmen wir an, Ishmaels Onkel Ahab, ein sehr erfahrener Raumfahrtkapitän, möchte sein Glück auf die Probe stellen, indem er ein geladenes, rotierendes Schwarzes Loch als Zeitmaschine benutzt. Zunächst steuert er sein Raumschiff durch die Einweg-Membran des dunklen Objektes. Dabei achtet er sorgfältig darauf, daß sein Schiff beim Eintritt in das Schwarze Loch nicht Kurs auf die eigentliche Singularität hält, sondern auf die schmale Region, die den Ring umhüllt. Denn er möchte natürlich nicht, daß sein Gefährt von den unendlichen Gravitationskräften der Singularität wie ein Kaugummi in die Länge gezogen wird.

Nachdem Ahab den Ereignishorizont durchquert hat, gelangt er in die Inversionszone der Raumzeit. Dort richtet er sein Raumschiff so aus, daß es auf direktem Kurs in die Ringhülle gelangt. Sobald es sich im Inneren der Hülle befindet, bemerkt er verblüfft, daß Raum und Zeit abermals die Rollen gewechselt haben und nun wieder ihr normales Verhalten zeigen. Wie in der Außenwelt verhalten sich Raum und Zeit in der schmalen Hülle um den Ring völlig normal. Seltsamerweise aber kann man hier durch die Zeit reisen, indem man zyklische Bahnen um die Achse beschreibt.

Sicher in die Ringhülle gelangt, beginnt Ahab nun seine Reise durch die Zeit. Jedesmal wenn er die Region umfährt, wird seine Uhr um mehrere Jahre vor- oder nachgestellt, je nachdem in welche Richtung er fährt und wie rasch das Schwarze Loch rotiert. Ahab kann über seine Reise durch die Zeit nach Belieben bestimmen, indem er entscheidet, wie viele Male er die Rotationsachse umkreist. Wenn es ihm genug erscheint, beendet er die Kreisbewegung des Schiffes, fährt aus der Hülle hinaus und durchquert eine zweite Raumzeit-Inversionsregion. Schließlich lenkt Ahab das Schiff durch einen weiteren Endpunkt des Schwarzen Loches (höchstwahrscheinlich ein *Weißes Loch*) zurück ins normale Universum. Vorausgesetzt, er kann tatsächlich entkommen, stellt er fest, daß er sich in einem anderen Teil des Alls und einer anderen historischen Epoche befindet. Nach einer längeren Reise kehrt er zur Erde zurück und beginnt ein neues Leben in der Vergangenheit oder Zukunft.

Theoretisch läßt sich eine Reise wie die eben beschriebene durch vorsichtige Nutzung Schwarzer Löcher realisieren. Doch wie in Kapitel drei erörtert, werfen Schwarze Löcher des Kerr-Typs eine Fülle offenbar unlösbarer praktischer Schwierigkeiten auf.

Eine mögliche Lösung für die vielen Probleme, die mit dem Eintritt in Kerr-Objekte verbunden sind, bieten die hypothetischen Himmelskörper, die man als *super-extreme Kerr-Objekte* (SEKOs) bezeichnet. Ein SEKO ist eine Kerr-Lösung für die Einstein-Gleichungen, die im Gegensatz zu einem rotierenden Schwarzen Loch die besondere Eigenschaft besitzt, daß ihr gesamter *Drehimpuls* (der mit der Rotation verknüpfte Impuls) größer ist als ihre Gesamtmasse. Zwar ist diese Bedingung außerordentlich schwer zu erfüllen, aber wir wollen im Interesse unseres Gedankengangs einmal annehmen, daß es möglich sei, ein SEKO zu erzeugen.

Bei einem solchen ungewöhnlichen Objekt wären die Sicherheitsprobleme, die es bei gewöhnlichen Kerr- oder Kerr-Newman-Objekten zu beachten gilt, weitgehend beseitigt und Zeitreisen damit erheblich einfacher. Der Grund für diesen günstigen Umstand ist einfach: Bei einem SEKO gibt es im Gegensatz zu einem rotierenden Schwarzen Loch keine Einweg-Membran, so daß die zentrale Ringsingularität offen zutage liegt. Damit ist die Singularität frei zugänglich, und kein Raumfahrer läuft Gefahr, in eine unentrinnbare Falle zu tappen oder eine unfreiwillige Reise in einen anderen Teil des Universums zu unternehmen. Im übrigen ist die Ringhülle, die Region, in der man durch Umkreisen der Rotationsachse Zeitreisen unternehmen kann, so groß, daß sie das gesamte Universum ausfüllt. Wenn es also auch nur eines dieser seltsamen Gebilde im Kosmos gäbe, würde das gesamte Universum als Zeitmaschine fungieren.

Bei einem SEKO wären Zeitreisen für einen Astronauten kaum noch mit Unbequemlichkeiten verbunden. Statt sich auf eine gefährliche Reise durch einen verborgenen, schwarzen Abgrund einlassen zu müssen, hätte er lediglich herauszufinden, wo die Achse des SEKO verläuft und dann sein Schiff in kreisförmiger Bewegung um diese imaginäre Linie herumzuführen. Durch mehrfaches Umkreisen der SEKO-Achse könnte er die Vergangenheit oder Zukunft jeden Punktes im Raum nach Belieben in Augenschein nehmen, ohne Gefahren für Leib und Leben in Kauf nehmen zu müssen.

Die tatsächliche Existenz eines SEKOs würde einige ziemlich verwirrende philosophische Probleme aufwerfen. Sowohl Schwarze Löcher wie auch SEKOs haben die seltsame Besonderheit, Singularitäten zu besitzen, Punkte, an denen Raum und Zeit zu existieren aufhören. In unmittelbarer Nachbarschaft dieser kosmischen Diskontinuitäten verlieren die Naturgesetze einfach ihre Geltung. Doch der Unterschied zwischen den Singularitäten Schwarzer Löcher und SEKOs liegt in der Art, wie sie sich der Außenwelt präsentieren: Schwarze Löcher sind bekleidet, SEKOs dagegen nackt. Das heißt, innerhalb der Grenzen eines kollabierten Sterns ist die mißgestalte und beunruhigende Beschaffenheit dieser mathematischen Mißgeburten hinreichend verschleiert, um ihre philosophische Fragwürdigkeit auf ein erträgliches Maß zu reduzieren.

SEKOs dagegen besitzen sogenannte nackte Singularitäten. Wie unverputzte Leitungen an einer kahlen Decke sind die mathematischen Schandflecken solcher unglücklichen Geschöpfe dem Blick aller Welt unverhüllt preisgegeben. Ohne die geringste Möglichkeit, sich der Betrachtung durch kritische Wissenschaftler zu entziehen, verursachen nackte Singularitäten mit ihren unübersehbaren Verstößen gegen die physikalische Theorie beträchtliches ästhetisches Mißbehagen, um es vorsichtig auszudrücken.

Wegen der praktischen Schwierigkeiten, SEKOs herzustellen, und der philosophischen Probleme, die der Versuch bereitet, die nackten Singularitäten in ihrem Inneren zu akzeptieren, gelten SEKOs im allgemeinen als wenig überzeugende Kandidaten für kosmische Zeitmaschinen. Also können wir sie auf die Liste der theoretisch möglichen, aber funktional bedeutungslosen kosmologischen Modelle für Zeitreisen setzen, einen Katalog, der bereits die Überlichtgeschwindigkeits-Theorien, die Modelle von Gödel, Tipler und Gott sowie die mit Schwarzen Löchern arbeitenden Methoden enthält. Doch auf einen weit hoffnungsvolleren Ansatz zur Erfüllung solcher Wünsche bin ich bislang noch nicht eingegangen: die Verwendung von Wurmlöchern als Zeitmaschinen.

Wurmlöcher als Zeitmaschinen

Allmählich wurde den Physikern klar, daß Schwarze Löcher schlechte Kandidaten für sichere, leistungsfähige Sternentore sind, und sie erkannten, wie sich das Dilemma lösen läßt: durch befahrbare kosmische Wurmlöcher, so konstruiert, daß sie rasche und sichere Reisen durchs All gestatten. Deshalb investierte mancher theoretische Astrophysiker viel Mühe, um bessere Modelle für praktikable Zeitreisen zu entwickeln, als sie mit kollabierten Sternen zu erzielen sind, und die meisten dieser Entwürfe gingen von befahrbaren Wurmlöchern aus.

Der erste Vorschlag zur Verwendung von Wurmlöchern als Zeitmaschinen steht in einem Anhang zu dem klassischen Aufsatz von Morris und Thorne, fast versteckt, wie ein nachträglich notierter Einfall. In diesem Anhang entwerfen die Autoren eine Methode, wie ein Astronaut mit Hilfe zweier befahrbarer Wurmlöcher in seine Vergangenheit reisen könnte.

Dabei denken sich Morris und Thorne zwei Wurmlöcher, beide mit weit getrennten Öffnungen, die sich dergestalt bewegen, daß sich die Öffnungen des einen Wurmlochs in Beziehung zu denen des anderen mit großer Geschwindigkeit bewegen. Nennen wir aus Gründen der Deutlichkeit das erste Wurmloch «statisch» und das zweite «bewegt», obwohl nach der speziellen Relativitätstheorie alle Geschwindigkeiten relativ sind und sich Objekte, die einem Beobachter ruhend erscheinen, für einen anderen bewegen können. Nehmen wir ferner an, daß die erste Öffnung des statischen Wurmlochs ziemlich nahe an der zweiten Öffnung des bewegten Wurmlochs liegt und umgekehrt.

Stellen wir uns nun vor, daß ein Astronaut mit Hilfe dieses Paares von Wurmlöchern in einen vergangenen Abschnitt seines Lebens zurückreisen möchte. Dazu muß er einfach durch das statische und das bewegte Wurmloch fahren. Zunächst dringt er durch die Öffnung des statischen Wurmlochs ein, durchquert die Passage und gelangt durch die zweite Öffnung in einen anderen Teil des Alls. Mit anderen Worten, unser Astronaut legt mittels des Wurmlochs eine gewöhnliche interstellare Reise zurück, wie ich sie in Kapitel fünf beschrieben habe.

Nach seiner eigenen Uhr, die dem statischen Bezugssystem entspricht, taucht der Astronaut nach einer bestimmten Zeitspanne, gemessen seit dem Eintritt in die erste Öffnung, aus der zweiten auf (sagen wir nach einem Jahr). Doch wenn wir die spezielle Relativitätstheorie auf diese Situation anwenden, dann erscheinen vom bewegten Bezugssystem aus diese beiden Ereignisse (Ein- und Austritt) in umgekehrter Reihenfolge. Die beiden Öffnungen des Wurmloches liegen nämlich so weit auseinander, daß der Abstand zwischen den beiden Ereignissen raumartig erscheint. In der speziellen Relativitätstheorie können raumartige Verbindungen von Beobachtern in umgekehrter Reihenfolge wahrgenommen werden, wenn diese Beobachter sich in einem System befinden, das sich relativ zu den verknüpften Ereignissen mit hoher Geschwindigkeit bewegt. Nach dem Bezugssystem des bewegten Wurmlochs hätte der Astronaut also die zweite Öffnung verlassen, *bevor* er (sagen wir, zehn Jahre zuvor) in die erste eingedrungen wäre.

Wenn er also nach Verlassen der zweiten Öffnung des statischen Wurmlochs sein Schiff auf die Geschwindigkeit des bewegten Wurmlochs beschleunigt, reist er nach seiner ursprünglichen Uhr um zehn Jahre in der Zeit zurück. Nun kann er in die erste Öffnung des bewegten Wurmlochs einfahren und es durch die zweite Öffnung verlassen (nehmen wir an, ein Jahr nach Eintritt in den ersten Eingang). Er befindet sich nun in der Nähe seines Ausgangspunktes, unweit der ersten Öffnung des statischen Wurmlochs. Der einzige Unterschied, den er feststellt: Der Kalender zeigt neun Jahre früher an. Mit der Fahrt durch das statische Wurmloch hat er zehn Jahre gewonnen und mit der durch das bewegte Wurmloch ein Jahr verloren. Damit hat er also das Wurmloch-Paar als äußerst leistungsfähige Zeitmaschine benutzt.

Sobald Morris und Thorne ihren bahnbrechenden Artikel samt dem Nachtrag über Wurmloch-Zeitmaschinen beendet hatten, begannen sie intensiv über die Frage von Zeitreisen nachzudenken. Was anfänglich nur ein Nebengleis ihrer Untersuchung gewesen war, rückte jetzt an zentrale Stelle. Insbesondere begannen sie, eine einfachere Methode der Zeitreisen zu entwickeln, für die sie nur noch *ein* Wurmloch brauchten.

Unter Mitwirkung des Caltech-Wissenschaftlers Ulvi Yurtsever fanden Morris und Thorne ein unglaublich simples Verfahren für Zeitsprünge. Erforderlich ist lediglich ein Wurmloch mit zwei Öffnungen, von denen sich die eine relativ zur anderen mit hoher Geschwindigkeit bewegt (nennen wir sie die bewegte und die stationäre Öffnung). Nach der «Zeitdilatation» der speziellen Relativitätstheorie gehen Uhren, die an der bewegten Öffnung befestigt sind, langsamer als Uhren an der stationären Öffnung. Folglich zeigt die erste Uhr einen früheren Zeitpunkt als die zweite.

Mit anderen Worten, die beiden Öffnungen der Wurmloch-Zeitmaschine zeigen genau das gleiche Verhalten wie die Beteiligten im Gedankenexperiment des *Zwillings-Paradoxons*. In diesem berühmten Beispiel aus der speziellen Relativitätstheorie stellt man sich vor, daß ein Zwillingspaar sich trennt: Der eine bleibt auf der Erde, der andere begibt sich an Bord eines Raumschiffes. Das Fahrzeug hebt ab, beschleunigt auf eine Geschwindigkeit nahe der des Lichts, nimmt Kurs auf einen benachbarten Stern und kehrt zur Erde zurück. Das relativistische Verhalten des Raumschiffes bewirkt, daß der Zwilling an Bord weit langsamer altert als der auf der Erde. Entsprechend gehen die Uhren, die an dem in Bewegung befindlichen Fahrzeug (genauer: am *beschleunigenden* Fahrzeug) befestigt sind, weit langsamer als die Uhren auf dem stationären Objekt (der Erde).

Kurze Zeit meinte man, das Zwillings-Experiment sei ein echtes Paradoxon. Das vermeintliche Dilemma bestand darin, daß sowohl das Fahrzeug wie die Erde sich relativ zueinander in schneller Bewegung befinden und daß deshalb auch die Uhren in beiden Bezugssystemen sich in Beziehung zu denen im anderen System verlangsamen müßten. Dadurch entsteht die widersinnige Situation, daß es in beiden Bezugssystemen zu einer Zeitdilatation kommt. Das setzt natürlich voraus, daß das Verhalten des Raumschiffes in Beziehung zur Erde ein Spiegelbild des Verhaltens der Erde in Beziehung zum Raumschiff ist. Deshalb müssen Beobachter in jedem Bezugssystem genau den gleichen Eindruck gewinnen wie Beobachter im anderen System, und keine Seite kann einseitig langsamer altern als die andere.

Die Lösung des Zwillings-«Paradoxons» ist ganz einfach. Die Situation des bewegten und die des nichtbewegten Beobachters ist in diesem Gedankenexperiment *keineswegs* gleich. Während der im Raumschiff befindliche Zwilling eine Beschleunigung erfährt, gibt es für sein auf der Erde weilendes Gegenstück keinerlei Beschleunigung. Folglich läßt sich nach den Vorhersagen der speziellen Relativitätstheorie mathematisch beweisen, daß der bewegte Beobachter tatsächlich langsamer altert als der nichtbewegte Beobachter. Also liegt überhaupt kein Paradoxon vor: Uhren an Bord des Raumschiffes verhalten sich anders als die auf der Erde.

Die Wurmloch-Zeitmaschine des Caltech übernimmt die Ergebnisse des Zwillings-Gedankenexperimentes und entwickelt mit ihnen eine Möglichkeit, in die Vergangenheit zu reisen. In dem neuen Ansatz von Morris, Thorne und Yurtsever zeigen die beiden Wurmloch-Öffnungen exakt die gleichen Bewegungen wie die Zwillinge im beschriebenen Gedankenexperiment. Die bewegte Öffnung entfernt sich in beschleunigter Bewegung von der ruhenden Öffnung, nähert sich ihr dann wieder und bewirkt auf diese Weise, daß die Uhren und Beobachter in ihrer unmittelbaren Umgebung langsamer «altern» als diejenigen im Bereich der stationären Öffnung. Mithin wird die Zeitreise in die Vergangenheit möglich, wenn man von der stationären zur bewegten Öffnung fährt und sich die zeitliche Differenz zwischen ihnen zunutze macht. Kehrt man nun durch die Passage, die die Öffnungen miteinander verbindet, zum Ausgangspunkt zurück, so nutzt man die Zeitdifferenz sehr effektiv aus.

Für eine solche in die Vergangenheit führende Zeitreise müßte ein bestimmter Rundkurs eingehalten werden. Dazu brächte man die Kandidaten für Zeitreisen zur stationären Öffnung des Wurmloches. Wenn die Zeitreisenden eine externe (im freien Raum verlaufende) Fahrt zur bewegten Öffnung der Maschine absolviert hätten, würden sie feststellen, daß die verstrichene Uhrzeit dort (relativ zu einem ursprünglich festgelegten Bezugspunkt, der die Uhrzeiten der beiden Öffnungen in Beziehung setzt) weit kürzer wäre als die Uhrzeit an der stationären Öffnung. Wenn sie nun zu ihrem Ausgangspunkt zurückkehren, diesmal *durch* die Wurmloch-Passage, tauchen sie zu einer früheren Zeit aus der stationären Öffnung auf. Sie haben sich tatsächlich in der Zeit zurückkatapultiert.

Durch Veränderung der relativen Geschwindigkeiten und Beschleunigungen der beiden Öffnungen ließe sich durch diese Methode theoretisch jedes Maß an zeitlicher Verschiebung erreichen. Stunden, Jahre, ja sogar Jahrhunderte könnte man von der historischen oder persönlichen Zeit abtrennen, indem man einfach durch die richtige Art von Wurmloch führe. In der Praxis braucht man dazu lediglich ein Verfahren zur Konstruktion eines Wurmlochs, eine Möglichkeit, eine der Öffnungen zu beschleunigen und eine Methode, Raumschiffe von einer Öffnung zur anderen zu befördern. Natürlich sind das keine unbedeutenden Hindernisse: Möglicherweise wird es noch Jahrhunderte dauern, bis Zeitreisen möglich sind. Doch theoretisch scheinen die Ergebnisse des Caltech-Teams eine äußerst plausible Methode für Zeitreisen zu liefern.

Betrachten wir nun, wie solch ein Zeitausflug irgendwann in der Zukunft aussehen könnte. Stellen wir uns einen Astronauten vor, der nahe an der Öffnung einer Wurmloch-Zeitmaschine startet, und zwar zu einem Zeitpunkt, da man an dieser Öffnung das Jahr 2500 schreibt. Er beginnt mit einer raschen Beschleunigung des Schiffes, überwindet den Raum, der zwischen den Öffnungen liegt, und hält sich dann mit der gleichen hohen Geschwindigkeit neben der bewegten Öffnung. Da die Uhren an der bewegten Öffnung weit langsamer gehen, stellt er fest, daß man dort erst das Jahr 2490 schreibt. Schließlich steuert er sein Raumschiff in den zweiten Eingang und gelangt durch die erste Öffnung im Jahre 2491 (wenn wir annehmen, daß die Durchquerung des Wurmloches ein Jahr dauert) wieder an ihren Ausgangspunkt. Durch ein einfaches Manöver ist er neun Jahre zurück in die eigene Vergangenheit gereist.

Wie wir sehen, ist die Zeitreise per Wurmloch zumindest theoretisch einfach, flexibel und sicher. Einige Theoretiker halten solche Vorrichtungen für Zeitverschiebungen jedoch aufgrund verschiedener philosophischer Dilemmas für unmöglich. Im nächsten Kapitel wollen wir die hochinteressante Debatte, die sich gegenwärtig an dieser Frage entzündet, etwas eingehender betrachten.

8. KAPITEL

Das große kosmische Billardspiel

Ursache und Wirkung

In der Politik sind Ursache und Wirkung manchmal nur schwer auseinanderzuhalten. In den frostigen Zeiten sowjetisch-amerikanischer Rivalität vom Ende des Zweiten Weltkriegs bis in jüngste Zeit haben die Menschen, die sich um wissenschaftliche Zusammenarbeit zwischen den rivalisierenden Blöcken bemühten, ihr Bestes getan, um Breschen in die Barrieren zu schlagen, die ihre Länder trennten. Die einen werden sagen, diese vielen kleinen Öffnungen hätten den endgültigen Zusammenbruch der Mauer zwischen den Supermächten beschleunigt; der Austausch auf wissenschaftlichem Gebiet und in anderen kulturellen Bereichen habe den nachfolgenden politischen Durchbrüchen den Weg gebahnt. Andere behaupten, die Politiker hätten den ersten Schritt getan; ihre Verhandlungen hätten zu den entscheidenden Verträgen geführt und diese wiederum das Tauwetter hervorgerufen. Danach sind die Wissenschaftler einfach der breiten Straße gefolgt, die die Diplomaten angelegt haben. Leider ist die Politik nicht so klar und eindeutig. Es läßt sich kaum klären, wem das Verdienst oder die Schuld an irgendwelchen historischen Wendungen oder Veränderungen zuzuschreiben ist.

Genau aus diesem Grunde vermeiden Physiker es auch nach Möglichkeit, in die Politik verwickelt zu werden, wenn sie nicht dazu gezwungen sind. Die Mitglieder dieser Zunft schätzen das absolute, vernünftige, kristallklare Reich der universellen Fakten, Prinzipien und Gleichungen. In der Physik ist das Gesetz von Ursache und Wirkung offenbar ein unverrückbarer Grundpfeiler. Jede Aktion ruft eine erkennbare Reaktion hervor – deutlich meßbar und stets im Anschluß erfolgend. Sicherlich war auch für den Russen Igor Dmitrivitch Novikov und den Amerikaner Kip Stephen Thorne der sichere Boden der astrophysikalischen Theorie weit anziehender als das glitschige und trügerische Gelände politischen Wirkens. Die Kontakte, die Novikov, Thorne und ihre Kollegen hüben wie drüben herstellten, verbanden Welten, die vielleicht ebenso verschieden waren wie die Wurmloch-verknüpften Regionen des Kosmos. Ihre transkontinentale Zusammenarbeit brachte so verschiedene Welten wie Pasadena, USA, und Moskau, UdSSR, in Berührung. Es spricht für die universelle Natur der Forschung auf astrophysikalischem und anderen wissenschaftlichen Gebieten, daß sie derart tiefe Gräben zu überwinden vermag.

Natürlich haben die revolutionären Ereignisse jüngster Zeit Ost und West wesentlich näher zusammengeführt und den Wissenschaftlern des Caltech und des Moskauer Instituts die Zusammenarbeit deutlich erleichtert. In den Umwälzungen der letzten Jahre schienen Ursache und Wirkung manchmal ihre angestammten Rollen zu tauschen. Doch diese Wissenschaftler, weit mehr an der Physik als an der Politik interessiert, beschäftigten sich mit ganz anderen Verstößen gegen das Gesetz von Ursache und Wirkung.

Das verwirrende Dilemma, das diese theoretischen Physiker zusammenführte, betraf das Wesen der physikalischen Wirklichkeit selbst, insbesondere die Auswirkungen von Zeitreisen mittels Wurmlöchern. Offenbar beruht das Modell der Wurmloch-Zeitmaschine von Thorne und seinen Kollegen am Caltech auf einer soliden theoretischen

Grundlage. Dennoch warf die hypothetische Vorrichtung weitreichende Probleme auf. Und das nicht so sehr durch die ihr zugrundeliegenden Gleichungen und Berechnungen, sondern durch die Schlußfolgerungen, die sich aus der Caltech-Arbeit ziehen ließen – nämlich daß die Verwendung einer solchen Maschine unter bestimmten Umständen gegen das Kausalitätsprinzip verstoßen könnte. Herkömmlicherweise lehnen Physiker alle Theorien ab, in denen die Wirkung der Ursache vorangeht – doch das Caltech-Modell schien diese mißliche Möglichkeit zu enthalten. Damit versetzte die Logik der ganzen Theorie befahrbarer Wurmlöcher offenbar einen tödlichen Schlag: Gegen die Kausalität darf nicht verstoßen werden; Wurmlöcher lassen Zeitreisen zu; Zeitreisen ermöglichen Verstöße gegen das Kausalitätsprinzip; also sind Wurmlöcher unmöglich.

Doch die Physiker aus Pasadena und Moskau waren nicht so leicht zur Aufgabe bereit, schon gar nicht in einer Zeit, da alle herkömmliche Weisheit auf den Kopf gestellt wurde. Nein, in einer historischen Epoche, in der das Unwahrscheinliche und Unvorstellbare an der Tagesordnung war, entschlossen sich die russischen und amerikanischen Wissenschaftler deshalb, mit vereinten Verstandeskräften etwas zu ersinnen, das noch nie dagewesen war: eine kosmologische Theorie *mit* der realisierbaren Möglichkeit von Zeitreisen und *ohne* Widersprüche.

Geschlossene zeitartige Kurven

In den letzten Jahrzehnten hat es eine regelrechte Schwemme von Zeitmaschinen-Modellen gegeben. Ihr gemeinsames Merkmal ist die bereits erwähnte *geschlossene zeitartige Kurve*, die in ihren Eigenschaften so verwirrend ist, daß die Physiker nicht recht wissen, was sie mit ihr anfangen sollen. In allen Entwürfen hängt das Funktionieren der Maschine ausnahmslos von dieser höchst umstrittenen Technik ab. Dabei ist sich niemand ganz sicher, daß die Gesetze der Physik diese Methode wirklich zulassen.

Machen wir uns die Situation mit einem Vergleich klar: 1994 erscheint ein neuer Reiseführer, der eine landschaftlich sehr reizvolle Abkürzung für die Strecke Hamburg–München empfiehlt. Dabei ist der einzige Haken, daß ein verbotenes Wendemanöver auf der Autobahn bei Kassel erforderlich ist. Nehmen wir weiter an, daß sich diese Strecke bald größter Beliebtheit erfreut. Dann hat der Gesetzgeber die Wahl zwischen zwei Möglichkeiten: Entweder verbietet er die Abkürzung oder er legalisiert das Wendemanöver.

Eine geschlossene zeitartige Kurve ist das kosmologische Gegenstück zu einem solchen Wendemanöver. Gegenwärtig stehen die Kosmologen vor der mißlichen Alternative, entweder auf die vielversprechenden theoretischen Modelle zu verzichten und an dem altehrwürdigen Tabu gegen CTCs festzuhalten oder aber das Verbot fallenzulassen, so daß die Modelle unter bestimmten, genau definierten Umständen erlaubt sind.

Bislang hat man in der Physik die Auffassung vertreten, CTCs seien verboten, weil sie gegen das Kausalitätsprinzip verstoßen. Deshalb glauben die Traditionalisten, rückwärtsgerichtete Zeitreisen mit Hilfe von CTCs seien einfach ein Hinweis darauf, daß das zugrundeliegende kosmologische Modell grundlegende Mängel habe.

Doch andere Physiker, unter ihnen Thorne, Novikov und ihre Kollegen, meinen, das Auftreten von CTCs in ihren Modellen lege eine ganz andere Schlußfolgerung nahe: nämlich daß man irgendeinen Weg finden müsse, diese Anomalien in die physikalische Theorie einzugliedern. Nach ihrer Auffassung sind CTSs zwar problematisch, aber letztlich brauchbare Elemente der Kosmologie.

Was hat es nun mit diesen geschlossenen zeitartigen Kurven auf sich, daß sie so viel Unruhe stiften? Wie Nick Herbert in seinem Buch *Faster than Light: Superluminal Loopholes in Physics* darlegt, sind CTCs «Schlupflöcher» in der Relativitätstheorie: Möglichkeiten, das Verbot von Überlichtgeschwindigkeiten zu umgehen. Infolgedessen gestatten sie kühnen Forschungsreisenden, die normale Kette von Ursache und Wirkung zu vermeiden, die sich in normalen subluminalen (mit weniger als Lichtgeschwindigkeit erfolgenden) Wechselwirkungen manifestiert. Für viele Physiker bedeutet die Vorstellung, es könnten solche Fluchtwege existieren, eine philosophische Fragwürdigkeit, und sie behalten sich deshalb ein endgültiges Urteil vor, bis diese Objekte experimentell entdeckt oder auf andere Weise unzweideutig nachgewiesen sind.

Um CTCs zu verstehen und auch um zu begreifen, was sie so beunruhigend macht, müssen wir zunächst untersuchen, was die spezielle Relativitätstheorie über die Grenzen der Kommunikation zwischen bestimmten Ereignissen aussagt. Diese Grenzen hängen davon ab, welche Region des Universums wir betrachten.

In der normalen, flachen (Minkowski-)Raumzeit, weit ab von massereichen Objekten wie Schwarzen Löchern, finden die Wechselwirkungen zwischen bestimmten Ereignissen innerhalb vorgegebener Bezugssysteme, sogenannter *Lichtkegel*, statt. Diese abstrakten Gebilde ergeben sich unmittelbar aus dem Verbot, das die spezielle Relativitätstheorie gegen Überlichtgeschwindigkeiten verhängt.

Einen Lichtkegel können wir uns am besten vorstellen, indem wir uns ein dreidimensionales Raumzeitdiagramm denken, mit der Zeit als senkrechter Achse (nach oben aus der Seite herausragend) und zweien der räumlichen Dimensionen als waagerechten Achsen (rechtwinklig zueinander und den Rändern der Seite folgend). Malen wir uns dazu ein flaches, unendliches Schachbrett aus, das auf einem Tisch liegt. Es repräsentiert den *Raum*, wobei die beiden räumlichen Dimensionen durch die beiden Richtungen entlang des Brettes abgebildet werden (in Wahrheit hat der Raum natürlich drei Dimensionen, aber im Rahmen dieses Vergleiches lassen wir die dritte außer acht). Dann gibt die Richtung nach oben und unten, oberhalb und unterhalb des Schachbretts, die Zeit wieder.

Denken wir uns nun, jedes Objekt im Universum sei ein König auf dem Schachbrett. Bekanntlich kann der König nur ein Feld vorrücken, wenn auch in jede Richtung. Führen wir einen Zug pro Zeiteinheit aus, und nennen wir diese Geschwindigkeit die «Schachgeschwindigkeit». Dann kann kein Objekt im Schachuniversum die Schachgeschwindigkeit überschreiten, so wie sich kein Körper in der wirklichen Welt schneller als das Licht bewegen kann.

Nehmen wir weiter an, wir möchten auf unserem Diagramm die weiteste Strecke angeben, die ein König bei einer gegebenen Zugzahl (das heißt, Zeitspanne) zurücklegen kann. Bei null Zügen kann der König sich überhaupt nicht bewegen. Das geben wir durch einen Punkt an, der am Standort des Königs zentriert ist. Bei einem Zug kann der König auf jedes der benachbarten Quadrate ziehen: um ein Quadrat nach vorn, nach hinten, zur Seite oder diagonal. Das ganze Ausmaß des Ein-Zug-Verhaltens können wir durch einen Kreis um die Menge der möglichen Züge darstellen. Noch anschaulicher ist es, wenn wir einen Ring mit einem Radius von einem Quadrat einen Zentimeter über dem Schachbrett anbringen. Genauso verfahren wir für die Möglichkeiten bei zwei Zügen, das heißt, wir fragen: Wie weit kann der König mit zwei Zügen kommen? Natürlich läßt sich das durch einen Ring mit einem Radius von zwei Quadraten angeben. Also bringen wir einen Ring mit dem Radius zwei Quadrate einen Zentimeter über dem Ein-Ring-Quadrat an. Entsprechend lassen sich die maximalen Entfernungen, die ein König nach drei, vier, fünf oder einer beliebigen Zahl von Zügen zurücklegen kann, durch Ringe von drei, vier, fünf Quadraten und so fort wiedergeben. Wenn wir jeden Ring um die Zahl von Zentimetern, die der Anzahl der Züge (also der Zeit) entspricht, über dem Spielbrett anbringen, so stellen wir fest, daß die Ringe einen kreisförmigen Kegel bilden, mit dem König als Mittelpunkt und senkrecht oberhalb des Brettes projiziert. Das ist der *Lichtkegel* des Schachbretts; er zeigt die größte Entfernung an, die der König in einer bestimmten Zeit zurücklegen kann.

Der Anblick des Lichtkegels liefert uns eine Fülle von Informationen über das Spiel. Insbesondere zeigt er uns an, in welchem Bereich sich der König bewegen kann. Innerhalb des Kegels liegt die Region, in der der König während eines gegebenen Spiels ziehen kann: der Bereich seiner Möglichkeiten in einem gegebenen Zeitintervall. Es ist klar, warum in wissenschaftlicher Ausdrucksweise die Bewegung innerhalb des Lichtkegels zeitartig genannt wird. Der Kegel selbst ist die Zone maximaler Bewegung, gewöhnlich als *Nullregion* bezeichnet – weder zeitartig noch raumartig. Außerhalb des Kegels liegt die verbotene Region, der raumartige Bereich, innerhalb dessen es während eines gegebenen Zeitintervalls keine möglichen Züge geben kann. Mithin unterteilt der Lichtkegel die Raumzeit in drei Regionen: die zeitartige, die raumartige und die Nullregion.

Außerdem liefert dieses Raumzeitdiagramm noch zusätzliche Information über das Spiel. So legen die Grenzen des Lichtkegels fest, ob *Wechselwirkungen* stattfinden können oder nicht. Ein König darf jede Figur schlagen, mit der er in Berührung kommt. Deshalb ist die maximale Ausdehnung der Bewegung des Königs pro Zug durch den Lichtkegel bezeichnet, auch die maximale Reichweite seiner Wechselwirkung. Wenn beispielsweise eine Figur drei Quadrate vom König entfernt steht, braucht dieser mindestens drei Züge, um sie zu schlagen – ein Umstand, den der Kegel deutlich vor Augen führt.

Doch damit haben wir noch nicht das ganze Bild der Raumzeit. Der in der Zeit vorwärts gerichtete Lichtkegel, mit der Spitze auf dem Schachbrett balancierend und nach oben ragend, ist nur die halbe Wahrheit. Zur Vervollständigung des Diagramms muß der Kegel nach unten, unterhalb des Schachbretts, verlängert werden. Die untere Hälfte der Figur, die die maximale Bewegung des Königs darstellt, ist also ein umgekehrter Kegel, der unter dem ersten angebracht ist.

Wie der aufragende Abschnitt sind auch dem unteren Teil des Lichtkegels viele Informationen über das Verhaltensrepertoire des Königs zu entnehmen. Nur daß es hier um die Bewegung geht, dic der Figur in der Vergangenheit möglich war. Bei einer gegebenen Anzahl von Zügen in der Vergangenheit hätte der König von jedem Quadrat innerhalb des Kegels (der zeitartigen Vergangenheit) oder bestenfalls aus der Zone, die der Kegel selbst bezeichnet (der Nullvergangenheit) kommen können. Ganz unmöglich jedoch kann der Ausgangspunkt der Schachfigur außerhalb des Kegels (in der raumartigen Vergangenheit) liegen.

Dieses Bild kann uns auch mögliche Wechselwirkungen zwischen zwei Schachfiguren verdeutlichen. Zunächst erweitern wir das Modell dergestalt, daß jede Figur ihren eigenen Lichtkegel erhält, mit Abschnitten, die sowohl in die Gegenwart wie in die Vergangenheit gerichtet sind und damit das vollständige Verhaltensrepertoire der Figur erfassen. Dann untersuchen wir die Konfiguration der Kegel, um mögliche Verbindungen zwischen den Figuren zu bestimmen.

Nehmen wir also an, wir möchten mit Hilfe dieses Diagramms herausfinden, ob zwei Figuren miteinander interagieren (einander schlagen) können. Die Möglichkeiten werden von den Kegeln eindeutig angezeigt. Erstens, wenn die Kegel nicht während einer bestimmten Zeitspanne miteinander wechselwirken, dann ist in dieser Phase auch keine Wechselwirkung zwischen den Figuren möglich. Zweitens, wenn die Zukunftsteile der beiden Kegel sich überschneiden, dann wird irgendwann in der Zukunft die eine Figur die andere schlagen. Entsprechend hat in der Vergangenheit bereits eine Wechselwirkung stattgefunden, wenn die Vergangenheitsabschnitte der Kegel sich berühren. Wenn sich schließlich der Zukunftsabschnitt im Lichtkegel einer Figur mit dem Vergangenheitsteil der anderen überschneidet, dann findet eine Wechselwirkung in der Zukunft der ersten Figur, jedoch in der Vergangenheit der anderen statt.

Dieser Schachbrettvergleich genügt den Ansprüchen der Wirklichkeit vollkommen, wenn man das Verhalten von Objekten in der flachen Raumzeit betrachtet. Dort bildet die spezielle Relativitätstheorie mit ihrem Verbot von Überlichtgeschwindigkeiten die Bewegung von Teilchen in großräumigen Verhältnissen exakt ab. Natürlich entsprechen die Lichtkegel dort nicht Geschwindigkeiten von «einem Quadrat pro Zug», sondern Höchstgeschwindigkeiten von fast 300 000 Kilometern pro Sekunde (km/s). In den Diagrammen für flache Raumzeiten werden diese Kegel vollkommen senkrecht dargestellt, das heißt, um die Zeitachse zentriert.

In der Nähe massereicher Himmelskörper muß die spezielle Relativitätstheorie jedoch durch die Aussagen der allgemeinen Relativitätstheorie ergänzt werden. Wie erörtert, sagt diese Theorie vorher, daß massereiche Objekte – etwa Sterne, Quasare und Schwarze Löcher – die Raumzeit in ihrer Nachbarschaft verwerfen. Folglich läßt sich die Raumzeit in einer solchen Region am besten durch eine gekrümmte Fläche wiedergeben, durch die Oberfläche eines Sattels oder Balls zum Beispiel, nicht aber durch eine ebene Fläche wie ein Schachbrett. (Noch einmal sei daran erinnert, daß die Raumzeit in Wirklichkeit *vier*dimensional ist, also der Oberfläche eines *vier*dimensionalen Balls entspricht. Da sich aber wohl niemand ein solches Objekt vorzustellen vermag, bleiben wir bei unserer dreidimensionalen Vereinfachung.)

Auch in einer Region der gekrümmten Raumzeit stehen die Lichtkegel senkrecht zur Oberfläche. Doch je nach der Krümmung der Oberfläche streben die Kegel dieses Bereichs voneinander fort oder sind einander zugeneigt. Wenn die Raumzeit einer Region beispielsweise wie die Oberfläche eines Balls aussieht, dann lassen sich die Lichtkegel am besten als Spitzen darstellen, die aus der Balloberfläche herausragen.

Diese Schräglage verändert die Wechselwirkungen zwischen benachbarten Objekten erheblich. Statt sich wie die Borsten einer Bürste zu verhalten: aufrecht, parallel und mit gleichmäßigen Zwischenräumen (flache Raumzeit), führen sich die Lichtkegel eher wie schwankende Weizenhalme auf, die sich hierhin neigen und dorthin (gekrümmte Raumzeit). Daraus folgt, daß weit komplexere Kausalbeziehungen zwischen den Ereignissen möglich sind. So könnten in einigen Fällen Zukunftsteile mancher Lichtkegel mit Vergangenheitssegmenten anderer Kegel in Berührung kommen, woraus folgt, daß hier einige Objekte in ihrer Zukunft auf andere in ihrer Vergangenheit einwirken.

Dieser Kippeffekt könnte aber auch durch Rotation oder eine andere Beschleunigungsform der Raumzeit hervorgerufen werden. Nach der allgemeinen Relativitätstheorie sind die Auswirkungen der Beschleunigung ein genaues Abbild der Gravitationseffekte, und jedes Phänomen, das durch eine Ursache hervorgebracht wird, kann unter den richtigen Bedingungen auch durch die andere erzeugt werden. Beispielsweise ist es Passagieren in vollständig abgeschlossenen Raumschiffen unmöglich, zu entscheiden, ob sie von einem Raketenaggregat angetrieben oder von der Gravitationsanziehung um den gleichen Betrag beschleunigt werden. So könnte man alle Gravitationseffekte der Sonne reproduzieren, indem man die Meßgeräte in der Nähe entsprechend beschleunigte.

Unter den kosmologischen und astrophysikalischen Modellen, die wir bisher erörtert haben, befinden sich viele Beispiele, in denen die Lichtkegelstrukturen entweder durch die Gravitation oder durch Rotationsbewegung verzerrt werden. In allen Fällen führt die Verzerrung zu vorhersagbaren Veränderungen in den Kausalbeziehungen zwischen den Ereignissen, die an benachbarten Punkten auftreten. Mit anderen Worten, Objekte, die sich in diesen anomalen Regionen befinden, wechselwirken anders, als sie es unter den Bedingungen einer flachen Raumzeit täten.

Nehmen wir beispielsweise Gödels rotierendes Modell des Universums. Wie gezeigt, können Astronauten in der Zeit rückwärts reisen, indem sie eine kreisförmige Bewegung um die Achse eines solchen Universums beschreiben. Das liegt an der besonderen Anordnung der Lichtkegel in einem solchen Raum. Die Rotation des Gödelschen Universums veranlaßt alle Kegel in der Nachbarschaft, sich in Rotationsrichtung zu neigen. In einer Art Dominoeffekt beginnen die Kegel sich bei hinreichender Rotationsgeschwindigkeit gegeneinanderzu«lehnen» und immer raumartiger zu werden (waagerechter, legt man das Raumzeitdiagramm zugrunde). Wenn die Rotationsgeschwindigkeit und der Abstand von der Achse groß genug sind, reihen sich die Kegel derart aneinander, daß sich das Zukunftssegment des Lichtkegels an einem Standort mit dem Vergangenheitsabschnitt des Lichtkegels am angrenzenden Standort überschneidet. So finden Wechselwirkungen zwischen der Zukunft jedes Punktes und der Vergangenheit seines Nachbarn statt. Mit anderen Worten, Kommunikation und Bewegung sind in der Zeit rückwärts gerichtet, wenn man sich zyklisch von einem Punkt im Universum zu einem anderen bewegt oder ein entsprechendes Signal sendet.

Wenn man schließlich einen vollständigen Kreis im Gödelschen Universum beschreibt, würde man wieder an den eigenen Ausgangspunkt gelangen. Doch wegen der ständigen Rückwärtsbewegung in der Zeit, vom Zukunftskegel des einen Punktes zum Vergangenheitsabschnitt des nächsten, würde man diesen Ausgangspunkt irgendwann in der Vergangenheit erreichen. Die Lichtkegelstruktur des Gödelschen Universums kann man sich deshalb am besten vorstellen wie den Verschluß einer Kamera: Die Vergangenheits- und Zukunftsteile der Lichtkegel liegen in kreisförmigem Muster übereinander. Diese speziellen Muster ermöglichen Signalen oder Objekten, sich im Kreis zu bewegen und dabei ständig der Richtung von der Zukunft in die Vergangenheit zu folgen. Auf diese Weise lassen sich in der Zeit rückwärts gerichtete Nachrichten auf einer solchen Kreisbahn herumschicken, ohne daß sie Einsteins Verbot der Beförderung oder Kommunikation mit Überlichtgeschwindigkeit verletzen.

Die besondere Lichtkegel-Konfiguration im Gödelschen Modell ist ein sehr schönes Beispiel für eine geschlossene zeitartige Schleife. Hier ist die CTC der Weg, den Reisende oder Lichtsignale nehmen, wenn sie die Achse des Universums auf einem hinreichend großen Radius umrunden. Natürlich bedeutet diese Kreisbahn eine rückwärtsgerichtete Reise in die Zeit, die möglich wird, indem man sorgfältig den vereinigten Zukunfts- und Vergangenheitssegmenten der Lichtkegel folgt.

In ähnlicher Weise lassen sich CTC-Wege in der Nachbarschaft anderer kosmologischer Zeitreise-Vorrichtungen finden, etwa des Caltech-Wurmloch-Modells und des Gottschen Ansatzes, der auf kosmischen Strings basiert. In allen diesen Beispielen findet sich eine Möglichkeit, die

Reise in die Vergangenheit mit Hilfe gekippter Lichtkegel anzutreten.

Geschlossene zeitartige Kurven eröffnen die verlockende Aussicht auf Zeitreisen. Gedämpft wird diese Hoffnung allerdings durch den Umstand, daß die tatsächliche physikalische Existenz von CTCs noch nicht nachgewiesen werden konnte. Noch warten wir auf eine allgemeine, umfassende Lösung für die Gleichungen der allgemeinen Relativitätstheorie, die alle Merkwürdigkeiten und Anomalien offenbart. Bis dahin stehen dem theoretischen Physiker nur zwei Wege offen: grobe, unvollständige mathematische Näherungen und detaillierte Computersimulationen.

Im allgemeinen lösen Physiker so grundlegende Fragen wie die nach der Existenz von CTCs lieber mit Papier und Bleistift als mit Computern. Lang ist die Tradition in der Physik, Lösungen für Probleme in Form algebraischer Formeln zu suchen. Solche Ergebnisse liefern Informationen, die man auf Computerausdrucken in der Regel vergeblich sucht. So ist die Gleichung $E = mc^2$ weit aussagekräftiger als ein Computerausdruck, der einfach die Energien und Massen von Teilchen auflistet.

Auf der anderen Seite ist im Falle von Wurmlöchern, Schwarzen Löchern und ähnlichen Objekten für analytische (nicht computererzeugte) Lösungen ein sehr hohes Maß an Vereinfachung erforderlich. Beispielsweise haben wir in allen hier betrachteten befahrbaren Wurmloch-Modellen einige vereinfachende Annahmen vorgenommen, so die Vorbedingung, daß sie entweder sphärische Symmetrie oder eine andere ziemlich schlichte Geometrie aufweisen. Diese Annahmen waren notwendig, weil die Lösung der Gleichungen der allgemeinen Relativitätstheorie für diese Modelle sonst zu schwierig gewesen wäre. In einem realistischeren Porträt dieser Objekte müßten alle möglichen Arten von Geometrien berücksichtigt werden –

was sich beim besten Willen nicht mehr von Hand bewerkstelligen ließe.

Augenblicklich unternehmen zahlreiche Forscher energische Anstrengungen, die Frage, ob es CTCs tatsächlich gibt, mit Hilfe von Supercomputern und außerordentlich leistungsfähigen Programmen zu beantworten. In der Mehrzahl dieser Projekte gilt die Aufmerksamkeit der Region in der Umgebung rotierender Schwarzer Löcher (des Kerr-Typs) und der Frage, ob es dort zu Verstößen gegen das Kausalitätsprinzip kommt. Die Bearbeitung von CTCs und befahrbaren Wurmlöchern allgemeiner Form im Computer steht noch aus. Bislang hat man noch keinen schlüssigen Beweis gefunden, daß CTCs in der Natur vorkommen. Doch man hofft, daß sich die Frage durch solche Computerstudien bald auf die eine oder andere Weise beantworten läßt.

Wenn es geschlossene zeitartige Kurven gibt, dann sind sie ein Phänomen ganz neuer Art in der Physik: das erste Beispiel für die Wechselwirkung der Zukunft einer Region des Alls mit ihrer Vergangenheit. Wenn man also CTCs für kosmologische Zeitmaschinen nutzt – wie es beispielsweise Morris, Thorne und Yurtsever getan haben –, dann bedeuten diese Kurven einen extremen Verstoß gegen das Gesetz von Ursache und Wirkung.

Aus diesem Grund nennt der Cambridger Physiker Brandon Carter diese Wege in die Vergangenheit «Trugschlüsse». Für ihn sind CTCs ein Beispiel für mathematische Ärgernisse in der angewandten allgemeinen Relativitätstheorie, Ärgernisse, die man, wenn möglich, durch sorgfältige Neuinterpretation der theoretischen Ergebnisse beseitigen sollte. Beispielsweise kann man einfach annehmen, daß die Reise durch Wurmlöcher (oder Schwarze Löcher) *niemals* in irgendeinen Teil des eigenen Universums zurückführt. In diesem Falle könnte ein Astronaut, der durch eine solche Vorrichtung führe, nicht mit seiner eigenen Vergangenheit in Berührung kommen, weil die Rückkehr zu seinem Ausgangspunkt unmöglich wäre. Damit ist klar, daß sich CTCs völlig ausschließen lassen, wenn man sich zu dem radikalen Schritt durchringt, die Möglichkeit von Wurmloch-Rundfahrten nicht zuzulassen.

In Gödels Universum versagt dieses Argument allerdings. Hier sind Rundreisen selbstverständlich möglich, indem man sich in einer kreisförmigen Schleife um die Achse bewegt und infolgedessen eine vollständige CTC beschreibt.

Raumzeitregionen, in denen sich CTCs nicht durch einfache Neuinterpretation der Ergebnisse beseitigen lassen, nennt Carter «heimtückische Trugschlüsse» (*flagrantly vicious sets*). Ihnen stellt er Bereiche gegenüber, die er als «triviale Trugschlüsse» (*trivially vicious sets*) bezeichnet, in denen ein einfaches Rundfahrtenverbot der Möglichkeit von geschlossenen zeitartigen Schleifen vorbeugt. Zu letzteren gehören die Umgebungen von rotierenden Schwarzen Löchern und befahrbaren Wurmlöchern.

Allerdings scheint diese Unterscheidung zwischen angeblich realisierbaren und nichtrealisierbaren CTCs ziemlich willkürlich zu sein, gibt es doch nicht den geringsten Grund für die Annahme, daß Passagiere auf einer Fahrt durch Wurmlöcher niemals zu ihrem Ausgangspunkt zurückkehren könnten. Solange auch nur die entfernte Möglichkeit von zyklischen Wurmloch-Reisen existiert, sind befahrbare Wurmlöcher zweifellos ideale Verwirklichungen geschlossener zeitartiger Kurven, wenn sie durch ihre Passagen teilweise miteinander verflochten sind.

Solange das Gegenteil nicht bewiesen ist, sollten wir von der völlig vernünftigen Voraussetzung ausgehen, daß sich die Modelle von Wurmloch-Zeitmaschinen, die Morris, Thorne und Yurtsever entwickelt haben, zumindest theoretisch in der Natur verwirklichen lassen und daß die geschlossenen zeitartigen Kurven, die in diesen Modellen enthalten sind, gültige Resultate der allgemeinen Relativitätstheorie sind. Hoffen wir, daß es eines Tages möglich sein wird, diese Annahmen einem gründlichen experimentellen Test zu unterziehen. Bis dahin sollten wir unsere Phantasie den Gesetzen strenger Logik unterwerfen. Diese Prämisse vor Augen, wollen wir uns jetzt mit den unmittelbaren philosophischen Konsequenzen von Wurmloch-Zeitreisen und geschlossenen zeitartigen Kurven beschäftigen.

Paradoxa von Zeitreisen

Die Herstellung einer Wurmloch-Zeitmaschine wäre ein höchst außergewöhnliches Ereignis, das den Gang der Geschichte unwiderruflich verändern würde. Naturwissenschaftler könnten mit Hilfe der Erfindung zur Klärung ihrer Fragen in die Zukunft reisen, während Historiker den Apparat zu höchst aufschlußreichen Reisen in die Vergangenheit nutzen würden. Allerdings ist seit langem bekannt, daß die Existenz von Zeitreisen in verwirrende Aporien und Paradoxa führen würde.

Nicht bei allen Zeitreisen hätte man sich mit Paradoxa herumzuschlagen. Reisen in die Zukunft, wie Wells sie beschrieben hat, würden keine Widersprüche enthalten. In Wells' Erzählung *Die Zeitmaschine* macht sich der Held auf den Weg in die Zukunft, verweilt dort kurze Zeit und kehrt dann in die Gegenwart zurück. Obwohl sein Abstecher sicherlich die Ereignisse der kommenden Welt verändert, verstößt eine solche Veränderung nicht gegen die Gesetze der Logik oder Physik, da in der Geschichte die Reihenfolge von Ursache und Wirkung nicht beeinträchtigt wird. Ein Verstoß gegen die Kausalität kann nur dann erfolgen, wenn Signale aus der Zukunft in die Vergangenheit gesendet werden, nicht umgekehrt.

Dagegen wird in Ray Bradburys Science-fiction-Geschichte *Ferner Donner* auf verheerende Weise in die Kausalität eingegriffen. Das Geschehen beginnt unmittelbar nach einer entscheidenden Präsidentschaftswahl, in der ein faschistischer Bewerber nur knapp unterliegt. Erleichtert von dieser glücklichen Wendung der Ereignisse, beschließt der Protagonist Eckels, Urlaub zu machen. Er hört von einem Abenteuerurlaub ganz neuer Art, der «Zeitsafari», bei der man in die vorgeschichtliche Vergangenheit transportiert wird und mit einem Gewehr Jagd auf Dinosaurier machen darf.

Auf dem Weg in die Vergangenheit wird Eckels eingehend über die Gefahren seiner Zeitreise informiert. Er wird angewiesen, nur die gekennzeichneten Tiere zu schießen, auf den markierten Wegen zu bleiben und jegliche Berührung mit Pflanzen und Insekten zu vermeiden, weil sonst die Geschichte durch die Wechselbeziehung zwischen Gegenwart und Vergangenheit einen anderen Gang nehmen könnte. Getötet werden dürfen nur die rot markierten Dinosaurier, deren baldiges Aussterben zu erwarten ist. Die Veranstalter hoffen, daß keine Veränderungen in den historischen Abläufen auftreten können, wenn nur diese Geschöpfe geschossen werden.

Leider begeht Eckels einen schrecklichen Fehler. Erschreckt von einem näher kommenden Tyrannosaurus rex kommt er unabsichtlich vom Wege ab. Als er durch den Schlamm neben dem Weg stapft, zerquetscht er zufällig einen kleinen Schmetterling. Ohne daß ihm klar wird, was geschehen ist, kehrt er mit seiner Zeitmaschine in die Gegenwart zurück und muß feststellen, daß sich die Welt auf unvorstellbare Weise verändert hat. Das winzige Ereignis, der Tod des Schmetterlings, hat sich im Laufe der Zeit ungeheuer vergrößert und enorme Veränderungen im Gang der Geschichte bewirkt. Der Reisende bemerkt diese Unterschiede zunächst, als er entdeckt, daß sich die englische Sprache verändert hat, und dann, als er feststellt, daß die Präsidentschaftswahl nicht zugunsten des demokratischen, sondern des totalitären Kandidaten entschieden wurde. Zu seinem Entsetzen muß Eckels feststellen, daß der Kontakt mit der Vergangenheit viel gefährlicher und destruktiver war, als er erwartet hatte. Schließlich wird Eckels erschossen – die gerechte Strafe für seine Einmischung in die Geschichte.

In Philip K. Dicks klassischer Science-fiction-Erzählung *Das Orakel vom Berge* geht es um ein ähnliches Thema: Auch hier wird die Vergangenheit durch äußere Einwirkung verändert. Der Roman beginnt in einem ganz anderen Amerika, in dem japanische und deutsche Streitkräfte an der Macht sind. Eine massive Störung des Zeitflusses hat eine bizarre Wendung der Ereignisse heraufbeschworen: Die Alliierten haben den Zweiten Weltkrieg verloren und die Achsenmächte eine weltweite Vorherrschaft errichtet. Wie in Bradburys erschreckender Geschichte wird dem Leser sehr deutlich vor Augen geführt, daß relativ kleine Veränderungen in der Geschichte weitreichende Konsequenzen schrecklichster Art haben können.

Die Idee einer Parallelversion der Erde, in der Hitler den gesamten Planeten erobert hat, ist nicht ungewöhnlich. Unlängst haben Gregory Benford und Martin Greenberg eine große Anzahl von Kurzgeschichten und Romanen zu diesem Thema in ihrem Sammelband *Hitler Victorious* zusammengestellt. Offenbar erschreckt die Vorstellung, daß der Zweite Weltkrieg auch ganz anders hätte ausgehen können, viele Gemüter.

Von einer ähnlichen Grundidee geht Ward Moore in seinem verblüffenden Roman *Der große Süden* aus. Auch hier handelt es sich um eine Parallelversion der Vereinigten Staaten, aber in eine ganz andere historische Epoche verlagert. Bei Moore gelangt ein Gelehrter per Zeitreise in das Jahr 1863 und gibt der Schlacht von Gettysburg eine entscheidende Wendung. Dadurch verändert er den Ausgang des Bürgerkriegs und den nachfolgenden Verlauf der Geschichte. Die ironische Pointe der Geschichte liegt darin, daß der Gelehrte aus einer Welt kommt, in der die Südstaaten über die Nordstaaten gesiegt haben, daß er aber durch seine unbeabsichtigte Einmischung die Bedingungen der gegenwärtigen amerikanischen Gesellschaft schafft, in der der Süden den Bürgerkrieg natürlich verloren hat.

Wenn Zeitreisen mit Hilfe von Vorrichtungen, wie sie Morris, Thorne und Yurtsever in ihrem Wurmloch-Modell entwerfen, möglich, vielleicht sogar selbstverständlich würden, was sollte unbedenkliche Zeitreisende daran hindern, sich auf eine höchst zerstörerische Weise in die Geschichte einzumischen? Was könnte verrückte Faschisten davon abhalten, in den Anfang der vierziger Jahre zurückzukehren und den Nazis die entscheidenden Informationen für den «Endsieg» zu liefern? Wer wollte verärgerte Historiker davon abbringen, Dschingis-Khan eine Wasserstoffbombe in die Hand zu drücken? Und wenn Bradbury recht hätte und das Zertreten eines Insektes genügte, um den Gang der historischen Ereignisse, Dominostein um Dominostein, von Grund auf zu verändern, wer wollte dann noch vorhersagen, was geschähe, wenn Zeitmaschinen alltägliche Verwendung fänden? Zweifellos müßte man irgendwelche Sicherheitsvorkehrungen treffen, um verheerende Folgen für unser Leben zu verhindern.

Vielleicht besitzt die Geschichte selbst einen Kontrollmechanismus, der alle radikalen Veränderungsversuche unterbindet. Dann könnte jeder Versuch, sich in vergangene Zeitläufte einzumischen, mit einer Enttäuschung enden, weil angestrebte historische Veränderungen durch heftige Gegenkräfte zunichte gemacht würden. Wäre es beispielsweise gelungen, Hitler durch ein Attentat zu beseitigen, hätte möglicherweise ein anderer Führer seinen Platz eingenommen und eine ähnliche, wenn auch nicht identische Ereignisfolge ausgelöst. Auch von diesem Führer hätte der Zweite Weltkrieg begonnen werden können, wenn auch unter anderen Umständen und in einer anderen zeitlichen Abfolge. Zur Gründung der Vereinten Nationen hätte es ebenfalls kommen können, Truman wäre zum Präsidenten gewählt worden und Stalin zu dem Zeitpunkt gestorben, zu dem er es in unserer Ereignisfolge tat. Es ist also denkbar (wenn natürlich auch unwahrscheinlich), daß selbst die Ereignisse einer so radikalen Veränderung wie der geschilderten im Laufe der Zeit durch zufällige geschichtliche Gegenströmungen aufgehoben werden.

Die Vorstellung, daß der Geschichte ein Element der Selbstkorrektur innewohnen könnte, ist eines der vorherrschenden Themen in den Erzählungen, die Fritz Leiber unter dem Titel *Change War* veröffentlicht hat. In diesen Geschichten versuchen zwei rivalisierende Zeitreise-Parteien, die «Schlangen» und die «Spinnen», fortwährend, die Geschichte zum Nachteil der anderen Gruppe zu verändern. Doch schließlich entdecken die Mitglieder beider Gruppen, daß jede Einmischung in die Wirklichkeit letztlich folgenlos bleibt, weil sich alle Veränderungen nach dem «Gesetz von der Erhaltung der Wirklichkeit» im Laufe der Zeit aufheben müssen.

Offensichtlich sind der Dominoeffekt und das Prinzip von der Erhaltung der Wirklichkeit zwei Extreme desselben Spektrums. Höchstwahrscheinlich wären die Auswirkungen jeden Eingriffs in die Zeit je nach den Umständen von unterschiedlicher Tragweite. In einigen wenigen Fällen würde das Zertreten eines Insektes zum Sturz von Regierungen führen. Doch meist geschähe nichts dergleichen. Andererseits hätte die Ermordung eines führenden Politikers fast mit Sicherheit langfristige Auswirkungen. Nur glückliche (oder unglückliche) Zufälle könnten wohl Ereignisse wie etwa die Ermordung Lenins im Kindesalter daran hindern, die politische Geschichte des 20. Jahrhunderts tiefgreifend zu verändern. Jedenfalls würden Wurmloch-Zeitreisende die tatsächlichen Auswirkungen ihrer Intervention erst erkennen, wenn es zu spät wäre.

Bislang haben wir die eher unerfreulichen oder beunruhigenden Aspekte von Zeitreisen betrachtet. Doch auf die entscheidenden philosophischen Probleme, die viele Wissenschaftler dazu bewegen, die Möglichkeit von Reisen in die Vergangenheit zu leugnen, sind wir noch nicht eingegangen. Diese theoretischen Fragen, die man unter der Überschrift «Zeitreise-Paradoxon» zusammenfaßt, sind weit schwieriger zu behandeln.

Beim Zeitreise-Paradoxon geht es nicht nur um das direkte Hineinwirken der Zukunft in die Vergangenheit, wie etwa in dem Fall, daß jemand in das zweite Jahrzehnt unseres Jahrhunderts zurückkehrt und den jungen Hitler tötet. Solche Ereignisse bereiten logisch keine großen Probleme. Man braucht nur anzunehmen, daß das Universum von diesem Augenblick an eine andere Entwicklung nähme – ohne Hitler und ohne Naziherrschaft. Solange die Ereignisse, die der Zeitreisende durch seinen Eingriff heraufbeschwört, nicht ihn selbst betreffen, gäbe es nicht den geringsten Widerspruch zwischen verschiedenen Spielarten der Wirklichkeit: Die erste Version der Wahrheit verschwände einfach.

Stellen wir uns jedoch das folgende wirklich paradoxe Szenario vor: Wir schreiben das Jahr 2500. Unseligerweise ist eine der neuen Wurmloch-Zeitmaschinen am Rande des Sonnensystems gerade von Benito Herring in seine Gewalt gebracht worden. Herring ist ein bekannter Neonazi mit einem unsinnigen Haß auf alle Menschen aus Andorra. In einem Wutanfall beschließt er, in der Zeit zurückzureisen und alle Andorraner zu vernichten. Er begibt sich in das Jahr 2000 und hat leider Erfolg mit seinen finsteren Plänen zur Ausrottung des Pyrenäenstaates.

Allerdings hat Herring ein wichtiges Detail seiner Abstammung übersehen: Er ist zu einhundert Prozent Andorraner. Durch die Vernichtung Andorras hat er praktisch alle seine Vorfahren umgebracht. Wenn es also irgendeine kosmische Gerechtigkeit gibt, dann müßte er von der Erde verschwinden, ein Opfer des eigenen törichten Hasses. Denn wie sollte jemand ohne seine Vorfahren auf der Welt sein können?

Doch wenn Herring wie eine erlöschende Kerze aus dem Dasein verschwände, wer würde dann sein schreckliches Programm ausführen? Ganz offensichtlich könnte er dann im Jahre 2500 nicht vorhanden sein, um das Wurmloch in seine Gewalt zu bringen und in die Vergangenheit zu reisen. Und wenn er nicht vorhanden wäre, um einen solchen Plan auszuhecken, gäbe es sicherlich niemanden sonst, der sich für dieses absurde und teuflische Unternehmen erwärmen könnte.

Insofern könnten die Einwohner von Andorra einen tiefen Seufzer der Erleichterung ausstoßen (vorausgesetzt natürlich, sie wüßten überhaupt, was das Schicksal mit ihnen vorhatte). Sie würden ihr Leben fortsetzen, als wäre nichts geschehen – heiraten, Kinder bekommen und so für die Fortdauer ihres Volkes sorgen –, bis an einem schönen Sommertag des Jahres 2470 das Knäblein Benito Herring von einer ihrer Nachfahrinnen geboren wird, heranwächst, ohne das geringste von seiner andorranischen Herkunft zu wissen, und einen erbitterten Haß auf alle Andorraner verspürt.

Eines Tages beschließt Herring, in der Zeit zurückzureisen und einen verruchten Plan, der sich gegen eine bestimmte Gruppe von Pyrenäenbewohner richtet, in die Tat umzusetzen.

Und so fort und so fort.

Wie man sieht, ließe sich diese Geschichte ewig fortsetzen als ein ständiges Hin und Her zwischen zwei logisch unmöglichen Ergebnissen: Im ersten Fall wird das andorranische Volk vernichtet, aber Herring trotzdem geboren; im zweiten Fall überlebt das andorranische Volk, doch Herring wird nie geboren. Ganz offensichtlich liegt hier ein logischer Fehler vor, ein Paradoxon, das dem Wesen der Zeitreise innewohnt. Der Fluß der Geschichte, von dem wir in der Regel erwarten, daß er gerade und kontinuierlich verläuft, scheint eine merkwürdige Schleife zu bilden und in sich selbst zu münden.

Science-fiction-Autoren lieben es, ihre Leser mit Zeitreise-Paradoxa zu verblüffen. Häufig werden solche Widersprüche um Haaresbreite vermieden – gerade noch zur rechten Zeit gelöst. Beispielsweise erlebt der Zuschauer in den *Terminator*-Filmen, die vor kurzem in unseren Kinos zu sehen waren, eine Gesellschaft der Zukunft, die von Computern und Robotern beherrscht wird. Als eine Gruppe rebellierender Menschen unter Führung eines gewissen John die Maschinenhierarchie angreift, verfügen die Computer, daß sogenannte «Terminatoren», auf Mord programmierte Roboter, in die Vergangenheit zurückgeschickt werden, zunächst, um Johns Mutter zu töten, bevor John geboren ist, und dann (in der Fortsetzung), um John umzubringen, während er noch ein Junge ist. Glücklicherweise schlagen beide Versuche fehl, und der Aufstand hat Erfolg.

Kritiker haben der Filmreihe einen offensichtlichen Fehler in ihren Voraussetzungen vorgehalten. Nehmen wir an, den Terminatoren gelänge es, John im zarten Kindesalter zu töten. Dann hätte es in der Zukunft natürlich niemals eine Rebellion gegen die herrschenden Computer geben können. Deshalb hätten sie keine Terminatoren in die Vergangenheit schicken müssen und John wäre nicht umgebracht worden. Wir haben es also mit einem weiteren Beispiel für ein unlösbares Zeitreise-Paradoxon zu tun.

Bei einem zweiten Dilemmatyp werden Objekte in der Zeit eine kurze Spanne zurückgeschickt. Wenn diese Gegenstände einem solchen Zeittransport unterzogen werden, warum hat man sie dann nicht bereits gesehen? Nehmen wir beispielsweise an, Sie beschlössen, mit einer Wurmloch-Zeitmaschine ein Raumschiff neuester Machart um ein Jahr in der Zeit zurückzusenden. Warum ist in diesem Falle das Schiff nicht schon ein Jahr zuvor gesehen worden?

Oder nehmen wir die folgende Situation: Herbert George, ein außerordentlich fauler Mann, der zufällig eine Zeitmaschine besitzt, beschließt eines Morgens, im Bett zu frühstücken. «Kein Problem», denkt er. «Morgen mache ich Frühstück und schicke es mit der Zeitmaschine zurück in die Gegenwart. Ich werde die Steuermechanismen der Maschine so einstellen, daß das Frühstück in diesem Augenblick auf meinem Nachttisch erscheint.»

Natürlich sieht Herbert, als er zur Seite blickt, ein dampfendes Frühstück mit Speck und Eiern auf seinem Nachttisch. Die bloße Entscheidung, das Essen in der Zeit zurückzuschicken, hat ihm die Möglichkeit verschafft, seinen Hunger zu stillen, ohne einen Muskel zu bewegen.

In diesem Beispiel offenbart sich ein augenscheinliches Dilemma: Wodurch wird das tatsächliche Auftauchen des Frühstücks auf Herberts Nachttisch bewirkt? Sind es allein Herberts Absichten, seine Gedanken? Wenn dem so ist, folgt dann nicht daraus, daß unsere Gedanken in dem Augenblick, wo es Zeitreisen gibt, zu den wunderbarsten Taten fähig sein werden?

Viele Male haben sich Kurzgeschichtenautoren und Hollywoodregisseure dieses Themas angenommen. Jüngst in der Science-fiction-Posse *Bill und Teds verrückte Reise*, in der die beiden Helden zu der Erkenntnis kommen, daß sie bestimmte Ausrüstungsgegenstände brauchen, um einen Schurken dingfest zu machen, und beschließen, sich diese Dinge demnächst zu besorgen und mit ihnen in der

Zeit zurückzugehen. Selbstverständlich tauchen die Gegenstände augenblicklich aus dem Nichts auf.

Das Problem solcher «arbeitssparender» Techniken liegt in der fehlenden Gewähr dafür, daß die beabsichtigte Zeitreise auch tatsächlich ausgeführt wird. Wenn die Reise nie stattfindet, entsteht eine paradoxe Situation. Nehmen wir beispielsweise an, daß der faule Herbert sein Frühstück niemals machen und mit seiner Maschine nie die Reise in die Vergangenheit antreten wird. Woher ist dann das Frühstück gekommen?

Um dieses seltsame Paradoxon geht es in Fredric Browns Kurzgeschichte *Das Experiment*. Dort hält Professor Johnson, Vater der ersten Zeitmaschine überhaupt, einen Messingwürfel in der Hand. Um punkt drei Uhr, so teilt er seinen Kollegen mit, werde er den Würfel auf die Plattform seiner Zeitmaschine legen und ihn fünf Minuten in die Vergangenheit schicken. Wie zu erwarten, verschwindet der Würfel um fünf Minuten vor drei aus der Hand des Professors und erscheint auf der Plattform, da er ja in der Zeit zurückgesandt worden ist.

«Aber was ist», wendet ein Kollege ein, «wenn Sie nun, da er bereits erschienen ist, Ihre Meinung ändern und ihn um drei Uhr nicht dorthin legen? Würde das nicht ein gewisses Paradoxon bedeuten?»

Professor Johnson findet den Gedanken interessant und legt den Würfel um drei Uhr *nicht* auf die Plattform. Was geschieht? Der Würfel bleibt, aber der Rest des Universums verschwindet, auch Professor Johnson und seine Kollegen.

Diese Science-fiction-Geschichten und Gedankenexperimente zeigen uns einige der ernsteren Probleme, die durch Konzepte für Zeitreisen in die Vergangenheit aufgeworfen werden. Doch was hat das mit echter Wissenschaft zu tun? Gar nichts – solange Zeitmaschinen den fiktiven Stoff für Erzählungen und Filme bilden. Ungeheuer viel jedoch, wenn man sich mit den Grundfragen von befahrbaren Wurmlöchern beschäftigt, die man möglicherweise eines Tages wirklich bauen und für Weltraum- oder Zeitreisen verwenden kann.

Morris, Thorne, Yurtsever, Novikov und ihre Wurmloch-bastelnden Kollegen nehmen diese Paradoxa außerordentlich ernst. Für sie sind sie nicht einfach Versatzstükke phantasievoller Science-fiction-Geschichten. Die ganze Frage der Realisierbarkeit von Wurmlöchern hängt davon ab, ob die Existenz von Wurmlöchern sich mit den Naturgesetzen und den Bedingungen der Logik verträgt. Ist das nicht der Fall, haben wir allen Grund, uns diese Sternentore endgültig aus dem Sinn zu schlagen.

Kann die Verwendung eines Wurmlochs zu Widersprüchen in der Physik führen?, so lautet die Frage. In einem Zeitschriftenartikel kommen die Autoren beispielsweise auf Schrödingers Katze zurück. Wir erinnern uns an das Gedankenexperiment: Man setzt eine Katze in eine Kiste und betrachtet ihren Zustand als eine Mischung aus Leben und Tod, bis man die Kiste öffnet und die «Wellenfunktion» zu einer der beiden Möglichkeiten «kollabiert», wie es heißt (vgl. Kapitel fünf). Nehmen wir an, ein höher entwickeltes Wesen nähme eine Messung vor, fände heraus, daß Schrödingers Katze zu einem bestimmten Zeitpunkt, sagen wir um zwölf, lebt, und brächte damit die Wellenfunktion der Katze zum Kollaps – im lebendigen Zustand. Nach dieser Beobachtung begibt er sich mittels eines Wurmlochs in der Zeit zurück und tötet die Katze vor zwölf, so daß die Wellenfunktion im toten Zustand kollabiert. Ist die Katze also lebendig oder tot (und in welchem Zustand befindet sich ihre Wellenfunktion), wenn es zwölf schlägt. Ganz offensichtlich ist das ein anderes wunderschönes Beispiel für ein Zeitreise-Paradoxon.

Wegen Paradoxa und Dilemmas dieser Art haben die Physiker am Caltech und in Moskau beschlossen, die Probleme auf ganz neue Art anzugehen. Sie haben einen Ansatz entwickelt, der dafür sorgt, daß alle von ihnen entworfenen Wurmlöcher den Grundregeln der Logik gehorchen und keine unauflöslichen Widersprüche zulassen.

Der neue Lackmus-Test dieser Wissenschaftler heißt *Selbstkonsistenz-Prinzip*. Auf diese Weise sind geschlossene zeitartige Kurven möglich, die Möglichkeit physikalischer Widersprüche aber ausgeschlossen. Sie plädieren nachdrücklich dafür, daß dieses Prinzip in den Kanon der Physik aufgenommen wird wie das Gesetz von der Erhaltung der Masse und Energie oder das Gesetz von der Konstanz der Lichtgeschwindigkeit in einem Vakuum. Nur die Einführung einer solchen Einschränkung würde die Existenz von CTCs – und damit auch Wurmlöchern – zulassen. In einem ihrer jüngsten Artikel stellen Novikov, Thorne, Morris und Yurtsever (unter Mitwirkung von John Friedman, Fernando Echeverria und Gunnar Klinkhammer) folgendes fest:

«Lassen sich CTCs den Gesetzen der Physik ohne unannehmbare Verstöße gegen das Kausalitätsprinzip einverleiben? Die Antwort auf diese Frage hängt natürlich davon ab, was man unter ‹unannehmbar› versteht. Die einzige Art von Kausalitätsverstoß, die die Autoren für unannehmbar halten würden, ist das Science-fiction-Konzept, nach dem jemand in der Zeit zurückgeht und sein jüngeres Ich umbringt (‹die Vergangenheit verändert›)... Diese Auffassung werden wir in einem *Selbstkonsistenz-Prinzip* Gestalt annehmen lassen, nach dem *die einzigen Lösungen für die physikalischen Gesetze, die im wirklichen Universum lokal auftreten können, diejenigen sind, die sich als global selbstkonsistent erweisen.*»

Mit anderen Worten, wenn eine Handlung oder Bewegung lokal – das heißt, über kurze Entfernung oder kurze Zeit – stattfindet, sollte sie konsistent mit – widerspruchsfrei zu – der Gesamtentwicklung des ganzen Universums sein. Wenn jemand Gleichungen schreibt, die das Verhalten des gesamten Kosmos vom Anfang bis Ende bestimmen, dann müssen alle CTCs sich irgendwie mit den Lösungen dieser Gleichungen vertragen.

Betrachten wir eine Analogie, um diesen Punkt deutlicher herauszuarbeiten. Stellen wir uns den Anfang und das Ende der Zeit als je eine Bahnstation vor. Ein einzelnes gerades Gleis verbindet die beiden Stationen und stellt so die kontinuierliche Entwicklung des Universums im Laufe der Zeit dar. Zu beachten ist, daß es keine «Rückwärtsbewegung» gibt – woraus folgt, daß das Verhalten des Kosmos nur in eine Richtung verläuft; das heißt, in der Zeit eine Einbahnstraße ist.

Leider arbeitet die Eisenbahn mit Verlust, so daß die Stadtplaner beschließen, an ihrer Stelle eine Achterbahn mit einer großen Looping-Schleife zu bauen. Die Achterbahn soll zwischen den beiden Stationen gebaut werden, die man beibehalten will. Eine Reihe von Plänen wird für die neue Attraktion entworfen.

Um unseren Vergleich fortzuspinnen: Die Pläne repräsentieren die Gleichungen, die die Evolution des Universums bestimmen. Die Schleife der Achterbahn steht für eine CTC – eine Krümmung zurück in der Zeit. Der Umstand, daß die Achterbahn an einer Station beginnen und an der anderen enden muß, symbolisiert das Problem, dem sich Physiker gegenübersehen: Modelle des Universums zu entwickeln, die sich von bestimmten Anfangsbedingungen zu bestimmten Endbedingungen entwickeln.

Die beauftragten Ingenieure legen eine Anzahl von Plänen für die Achterbahn vor und müssen nun entscheiden, welche sie verwenden wollen. Um zu entscheiden, welche

Entwürfe durchführbar und welche mangelhaft sind, beschließen sie, den Lackmus-Test des Ingenieurbüros Morris, Thorne und Novikov zu verwenden, den man als das «Prinzip selbstkonsistenter Achterbahnen» bezeichnet. Nach dieser Regel sind Achterbahnen mit Looping-Schleifen nicht erlaubt, wenn ihr Gleis von der Anfangs- oder der Endstation abweicht. Zulässig sind nur Achterbahnen, die beide Stationen exakt miteinander verbinden. Deshalb beschließen die Planer, nur solche Schleifen zu verwenden, bei denen das Gleis korrekt verläuft, das heißt, zwischen beiden Zugstationen.

Bei Anwendung des Selbstkonsistenz-Prinzips auf die Physik stellen wir zu jedem Zeitreise-Entwurf folgende Frage: Bringen die durch das Modell erzeugten CTC-Schleifen das Universum gewissermaßen zum Entgleisen, oder lenken sie es in die Richtung, die es ohnehin einschlüge? Das heißt, fügen sie sich in den ewigen Gesamtplan ein?

Von befahrbaren Wurmlöchern verlangen wir also, daß alle entwickelten Modelle sich mit einem vernünftigen Entwurf von der Entwicklung des Kosmos als Ganzem vertragen müssen. Läßt ein Wurmloch die Entsprechung zu diesem globalen Porträt der Wirklichkeit vermissen, können wir es getrost verwerfen.

Nach diesen Prinzipien sind rückwärtsgerichtete Zeitreisen zulässig, wenn sie den natürlichen Gang der Welt nicht verändern. Erlaubt sind nur Veränderungen der Vergangenheit, die ohnehin vorgesehen waren. Dazu schreibt Ian Redmount in der englischen Zeitschrift *New Scientist*:

«Die Evolution eines physikalischen Systems hat selbstkonsistent zu sein, selbst wenn man Einflüsse einbezieht, die aus der Zukunft in der Zeit zurückwirken. Das heißt, wenn man in der Zeit zurückreist und versucht, die eigenen Eltern zu erschießen, bevor man geboren ist, wird die Waffe versagen oder der Schuß sein Ziel verfehlen. Die Ereignisfolge schließt die Auswirkungen dieses Versuchs bereits ein.»

Zwar hat das Selbstkonsistenz-Prinzip in der theoretischen Physik noch nie Anwendung gefunden, doch in Science-fiction-Erzählungen hat man sich seiner eifrig bedient, um Paradoxa zu vermeiden. Beispielsweise bekommt in Michael Moorcocks Roman *I.N.R.I. oder die Reise mit der Zeitmaschine* ein psychisch gestörter, extrem religiöser Mann Zugang zu einer Zeitmaschine. Als er in die Zeit Jesu zurückreist, stellt er erstaunt fest, daß vom Heiland keine Spur zu entdecken ist. Nachdem seine Maschine zerstört und er unwiderruflich in der Zeit gestrandet ist, beginnt er unbewußt, Schritt um Schritt alle Ereignisse zu reproduzieren, die in den Evangelien berichtet werden, wobei er in die Rolle Jesu schlüpft. Natürlich stellt sich heraus, daß er der wahre Jesus ist und daß so der Wahrheitsgehalt der biblischen Geschichte gerettet wird. Dergestalt ist nach dieser Erzählung die Geschichte des Universums selbstkonsistent geblieben.

Ein anderes Beispiel für Selbstkonsistenz in der Science-fiction-Gattung ist Robert Heinleins amüsante Geschichte *Wer bin ich?*. Diese Geschichte enthält nicht weniger als drei CTC-Schleifen, und doch ist die abgebildete Welt vollkommen kompatibel mit sich selbst (frei von Paradoxa). Die Handlung entfaltet sich in etwa wie folgt (es ist schwer, den vielen Wendungen und Verwicklungen Rechnung zu tragen): Eine Waise, die gerade das gebärfähige Alter erreicht hat, wird von einem seltsamen Mann verführt und bekommt ein Kind von ihm. Der Mann verschwindet auf geheimnisvolle Weise, und das Kind wird von der Säuglingsstation gestohlen. Noch komplizierter wird das Ganze, als eine mysteriöse Komplikation während der Entbindung erforderlich macht, daß die junge Mutter einer Operation zur Geschlechtsumwandlung unterzogen wird. So wird sie ein Mann, wenn auch von merkwürdigem

Aussehen. Einige Jahre später trifft sie/er einen Zeitreisenden. Dieser nimmt den ungewöhnlichen Mann mit in die Vergangenheit und stiftet ihn dazu an, sich an sein früheres Selbst heranzumachen. Daraufhin raubt er das Kind und bringt es in einem Waisenhaus unter. So stellt sich heraus, daß der Zeitreisende, das verwaiste Mädchen und der Verführer alle ein und dieselbe Person sind. Mit anderen Worten, das Mädchen ist Mutter, Vater und Entführer seiner selbst in einer völlig selbstkonsistenten Schleife!

In Filmen gibt es eine Fülle von Beispielen für selbstkonsistente Kreisläufe. Eine ganze Filmreihe, der *Planet der Affen* und seine Fortsetzungen, bildet eine vollständige und konsistente CTC. Im ersten Film reisen drei Astronauten durch die Zeit zur künftigen Erde und stellen fest, daß sie von intelligenten Affen beherrscht wird, die sich eine degenerierte Menschheit unterworfen haben. Der nächste Film in dieser Reihe beschreibt die Konflikte zwischen Affen und Menschen. Im dritten Film finden zwei Affen, Zira und Cornelius, das Raumschiff der Astronauten und reisen mit ihm rückwärts in der Zeit zur heutigen Erde. Dort bringt Zira Caesar zur Welt, der natürlich genauso intelligent ist wie seine Eltern. Im vierten Film der Reihe wächst Caesar heran und stiftet alle heutigen Affen an, sich gegen die Menschen zu erheben und die Herrschaft an sich zu reißen. Im fünften und letzten dieser Filme bilden die Affen schließlich eine Gesellschaft, die die Menschen unterjocht. So bildet die ganze Folge der Filme eine einzige, geschlossene Erzählung. Keiner ihrer Teile könnte fortfallen, ohne daß die Folge unvollständig würde, und da der Selbstkonsistenz so sorgfältig Rechnung getragen wurde, zeigt sich nicht das geringste Paradoxon.

Selbst wenn es gelingt, jegliches Paradoxon zu vermeiden, können die Ergebnisse beunruhigend sein. Nehmen wir beispielsweise die Geschichte *Find the Sculptor* von Sam Mines, in der ein Wissenschaftler eine Zeitmaschine erfindet, fünfhundert Jahre in die Zukunft reist und ein Standbild von sich selbst entdeckt, das man zu Ehren des ersten Zeitreisenden errichtet hat. Daraufhin löst er das Denkmal aus seiner Verankerung und nimmt es als Beleg für seine erfolgreiche Reise mit in die eigene Zeit. Dort stellt man das Standbild auf, um an seine denkwürdige Reise zu erinnern. Die Frage, die Mines am Ende der Geschichte stellt, lautet: Wann ist das Standbild hergestellt worden? Obwohl die Geschichte selbstkonsistent ist, bleibt sie natürlich verwirrend.

Wurmloch-Billard

Wie die Geschichte vom Standbild belegt, beseitigt das Selbstkonsistenz-Prinzip nicht alle Schwierigkeiten von Wurmloch-Reisen in die Vergangenheit. Doch wie der reisende Vertreter in dem Musical *The Music Man* ausführt, gibt es überall Schwierigkeiten. Für River City, die idyllische Stadt, die in diesem Theaterstück beschrieben wird, treten die Schwierigkeiten in Gestalt des Poolbillards auf. So hören wir von dem Vertreter: «Du kriegst Probleme... Mit großem P wie das P, das für Pool steht.»

Doch für Kip Thorne und seine Mitarbeiter entstehen die Probleme durch das klassische *Billardspiel*, die Karambolage. Nun mag man sich fragen, was denn ausgerechnet das Billardspiel mit Wurmlöchern zu tun hat. Und was haben Katzen, um noch einmal auf dieses Beispiel zurückzukommen, mit der Quantenmechanik zu tun?

Thorne fordert uns auf, uns ein riesiges Billardspiel vorzustellen mit einer gewaltigen Billardkugel und ein befahrbares kosmisches Wurmloch mit zwei nahe beieinanderliegenden Öffnungen. Das Wurmloch gehört der Kategorie der Zeitmaschinen an und befördert alle Objekte zurück in ihre Vergangenheit. Wenn also die Kugel die erste

Öffnung trifft, ist sie beim Austritt aus der zweiten Öffnung in der Zeit zurückgeschritten.

Stellen wir uns nun vor, die Riesenkugel wird in Öffnung eins geschickt, taucht zu einem früheren Zeitpunkt aus der zweiten Öffnung auf und kollidiert mit sich selbst. Auf diese Weise stößt sie sich selbst aus ihrer ursprünglichen Bahn und tritt niemals in das Wurmloch ein. Damit tritt die paradoxe Situation ein, daß es nie zur Karambolage der Kugel mit sich selbst kommen kann.

Es gibt eine eindeutige Diskrepanz zwischen zwei verschiedenen Versionen der Wirklichkeit. Die Anfangsbedingungen dieses Problems – Ausgangsposition, Geschwindigkeit der Billardkugel und Ausgangsposition der Wurmloch-Öffnungen – sind so beschaffen, daß keine einzelne konsistente Lösung möglich ist. Vielmehr gibt es eine Bahn, in deren Verlauf die Kugel in die erste Öffnung eintritt, und eine zweite, bei der die Kugel nicht eintritt. Doch paradoxerweise verhält es sich bei den gegebenen Bedingungen so, daß die Kugel, wenn sie *tatsächlich* in die Öffnung gelangt, mit sich selbst zusammenstoßen muß und sich daran *hindert*, in die Öffnung einzutreten.

So formuliert, ist das Rätsel der Billardkugel ein eindeutiges Beispiel für *Selbstinkonsistenz*. Es verkörpert jene Art von Dilemma, die das Selbstkonsistenz-Prinzip ausräumen soll. Deshalb entspricht es, wie Thorne darlegt, dem Paradoxon «sein jüngeres Ich töten» und gibt keine zusätzlichen Probleme auf, abgesehen davon, daß es die Bandbreite der Anfangsbedingungen einschränkt.

Trotzdem läßt sich leicht eine vollkommen selbstkonsistente Situation des kosmischen Billardspiels vorstellen, in der sich eine andere Art von logischem Dilemma ergibt. Dieses zusätzliche Problem habe ich in der Erörterung der Geschichte *Find the Sculptor* schon kurz angesprochen: Die Konsistenz-Bedingung beseitigt nicht unbedingt jegliche Ambiguität.

Offenbar sind in Sam Mines Erzählung *zwei* selbstkonsistente Universen möglich. In dem einen Fall, der in der Geschichte berichtet wird, begibt sich der Zeitreisende in die Zukunft, entdeckt sein Standbild, nimmt es in der Zeit zurück in die Gegenwart und erlebt dann, daß es aufgestellt wird. So legt das Standbild in einer geschlossenen zeitartigen Schleife einen vollständigen Kreis zurück. Die zweite selbstkonsistente Möglichkeit besteht darin, daß der Held in die Zukunft reist, kein Standbild entdeckt, in die Gegenwart zurückkehrt und ihm kein Denkmal gebaut wird. Das ist eine vollkommen logische, mit sich selbst verträgliche Alternative zur ersten Version der Geschichte, eine Version, in der kein Standbild einer Schleife folgt. Wie in dem Vergleich mit der Achterbahn gibt es zwei mögliche Verbindungen zwischen dem Anfang und dem Ende: eine ohne Schleife und eine mit einer einzigen, richtig konstruierten Schleife. Richtig konstruiert heißt hier, daß die Schleife dem Selbstkonsistenz-Prinzip gehorcht: daß sie von Anfang bis Ende die Einheit des Gesamtprojektes garantiert.

Auf die gleiche Dichotomie sind Thorne und seine Forschungskollegen beim Billardproblem gestoßen: Bei entsprechenden Anfangsbedingungen kann man zwei selbstkonsistente Lösungen mit null Schleifen beziehungsweise einer Schleife haben. Betrachten wir also, wie die beiden möglichen Lösungen des Billardkugel-Rätsels aussehen:

Stellen wir uns vor, eine riesige Billardkugel bewegt sich zwischen den beiden Öffnungen eines Wurmlochs und ist so in Bewegung gesetzt worden, daß sie einem geraden Weg folgt. Natürlich folgt sie ohne ein weiteres Hindernis dieser Richtung ewig. Damit haben wir die *Null-Schleifen-Lösung* des Problems.

Doch es gib noch eine zweite logische Möglichkeit. Die Kugel könnte in die erste Öffnung des Wurmlochs gestoßen werden, sich in der Zeit zurückbewegen und aus der zweiten Öffnung auftauchen. Nach Verlassen des Wurmlochs könnte sie wieder auf eine gerade Bahn gestoßen werden. Dergestalt wieder in ihre ursprüngliche Richtung gebracht, würde sie diesen Weg ewig fortsetzen. Das ist die *Ein-Schleifen-Lösung*: Halten wir fest, daß sie von ihrer Bahnverschlingung in der Mitte zwischen den Wurmloch-Öffnungen abgesehen, mit der *Null-Schleifen-Lösung* identisch ist.

Was stößt aber die Kugel in die erste Öffnung des Wurmlochs? Und was wieder zurück in ihre ursprüngliche Bahn? Es gibt einen Zusammenhang zwischen den Antworten auf diese beiden Fragen: Im ersten Fall wird eine Version der Kugel, bevor sie in das Wurmloch eintritt (die «unbearbeitete Version»), durch die Version ihrer selbst, die bereits durch das Wurmloch in die Vergangenheit gelangt ist (die «bearbeitete Version»), in die erste Öffnung befördert. Im zweiten Falle prallt die Version der Kugel, die gerade aus der zweiten Öffnung aufgetaucht ist (die «bearbeitete Version»), von der Kugelversion ab, die sich gerade anschickt, in das Wurmloch zu rollen (die «unbearbeitete Version»), und wird vom Ort des Zusammenstoßes in gerader Bahn fortgeschleudert. Damit sind beide Kollisionen und beide Beteiligten tatsächlich ein und dasselbe.

Betrachten wir nun ein zweites gleichwertiges Beispiel für selbstkonsistente Doppellösungen, um noch etwas mehr Klarheit in dieses bemerkenswerte Rätsel zu bringen. Statt einer Billardkugel stellen wir uns eine noch alltäglichere Situation vor: einen ganz gewöhnlichen Mann auf dem Weg zur Arbeit. Wie im ersten Fall gehen wir davon aus, daß es Wurmlöcher gibt, die Zeitreisen ermöglichen.

Der Kaufmann Robert Preston lebt und arbeitet in River City und legt jeden Tag den gleichen Weg von seiner Wohnung zu seinem Büro zurück. Dabei folgt er einer vollkommen geraden Linie, die unter anderem genau zwischen einer Telefonzelle und einem Busch verläuft. Das ist die Null-Schleifen-Lösung für die Aufgabe, eine Karte von Roberts Weg zur Arbeit anzufertigen.

Wie sieht dann die selbstkonsistente Schleifen-Lösung für diese Aufgabe aus? Die zweite Möglichkeit hat die folgende Form:

Der Kaufmann Robert Preston lebt und arbeitet in River City und legt jeden Tag den gleichen Weg von seiner Wohnung zu seinem Büro zurück. Dabei folgt er einer vollkommen geraden Linie, die unter anderem genau zwischen einer Telefonzelle und einem Busch verläuft. Eines Tages jedoch, als er sich in der Nähe des Busches befindet, springt ein feindseliger Mann, der genauso aussieht und spricht wie Robert, aus dem Gebüsch und stößt ihn in die Telefonzelle. Daraufhin dreht sich der Hochstapler um und setzt Roberts ursprünglichen Weg fort. Schließlich kommt er in Roberts Firma an, wo er natürlich für Robert gehalten wird.

Inzwischen sieht sich Robert, der ziemlich erschrak, als er so plötzlich in die Telefonzelle geschubst wurde, unvermittelt in das Gebüsch versetzt (außerdem mittels eines experimentellen Wurmlochs der Telefongesellschaft um eine Minute in der Zeit zurück). Er tritt aus dem Gebüsch heraus, sieht plötzlich den Betrüger herankommen (der in Wirklichkeit der Robert von vor einer Minute ist!) und stößt ihn in die Telefonzelle. Daraufhin wendet Robert sich um und setzt seinen ursprünglichen Weg fort. Schließlich erreicht er seinen Arbeitsplatz und beschließt, den seltsamen Zwischenfall einfach zu vergessen.

Auch hier haben wir zwei alternative selbstkonsistente Lösungen für das Problem, die Bewegung eines Objektes, hier Roberts Weg, zu bestimmen. Im Billardrätsel wie im seltsamen Erlebnis des Kaufmanns haben wir je zwei voneinander abweichende Geschichten mit gleichem Anfangs- und Endzustand.

Für Thorne und seine Mitarbeiter ist die Existenz zweier selbstkonsistenter Lösungen für diese Art von Rätsel höchst interessant. Ganz wie in der Quantenmechanik sind offenbar bei Wurmloch-Zeitreisen, wenn sie denn zu verwirklichen sind, Bahnprobleme durch ein Mehr-Geschichten-Verfahren zu lösen.

Wie wir gesehen haben (Kapitel fünf), läßt sich in der Quantenphysik, die als die genaueste Wiedergabe des Verhaltens von mikroskopischen Teilchen gilt, der Ort und der Impuls eines Teilchens nicht zur gleichen Zeit bestimmen. Infolgedessen ist es ebenso unmöglich, die exakte Bahn eines gegebenen Teilchens anzugeben, wenn man den Anfangs- und den Endzustand kennt. Es läßt sich nur vermuten, daß das Objekt jede mögliche Bahn mit einer bestimmten Wahrscheinlichkeit zurückgelegt hat. Diese Wahrscheinlichkeit gibt die Wellenfunktion des Teilchens an.

Die Situation des Forschers ähnelt der eines Schaustellers, der die Leute in sein Jahrmarktlabyrinth einläßt und dann, wenn er sie nach etwa zwanzig Minuten wieder herauskommen sieht, bestimmen möchte, welchen Weg sie genommen haben. Natürlich kann er, ohne in die Bude zu blicken, nicht genau sagen, wie sie gegangen sind. Er weiß lediglich, daß sie das Labyrinth durch die eine Tür betreten, es durch die andere Tür verlassen und einen von tausend möglichen Wegen durch das Labyrinth genommen haben. Wenn er sehr intelligent ist, kann er mit Hilfe ihrer Wellenfunktionen bestimmen, wie wahrscheinlich es ist, daß sie einzelne mögliche Wege zurückgelegt haben.

Normalerweise bleibt diese quantenmechanische Methode des Messens, die sogenannte *Aufsummierung von Möglichkeiten*, Situationen vorbehalten, in denen es um kleine Teilchen geht. Doch bei den selbstkonsistenten mehrwertigen Lösungen für Probleme von Wurmloch-Zeitreisen, wie wir sie im Beispiel der Billardkugel und des Kaufmanns kennengelernt haben, scheint das Verfahren durchaus angebracht zu sein.

Deshalb sind Thorne und die anderen Wurmloch-Architekten zu dem Schluß gelangt, daß sich die Existenz verschiedener Lösungen für Zeitreise-Probleme am besten durch die Quantenlogik erklären läßt. Der Umstand, daß man nicht genau angeben kann, welchen Weg die Billardkugel oder der Verkäufer nimmt, läßt auf einen fundamentalen Unterschied zwischen Bahnproblemen schließen, an denen CTCs beteiligt sind, und der Aufgabe, die Wege in einfacheren Geometrien (ohne die Möglichkeit von Schleifenbildung) zu bestimmen. Laut Thorne muß man sich im ersten Fall der Quantenmechanik bedienen, während im zweiten eine klassische, vor-Heisenbergsche Methode ausreicht. Befahrbare Wurmlöcher bieten also eine seltene großräumige Anwendungsmöglichkeit für eine noch nicht vollständig formulierte Quantentheorie der Gravitation.

Nach dieser Quantenmethode sind der Ort und die Geschwindigkeit eines Objektes wie der Billardkugel keine Größen mehr, die man ein für allemal exakt bestimmen kann. Vielmehr steckt die gesamte Information über die Kugel in einer Wellenfunktion; diese enthält, so die Theorie, die Wahrscheinlichkeiten, die für die Kugel bestehen, jeder der möglichen Bahnen zu folgen. Mit anderen Worten, wir haben dann eine Art sich entfaltender Wahrscheinlichkeitsverteilungs-Kurve für den Ort der Billardkugel, eine Kurve, die angibt, wie groß die Aussichten sind, daß sich die Kugel bei einer gegebenen Geschwindigkeit zu einer gegebenen Zeit an einem gegebenen Ort befindet. Natürlich kommen für diese Kurve nur selbstkonsistente Bahnen in Frage – andere Wege werden durch Thornes Selbstkonsistenz-Prinzip ausgeschlossen.

Nach dieser Formulierung befindet sich ein Objekt also, wie Schrödingers seltsame Katze, in einem gemischten Zustand, in einem Vorstadium, das alle denkbaren Bahnen enthält. Bis zu dem Zeitpunkt, da eine Messung vorgenommen wird, bleibt sein tatsächlicher Aufenthaltsort eine Art

Nebelschleier, der sich über alle Möglichkeiten ausbreitet. Nur wenn der Ort oder der Impuls des Objektes direkt gemessen wird, kollabiert seine Wellenfunktion zu einer der Möglichkeiten.

Beispielsweise könnte man im Fall des Kaufmanns eine Photozelle anbringen, um zu messen, ob er vom geraden Weg abgekommen ist oder nicht. Würde er von einer anderen Version seiner selbst gekidnappt, mäße das Auge einen negativen Wert. Ansonsten käme es zu einem positiven Ergebnis, was hieße, daß er nicht vom Wege abgekommen wäre. Nach der Standardinterpretation der Quantenmechanik ließe sich vor Ermittlung der Ergebnisse sagen, daß der Kaufmann in einem Vorstadium zwischen zwei Möglichkeiten gefangen ist: In dem einen Fall ist er völlig geradeaus gegangen, im anderen ist er von einer Version seiner selbst, die bereits durch die Zeit gereist ist, in das Telefonzellen-Wurmloch gedrängt worden. (Hier handelt es sich um die Null-Schleifen- und Ein-Schleifen-Bahn.) Die Wellenfunktion des Kaufmanns wäre ein Nebeneinander dieser beiden Situationen. Nur wenn die Meßergebnisse der Photozelle bekannt würden, ließe sich von der Wellenfunktion sagen, daß sie zu einer der beiden möglichen Zustände kollabiert sei.

Paralleluniversen

Die Vorstellung von kollabierenden Wellenfunktionen und gemischten Zuständen ist zu einem festen Bestandteil der quantenmechanischen Standardlehre geworden. Man bezeichnet sie als *Kopenhagen-Interpretation*. Doch selbst nach mehr als sechzig Jahren erfolgreicher Anwendung ist die Methode immer noch ein Gegenstand heftiger Kontroversen. Was viele immer noch stört, ist der Gedanke, daß der Beobachter eine so wichtige Rolle in der

Theorie spielen soll. Wie oben erörtert, geht man davon aus, daß sich bis zum Zeitpunkt einer experimentellen Messung die betrachteten Größen (Ort, Impuls und so weiter) aller Objekte, ob belebt wie Kaufleute und Katzen oder unbelebt wie Billardkugeln, in einem unscharfen, gemischten Zustand befinden. Erst wenn der Experimentator eine aktive Rolle übernimmt, nämlich eine Messung vornimmt, kollabiert die Wellenfunktion für dieses Objekt.

Infolge dieser beunruhigenden Situation sind viele Alternativen zur Kopenhagen-Interpretation entwickelt worden. Äußerst faszinierend, wenn auch sehr kontrovers (umstrittener noch als die Kopenhagener Methode) ist ein Ansatz, den Hugh Everett 1957 im Rahmen seiner Dissertation an der Princeton University vorgeschlagen und den Bryce De Witt von der University of Texas weitergeführt hat. Diese neue Deutungsweise der Quantenmechanik, gewöhnlich als *Viele-Universen-* oder *Viele-Welten-Theorie* bezeichnet, eliminiert den Einfluß des Experimentators auf das Verhalten der Wellenfunktion vollständig.

In dem Viele-Universen-Ansatz wird die Wellenfunktion als grundlegende Naturgegebenheit behandelt und nicht einfach als mathematische Abstraktion, die eine Wahrscheinlichkeitsverteilung beschreibt. Dann bedeutet der Umstand, daß diese Funktion über viele Möglichkeiten ausgebreitet ist, schlicht und einfach, daß diese Alternativen tatsächlich existieren. Nach einem Meßakt schließlich verzweigt sich das Universum, und der Experimentator findet sich in einer der vielen Kopien wieder. Dieser Verzweigungs- oder Bifurkationsprozeß wiederholt sich bei jeder Messung irgendeiner physikalischen Größe. Dazu De Witt: «Richtig betrachtet, spaltet sich unser Universum ständig in eine ungeheure Zahl von Verzweigungen auf... Jeder Quantenübergang, der irgendwo auf einem fernen Stern, in einer beliebigen Galaxie, in dem entlegensten Winkel des Universums stattfindet, teilt unsere lokale Welt in unzählige Kopien ihrer selbst auf. Hier haben wir es mit Schizophrenie in höchster Potenz zu tun!»

Nach diesem radikalen Ansatz sind sogar unser Körper und unser Bewußtsein im Laufe unseres Lebens Milliarden und Abermilliarden solcher Verzweigungsprozesse unterworfen. Jede Bifurkation der Wellenfunktion eines der den Körper konstituierenden Atome bewirkt eine Vervielfältigung des Ichs in Versionen, die sich in je einer aus einer schier unbegrenzten Zahl von Welten befinden.

Warum sind wir uns nicht bewußt, daß dieser weltenteilende Prozeß stattfindet. Obwohl wir uns laut Everett und De Witt ständig replizieren, weiß keiner dieser «Klone» von der Existenz der anderen. Die Replikate führen ihr Leben einfach in Alternativuniversen und haben keine Möglichkeit, Kontakt zu den anderen Welten aufzunehmen oder selbst Zugang zu ihnen zu finden. Wie Häftlinge, die in einem riesigen Gefängnis ihre Einzelhaft absitzen, sind sie nicht in der Lage herauszufinden, was ihre Kameraden tun, das heißt, sie können nicht feststellen, was wir tun.

Laut John Wheeler, der einst ein einflußreicher Fürsprecher der Viele-Universen-Theorie gewesen ist, nun aber doch ein bißchen zweifelt, ob ein so radikaler Ansatz wirklich not tut, teilt sich auch das Universum selbst auf. Nach seinem Superraum-Konzept gibt es Milliarden und Abermilliarden Versionen des Kosmos, die sich alle auf andere Weise entwickeln. In einigen dieser Kopien sind die Galaxien weit größer als bei uns. In anderen gibt es überhaupt keine Galaxien. Einige Doppelgänger stürzen schon nach ein paar Milliarden Jahren in sich zusammen, andere brauchen viel länger und so fort.

Wie läßt sich dann erklären, daß wir in unserem besonderen Universum leben – in dieser Version mit ihrer besonderen Größe, ihrer Galaxienzahl, ihrer besonderen Dauer und ihrem charakteristischen Verhalten? Um die besondere Beschaffenheit unserer eigenen Welt zu rechtfertigen, haben viele Physiker und Philosophen das *anthropische Prinzip* vorgeschlagen, das unseren Kosmos gegen die anderen abgrenzen soll. In Verbindung mit Wheelers Superraum-Hypothese gibt es laut dieser Theorie eine Ansammlung von Universen, die sich, jedes mit seinen besonderen Eigenschaften, im Laufe der Zeit entwickeln. Natürlich sind in dieser gewaltigen Zahl kosmischer Duplikate mindestens ein paar Universen, die Himmelskörper mit der Fähigkeit zur Hervorbringung intelligenten Lebens enthalten. Nur in diesen besonderen Replikaten sind, so die Theorie, die kosmologischen Bedingungen gegeben, die Wesen wie wir brauchen, um sich zu entwickeln. Das erklärt, warum unser Universum ist, wie es ist, warum es diese Langlebigkeit besitzt und warum es seinc besonderen physikalischen Konstanten hat. Sonst wären nämlich keine Lebewesen mit Bewußtsein und Intelligenz vorhanden, die diese Informationen aufnehmen könnten. In den meisten anderen Kosmosduplikaten gäbe es keine Menschen oder andere bewußtseinsbegabte Organismen – weshalb auch niemand diese alternativen, lebensfeindlichen Daseinsbedingungen je als geeignet für sich reklamieren könnte.

Zwar sind Wheeler und viele andere der ursprünglichen Vertreter des Viele-Universen-Modells von dessen radikalsten Folgerungen abgerückt, dennoch übt dieses kompromißlose Verständnis der Quantenmechanik starken Einfluß auf die zeitgenössische Quantenmechanik aus. Das anthropische Mehr-Welten-Modell der Kosmologie hat viele prominente Fürsprecher, unter anderem auch Stephen Hawking, gewonnen. Natürlich werden die Neuerungen, die diese Theorie enthält, auch in den kommenden Jahren eine wichtige Rolle in der theoretischen Physik spielen.

Und tatsächlich ermöglicht das Viele-Universen-Modell einen bemerkenswert neuen Blick auf die Zeit. Nach dem

Weltbild von Everett und De Witt läßt sich die Zeit nicht mehr als einzelner fließender Strom bezeichnen, sondern ist als eine Reihe sich gabelnder Flüsse aufzufassen, die sich fortwährend in alle Richtungen verzweigen. Jede dieser Abzweigungen stellt eine der vielen möglichen Veränderungen dar, die im Kosmos stattfinden können.

Mit dem neuen Zeitkonzept können wir viele «Paradoxa» in der modernen Physik besser verstehen, so etwa das der Schrödingerschen Katze (vgl. Kapitel fünf). Erinnern wir uns, daß das arme Kätzchen nach dem traditionellen Verständnis in einem quantenphysikalischen Vorstadium verharrt, zwischen Leben und Tod schwebend, bis der Versuchsleiter die Kiste öffnet und hineinsieht. Sobald diese Messung vorgenommen worden ist, kollabiert die Wellenfunktion und nimmt einen von zwei möglichen Werten an: lebendig oder tot.

Nach der Viele-Universen-Theorie findet der Kollaps hingegen nicht statt. Vielmehr spaltet sich die Wellenfunktion der Katze, ja, die Wellenfunktion des ganzen Universums, augenblicklich in zwei Teile. In dem einen Zweig ist die Katze eindeutig tot, im anderen eindeutig lebendig. Wenn der Versuchsleiter also beschlösse, den Deckel des Behälters zu heben, würde er augenblicklich in eine der beiden Abzweigungen geschleudert. Niemals erführe der Experimentator von der anderen Möglichkeit – niemals bekäme er den Einfluß der alternativen Kosmosversion zu spüren. Die beiden Welten würden sich nie wieder vereinigen, sondern sich auf ewig zu zahllosen anderen Universen verzweigen.

Wenden wir uns nun wieder dem Problem der Billardkugel und der sehr ähnlichen Situation des selbst-gekidnappten Kaufmanns zu. Es liegt auf der Hand, wie wir die Überlegungen, die wir eben auf das Katzenparadoxon angewandt haben, verwenden können, um diese Widersprüche der Wurmloch-Zeitmaschine zu lösen. Die Idee der

Kosmosverzweigung scheint ideal geeignet zu sein, einige der verwirrenden Situationen zu klären, die durch Zeitreisen, speziell solche der Wurmloch-Art, hervorgerufen würden.

Auch das Umgekehrte gilt: Wurmlöcher könnten interessante Erkenntnisse über die grundlegende Beschaffenheit von Quantenprozessen vermitteln. Graham Collins hat in der Zeitschrift *Physics Today* die Auffassung vertreten, durch Wurmloch-Zeitreisen lasse sich möglicherweise die Gültigkeit der Viele-Welten-Theorie überprüfen: Mit einer Reise in die Vergangenheit sei man vielleicht in der Lage festzustellen, ob der Kollaps der Wellenfunktion stattfinde oder nicht. Auf jeden Fall besteht, wie uns die Beispiele der Billardkugel und des Kaufmanns zeigen, kein Zweifel daran, daß es zwischen dem Wurmloch-Konzept und der Viele-Welten-Theorie eine wesentliche Beziehung gibt.

Übersetzen wir das Problem der Billardkugel in den Viele-Welten-Jargon. Eine Billardkugel wird in den Raum zwischen den beiden Öffnungen eines Wurmlochs geschossen. Hier verzweigt sich das Universum in zwei Teile. Die erste Abzweigung besteht aus einem Kosmos, in dem der Ball einem vollkommen geraden Weg folgt. In der zweiten Kopie durchquert die Kugel das Wurmloch, nachdem sie durch eine andere Version ihrer selbst in eine der Öffnungen gestoßen worden ist. Sie tritt am anderen Ende aus, stößt wieder mit sich selbst zusammen und entfernt sich schließlich auf geradem Wege vom Wurmloch. Statt aus einem selbstkonsistenten Universum zu bestehen, hat sich der Kosmos in zwei selbstkonsistente Bereiche aufgeteilt, auf deren jeden nur *eine* mögliche Lösung entfällt. Damit ist dem Prinzip der Selbstkonsistenz Genüge getan, und es werden alle Paradoxa und Dilemmas mit Doppellösungen vermieden.

Die gleiche Lösung läßt sich auf das Problem mit dem

Kaufmann anwenden. Unsere Erzählung von dem sich selbst kidnappenden Kaufmann läßt sich in zwei selbstkonsistente Geschichten aufteilen, die jede einer eigenen Welt entspricht. In der einen geht der Kaufmann Robert Preston auf geradem Wege von seiner Wohnung in die Firma. In der anderen Welt trifft Robert eine frühere Version seiner selbst, wird von ihr in eine Telefonzelle gestoßen, taucht aus dem Busch auf und setzt seinen Weg fort. Jeder Robert setzt sein Leben fort, ohne im entferntesten zu ahnen, daß eine Verzweigung stattgefunden hat und daß es noch einen anderen Robert in einer anderen Welt gibt. Damit sind alle Widersprüche völlig aufgehoben.

Augenscheinlich ist die Viele-Universen-Theorie in der Lage, viele der Ungereimtheiten zu beseitigen, die dem Konzept der Zeitreisen durch kosmische Wurmlöcher innewohnen, sowie die meisten Probleme auszuräumen, die sich beim Kollaps der Wellenfunktion in der Quantenmechanik ergeben. Zweifellos bringt dieses neue, unkonventionelle Wirklichkeitsbild beträchtliche Vorteile für das Gebiet der theoretischen Physik.

Doch könnte man fragen, ob es seine Nachteile aufwiegt. Müssen wir die Vorstellung aufgeben, daß unsere Welt einzig ist, und uns statt dessen mit dem Gedanken abfinden, daß sie ständig Billiarden nahezu identischer Kopien ihrer selbst hervorbringt – und das nur, um einige Widersprüche in den gegenwärtigen Modellen der Kosmologie und Quantenmechanik auszuräumen? Vielleicht gibt es andere, philosophisch weniger beunruhigende Möglichkeiten, diese Schwierigkeiten zu beseitigen.

Bis auf den heutigen Tag ist das Viele-Welten-Modell umstritten, wobei viele Physiker die Lager wechseln wie Billardkugeln, die zwischen den beiden Öffnungen eines Wurmlochs hin- und hergestoßen werden. Trotzdem, selbst wenn man das Viele-Universen-Modell nicht dem Kanon physikalischer Lehrmeinungen eingliedert, wird dieser kühne Entwurf die Phantasie der Beteiligten auch weiterhin so stark gefangennehmen wie wenig andere Modelle des Kosmos. Die Vorstellung, daß die Zeit sich ständig verzweigt, hat bereits zahlreiche Aufsätze und literarische Arbeiten entstehen lassen, von denen viele geschrieben wurden, noch bevor Everett seine verblüffende Dissertation vorlegte. Und natürlich waren es abermals Science-fiction-Autoren, die sich ganz neue Variationen auf das faszinierende Thema einfallen ließen.

Einer der ersten Hinweise auf Zeitverzweigungen findet sich in einer Erzählung von David R. Daniels, die 1934 in der Science-fiction-Zeitschrift *Wonder Stories* erschien. Dort verwendet der Autor die Vorstellung sich verzweigender Universen, um das Zeitreisen-Paradoxon zu lösen: Durch einen rechtzeitigen Wechsel in einen alternativen Kosmos werden alle Widersprüche der Geschichte vermieden. Jede Reise in die Vergangenheit führt, so Daniels, zu einer Gabelung des Kosmos in zwei verschiedene Versionen – wobei die eine die «konventionelle» Geschichte enthält, die andere die veränderte Spielart der Wirklichkeit.

In *Die Zeitlegion* von Jack Williamson, einer Kurzgeschichte, die vier Jahre später erschien, nimmt der Autor die Viele-Universen-Theorie vorweg, indem er eine Welt beschreibt, in der die Quantenmechanik dafür sorgt, daß sich der Kosmos ständig in Zweige von unterschiedlicher Wahrscheinlichkeit aufteilt. Den Personen wird die Bedeutungslosigkeit des Todes in einem ewig sich verzweigenden Kosmos klar, denn selbst wenn ein Mensch in dem Busunfall einer Verzweigung ums Leben käme, könnte er den Zusammenstoß in einer anderen Verzweigung überleben.

Mit welchen Konsequenzen man bei Zeitverzweigungen zu rechnen hätte, ist in vielen anderen fiktiven Erzeugnissen untersucht worden. Bei vielen Kennern gilt *The Man Who Folded Himself* von David Gerrold als klassisches

Beispiel für das Genre der Weltenverzweigung. Laut dem Wissenschaftsautor John Gribbin ist diese Erzählung «die kaum noch zu überbietende ironische Auseinandersetzung mit den Möglichkeiten, die eine unendliche Anzahl von fast, aber nicht ganz gleichen Welten unterschiedlicher Wahrscheinlichkeit zu bieten hat». Viele Romane von Philip K. Dick, etwa *Valis* und *Das Orakel vom Berge* machen sich in ähnlicher Weise die Vorstellung von Paralleluniversen zunutze. Sogar Mark Twain hat sich in der Erzählung *The Mysterious Stranger* mit diesem faszinierenden Gedanken auseinandergesetzt.

Die Fernsehserie *Raumschiff Enterprise* aus den sechziger Jahren bot Sience-fiction-Autoren einen idealen Rahmen zur Realisierung ihrer phantasievollen Einfälle, und so gab es dort viele interessante Variationen auf das Thema der Zeitverzweigungen. In der Folge *Griff in die Geschichte*, geschrieben von Harlan Ellison, führt eine unbeabsichtigte Reise in die Vergangenheit die Serienhelden auf die Erde der dreißiger Jahre. Dadurch daß sie das Leben eines bekannten Pazifisten retten, lösen die Protagonisten eine Ereignisfolge aus, die schließlich zum Sieg des nationalsozialistischen Deutschlands im Zweiten Weltkrieg führt. Infolgedessen befindet sich die Enterprise-Mannschaft vorübergehend in einer anderen Abzweigung des Universums, bis die Zeit-verwandelnde Tat ungeschehen gemacht wird. Dagegen entwirft die Folge *Brot und Spiele* eine ganz andere Welt, die zwar in unserem Universum liegt, in der es aber einem genauen Abbild des Römischen Reichs gelingt, der modernen Technik habhaft zu werden. In *Ein Paralleluniversum* schließlich entdecken die Helden nahezu identische Abbilder ihrer selbst in einer merkwürdigen, spiegelbildähnlichen Kopie des Kosmos.

Viele-Welten-Geschichten gibt es nicht nur in der Science-fiction. Im *Garten der Pfade, die sich verzweigen*, einer sehr originellen Detektivgeschichte des südamerikanischen Schriftstellers Jorge Luis Borges, macht sich dieser das Thema des Universums als Labyrinth von Möglichkeiten suggestiv zunutze. Einer der in dieser Erzählung geschilderten Menschen berichtet einem anderen von einem Verwandten, der von der Vorstellung der sich verzweigenden Zeit besessen ist:

«Im Unterschied zu Newton und Schopenhauer glaubte [er] nicht an eine gleichförmige, absolute Zeit. Er glaubte an unendliche Zeitreihen, an ein wachsendes, schwindelerregendes Netz auseinander- und zueinanderstrebender und gleichgerichteter Zeiten. Dieses Webmuster aus Zeiten, die sich einander nähern, sich verzweigen, sich schneiden oder jahrhundertelang nicht voneinander wissen, umfaßt *alle* Möglichkeiten. In der Mehrzahl dieser Zeiten existieren wir nicht; in einigen existieren Sie, ich jedoch nicht; in anderen ich, Sie aber nicht; in wieder anderen wir beide.»

Diesem Bild des Universums als Labyrinth von Alternativen begegnet der Leser auch in den Büchern des hochgeschätzten italienischen Romanciers Italo Calvino. In dem Roman *Die unsichtbaren Städte* beschreibt er Parallelversionen einer Stadt, wobei jede sich gegenüber den anderen durch eine leicht abweichende Besonderheit auszeichnet. Weiter führt Calvino das Thema in dem Buch *Das Schloß, darin sich Schicksale kreuzen* aus, einem Werk, das er mit Hilfe eines Spiels Tarockkarten schuf. Dabei verteilte er die Karten zufällig und benutzte ihre Symbolik, um die Geschichte zu erzählen. Zu dieser ungewöhnlichen Methode griff er, um zu zeigen, wie beliebig die Abfolge der Ereignisse in dieser Welt ist und wie leicht sich andere Konfigurationen derselben Ereignisse vorstellen lassen. So kommt Calvino zu dem Schluß, daß die Geschichte, wie wir sie kennen, ausschließlich vom Zufall bestimmt ist:

«Die Welt existiert nicht... es gibt kein ganz auf einmal gegebenes Ganzes: es gibt eine endliche Zahl von Elementen, deren Kombinationen sich zu Milliarden und Abermilliarden multiplizieren, doch von diesen finden nur wenige Form und Sinn und behaupten sich inmitten eines Staubes ohne Sinn und Form; wie in den achtundsiebzig Karten des Tarocks, bei deren Aneinanderreihung Abfolgen von Geschichten erscheinen, die sich sofort auflösen.»*

Liefert die Viele-Welten-Theorie das wirkliche, experimentell überprüfbare Abbild unseres physikalischen Universums, oder ist sie nur ein bemerkenswert raffiniertes mathematisches Kunststück, das in keinem konkreten Zusammenhang zur Wirklichkeit steht? Vielleicht wird uns die Beschäftigung mit befahrbaren Wurmlöchern bald eine Antwort auf diese faszinierende Frage liefern. Bis dahin oder bis zu dem Zeitpunkt, da diese Frage durch eine andere Methode gelöst sein wird, darf man fast mit Sicherheit davon ausgehen, daß die Debatte über die Existenz vielfältiger Universen einen ständig sich verzweigenden Strom von Zeitschriftenartikeln über dieses merkwürdige Thema erzeugen wird.

Quo vadis, Wurmloch?

Für das kosmische Wurmloch-Team Morris, Thorne, Yurtsever, Novikov und Co. hat sich der Versuch, eine neue Methode des interstellaren Verkehrs zu entwickeln, als ein ganz ähnliches Unterfangen erwiesen wie der Bau eines Bürohochhauses. Bei der Errichtung von Wolkenkratzern ist von jedem Architektenbüro ein genau festgelegtes Verfahren zu befolgen. Zunächst muß der Verwendungszweck des Gebäudes bestimmt werden, das heißt, man muß Kunden finden und ihre Bedürfnisse bestimmen. Als zweites

* Italo Calvino: *Das Schloß, darin sich Schicksale kreuzen.* München, 1984, S. 106

müssen genaue Pläne gefertigt werden, die die Sicherheit und Bequemlichkeit der potentiellen Benutzer sicherstellen. Drittens sind geeignete Baumaterialien ausfindig zu machen und zur Baustelle zu transportieren. Viertens gilt es, ein stabiles Fundament zu legen, das ein solch gewaltiges Gebäude tragen kann. Wenn schließlich alle diese Dinge getan sind, kann man den Rest des Wolkenkratzers errichten.

Nachdem Carl Sagan seinen Freund Kip Thorne zu Rate gezogen hatte, begann dieser Mitte der achtziger Jahre mit einer eingehenden Bedarfsplanung für befahrbare kosmische Wurmlöcher. Das war die Phase der «Wurmloch-Nutzenanalyse»: Stadium eins.

In den Jahren 1988 und 1989 veröffentlichten Thorne, Morris und ihr «Architektenkollege» Matt Visser eine Reihe detaillierter Pläne für befahrbare Wurmlöcher. Wie im Falle der Entwürfe, die bei der Ausschreibung eines Projektes eingereicht werden, unterschieden sich ihre Konstruktionspläne eher in ästhetischer als in funktionaler Hinsicht. Sorgfältig achteten sie bei ihren Entwürfen darauf, den Bedürfnissen künftiger Benutzer nach Möglichkeit Rechnung zu tragen, wobei sie Bequemlichkeit, Geschwindigkeit, Haltbarkeit und Sicherheit vorrangige Bedeutung einräumten. Das war die Phase der «Wurmloch-Planung»: Stadium zwei.

Als nächstes stellte sich die Aufgabe, die für den Wurmloch-Bau erforderlichen Rohstoffe ausfindig zu machen und herbeizuschaffen. Exotische Materie mit Minus-Masse schien von entscheidender Bedeutung für den Bau kosmischer Tore zu sein. Doch es war und ist höchst ungewiß, wo man dieses außerordentlich ungewöhnliche Material finden und wie man es transportieren soll. Tatsächlich war sich keiner der beteiligten Wissenschaftler absolut sicher, daß es den Stoff wirklich gibt. Deshalb wurde dieses Stadium, das der «Materialbeschaffung», nie abgeschlossen.

Trotzdem wandten sich die Forscher dem Stadium vier zu, in dem es die philosophischen Fundamente für das gewaltige Projekt zu legen gilt. Da sind umfangreiche gedankliche Erdarbeiten zu leisten, bevor das eindrucksvolle Unternehmen abgeschlossen werden kann. Stadium fünf, der eigentliche Bau der Wurmlöcher, kann erst in Angriff genommen werden, nachdem ein tragfähiges theoretisches Gerüst errichtet ist. Doch dieser letzte Schritt des Wurmloch-Projektes muß aufgeschoben werden, bis Stadium vier (und mit ihm Stadium drei) endlich abgeschlossen ist.

In der philosophischen Phase haben die Kollisionen hypothetisch-kosmischer Billardkugeln eine wichtige Rolle gespielt. Bis dieses scheinbare Paradoxon ganz verstanden ist, wird unklar bleiben, ob die Wurmloch-Theorie auf festen Felsengrund oder auf Treibsand gebaut ist. Die ganze Wissenschaft von der Konstruktion kosmischer Tore kann also versinken oder bestehenbleiben, was davon abhängt, ob all die Konsequenzen, die sich aus der Existenz solcher Bauwerke ergeben, einer physikalischen Überprüfung standhalten. Bis also das Problem der mit sich selbst wechselwirkenden Billardkugel und andere Zeitreise-Dilemmas nicht befriedigend gelöst sind, stehen alle Planungs- und Bauphasen des Wurmloch-Programms noch auf tönernen Füßen.

Verständlicherweise sind Thorne und seine Mitarbeiter sehr um den Beweis bemüht, daß ihr Selbstkonsistenz-Prinzip die schwierigen Paradoxa beseitigt, die mit geschlossenen zeitartigen Schleifen verknüpft sind – jene akausalen Strukturen, die für Wurmlöcher aller Art charakteristisch sind. Ferner möchten die Wurmloch-Architekten zeigen, daß eine vollständige Anwendung der Quantenmechanik auf die Gravitation erschöpfend erklären würde, wie ein Objekt, das sich in der Nähe solcher kosmischer Wurmloch-Öffnungen befände, mehrere selbstkonsistente Alternativbahnen zurücklegen könnte.

Offenbar spielt die umstrittene Viele-Universen-Theorie dabei eine gewisse Rolle. Das Konzept der Wurmloch-Konstruktion scheint die Möglichkeit von Parallelwelten zu eröffnen. Ob diese unzugänglichen, benachbarten Universen tatsächlich existieren oder ihr Dasein nur in den Nebenwelten der höheren Mathematik fristen, ist eine Frage, die sich in den kommenden Jahren hoffentlich befriedigend beantworten läßt.

Wenn einmal alle philosophischen Fragen und mit der Verwendung exotischer Materie verknüpften Probleme endgültig geklärt sind, wird die wirkliche Aufgabe beginnen: Dann wird man Bautrupps zusammenstellen und die Konstruktion der interstellaren Passagen konkret in Angriff nehmen müssen. Es werden Arbeitskräfte anzuwerben sein, die bereit sind, die Entbehrungen auf sich zu nehmen, die der Aufenthalt in fernen Regionen des Weltalls mit sich bringt, und man wird sie hinausschicken müssen in die leeren interstellaren Räume, wo sie mit großen Mengen exotischer Materie umgehen werden. Schritt um Schritt, Stück für Stück werden sie die Wurmloch-Tore zusammenfügen und sich dabei nach detaillierten Bauplänen richten, die sicherstellen, daß künftige Passagiere die riesigen Entfernungen des Kosmos mit einer Geschwindigkeit zurücklegen, hinter denen die ursprünglichen Erbauer dieser Abkürzungen weit zurückbleiben werden. Wenn diese transgalaktischen Verbindungen eines Tages fertig sind, wird ein neues Zeitalter funktionaler Wurmloch-Technik beginnen.

Möglicherweise wird sich am Ende herausstellen, daß der Wurmloch-Bau eine höchst schwierige Aufgabe ist, die die Fähigkeiten vieler Generationen von «Architekten» und «Baumeistern» in Anspruch nimmt – sie alle in der Nachfolge des Meisterarchitekten Kip Thorne. Vielleicht erweist sich das Unternehmen aber auch als relativ einfach, so daß es sich in fünfhundert Jahren oder noch kürzerer

Zeit abwickeln läßt – nur ein paar Seiten in den Annalen der menschlichen Geschichte. Jedenfalls besteht kein Zweifel daran, daß diese monumentalen Bauwerke, sobald sie einmal vollendet sind, der Menschheit ermöglichen werden, die Isolation ihres irdischen Planetendorfes zu durchbrechen.

9. KAPITEL

Szenen aus dem nächsten Jahrtausend

Landung

Ein heulender Lärm durchdringt die Stille des im Wind wogenden Feldes. Kreischend und krachend setzt ein Düsenjet seine Räder auf die Rollbahn. Immer enger wird der Bodenkontakt, bis das Flugzeug hält und Sie von Bord gehen.

Es ist zwanzig Jahre her, seit Sie Ihre Geburtsstadt verlassen haben. Inzwischen hat sich die verschlafene, isolierte Wüstenortschaft zu einer pulsierenden Metropole gemausert, einer Großstadt, die Besucher aus aller Welt anlockt. Auf dem Weg vom Flughafen zu den Randgebieten der neuen City registrieren Sie verblüfft die Vielzahl neuer Wolkenkratzer, deren spiegelnde Fronten im Lichte der untergehenden Sonne eine spektakuläre Farborgie veranstalten. Kaum wiederzuerkennen ist die einstmals triste Hauptstraße, in der sich jetzt fremdländische Händler mit ihren exotischen Waren drängen. Körbe mit ungewöhnlichen kunstgewerblichen Erzeugnissen aus der ganzen Welt säumen die Gehsteige, während die köstlichen Aromen von Kräutern und Gewürzen die Dämmerung erfüllen. Der Klang exotischer Musikinstrumente verbindet sich mit den Rufen der Händler zu einer melodischen Sinfonie, während Sie die einst so stille Straße hinunterschlendern.

Schließlich erreichen Sie den Marktplatz der Metropole

und bleiben einen Augenblick stehen, um sich die erstaunliche Verwandlung Ihres Heimatortes zu vergegenwärtigen: von einem verschlafenen, isolierten Dorf zu einem pulsierenden Handels- und Industriezentrum. Alle diese Veränderungen gehen darauf zurück, daß Ihre Stadt mit anderen Ortschaften und Regionen durch rasche Verkehrsmittel verbunden ist. Ohne Flugzeuge wäre alles geblieben, wie es seit Generationen war: stagnierend, öde und eng. Die Möglichkeit, von einer kulturellen Enklave zur anderen zu reisen, hat zum Austausch von Überlieferung und Wissen geführt, zur Verbreitung handwerklicher Fertigkeiten. Kurzum, ein weltweites Netz hat sich gebildet, das alle zum allseitigen Vorteil mit den Erkenntnissen aus Wissenschaften und Künsten versorgt. Die einst unüberwindliche Grenze ist durchlässig geworden.

Inzwischen ist die Nacht hereingebrochen. Ihr Blick fällt auf einen glitzernden Wolkenkratzer in der Ferne und gleitet an ihm empor. Höher und höher ragt das Bauwerk empor und entfernt sich immer weiter von seinen Fundamenten. Auch Ihre Gedanken schwingen sich höher und höher und folgen der glänzenden Spitze, bis sie sich in schwindelerregenden Regionen verlieren. Die Menschheit ist wie der Wolkenkratzer, denken Sie. Auch sie strebt fort von ihren Ursprüngen und erklimmt immer neue Gipfel des Wissens. Immer ist sie unterwegs zu neuen Ufern, immer neue Barrieren überwindet sie. Wohin wird sie dieser Weg noch führen? fragen Sie sich.

Solche Gedanken bewegen Sie, während Sie den gewaltigen Turm betrachten, der sich eindrucksvoll vor dem Hintergrund von Millionen glitzernder Sterne erhebt, die in die dunkle Tapete der Nacht gewebt sind.

Das höchste frei stehende Gebäude der Welt ist heute der Canadian National (CN) Tower in Toronto. Die hoch aufragende Säule aus massivem weißem Beton erhebt sich etwa 550 Meter hoch als eindrucksvolles Zeugnis des uralten Strebens der Menschheit, nach dem Himmel zu greifen. Das riesige Bauwerk trägt eine Spitze und eine kugelförmige Aussichtsplattform, die sinnigerweise «Weltraum-Plattform» heißt.

Der Turmbau als Versuch der Menschheit, ihre vertikalen Horizonte zu erweitern, blickt auf eine lange Geschichte zurück. Seit jeher gilt der Bau hoher Gebäude als Mittel, den Beschränkungen der Erde zu entkommen und sich der himmlischen Regionen zu bemächtigen. Dieses Bestreben reicht zurück in biblische Zeiten. In der Genesis steht geschrieben, daß das Volk, das im Lande Sinear lebte, den (gründlich scheiternden) Versuch unternahm, einen Turm zu bauen, «des Spitze bis an den Himmel reiche», um ein Zeichen für die Leistung des Geschlechtes zu setzen. Diesen Turmbau zu Babel verstanden die Menschen als ein Mittel, um die tiefe Trennung zwischen Erde und Himmel zu überwinden.

Besucher des CN-Turmes haben die Wahl zwischen zwei Möglichkeiten, den Himmel zu erobern. Einmal können sie einen gläsernen Fahrstuhl besteigen und mit rasender Geschwindigkeit zur Weltraum-Plattform emporschießen, von wo aus sich ihnen ein atemberaubender Panoramablick auf die Metropole Toronto bietet. Die andere Möglichkeit führt sie paradoxerweise in die Tiefen des Kellergeschosses.

Denn im Inneren des CN-Komplexes ist ein bemerkenswertes futuristisches Unterhaltungszentrum untergebracht, die sogenannte *Tour of the Universe*. Die Besucher haben dort Gelegenheit, sich als Teilnehmer einer Vergnügungskreuzfahrt durch den Kosmos im 21. Jahrhundert zu fühlen. Die Passagiere dieser simulierten Flüge werden freundlich von buntgekleideten Besatzungsmitgliedern begrüßt, die sie mit intergalaktischen Pässen ausstatten. Um die Illusion der *Spaceport*-Routine zu vervollständigen, unterzieht man die Passagiere anschließend einer realistisch wirkenden Abfertigungsprozedur, in deren Verlauf sie mit Laserstrahlen gegen extraterrestrische Viruserkrankungen wie «Marsödem» und «Ganymedausschlag» geimpft, über die Reiseroute informiert und einer eingehenden Zollkontrolle unterzogen werden. Schließlich besteigen sie einen Flugsimulator 727 neuester Machart, der sie auf einen bemerkenswert echt wirkenden Weltraumflug entführt. Dabei spüren sie die Unbilden des Beschleunigungsvorgangs, wie er durch Rakctenantrieb hervorgerufen wird, während sie einen speziell für diesen Zweck gedrehten Film vor Augen haben (er stammt von Douglas Trumbull, der auch für die Spezialeffekte der Filme von *2001: Odyssee im Weltraum* und *Begegnungen der Dritten Art* verantwortlich war).

In den phantasievollen Bildern, die sich da entfalten, schießt der *Hermes Class IV Shuttle* durch das Innere des CN-Towers empor, schwebt durch den Weltraum und gelangt in die Nähe des Jupiters. Natürlich ist dieser Start nicht Wirklichkeit, sondern nur eine höchst raffinierte Illusion. Visuelle und auditive Reize vermitteln Aufregung und Spannung, wenn die Passagiere einen Beinahe-Zusammenstoß mit Meteoren sowie ein kurzes Zwischenspiel im «Hyperraum» erleben. Schließlich landet das «Raumschiff» wieder, und die Reisenden gehen von Bord.

Hunderttausende von Touristen nehmen sich jedes Jahr die Zeit für realistische Raumfahrtabenteuer wie der Tour of the Universe in Toronto oder ähnliche interplanetarische Scheinreisen in anderen Städten. In einer täuschend echten Simulation erleben sie das aufregende Gefühl, den

Planeten Erde hinter sich zu lassen und in die unbekannten Schwärzen des Weltraums zu entschweben. Sicherlich gibt es ein großes, noch nicht zu befriedigendes Bedürfnis, die grenzenlose Weite der kosmischen Räume zu erforschen – ein Wunsch, der sich in dem unstillbaren allgemeinen Interesse an Weltraumgeschichten, Filmen und Flugsimulatoren manifestiert. Jede Nacht sind Sternenbeobachter rund um die Erde immer aufs neue verzaubert angesichts der wunderbaren Großartigkeit des sichtbaren Universums, visuell markiert durch die Tausende von Lichtpunkten, die den dunklen Himmel partiell erleuchten. Viele dieser Astronomen würden gewiß viel dafür geben, in dieses flimmernde Schauspiel über ihren Köpfen hinauffliegen und die Realisierung des Traums vom Raumflug am eigenen Leibe erfahren zu können.

Der nächtliche Sternenhimmel ist in der Tat verlockend – scheinbar zum Greifen nahe, doch tatsächlich Billiarden von Kilometern entfernt. Er macht uns Lust, seine dargebotenen Regionen zu erkunden, zieht sich aber zurück, wenn wir versuchen, seiner habhaft zu werden. Nur wenn die Menschheit aus erster Hand die feurige Energie der alten roten Sonnen erleben, mühelos zu den fernen Konstellationen gelangen und von den köstlichen Früchten ferner Planeten kosten kann, wird diese Sehnsucht befriedigt sein.

Intergalaktische Knotenpunkte

Eines Tages werden rasche interstellare Flüge nicht mehr bloße Versatzstücke der Science-fiction-Literatur und Attraktionen der Vergnügungsparks sein, sondern fester Bestandteil der menschlichen Erfahrung. Früher oder später werden die Menschen die technischen Voraussetzungen schaffen, um Tore zu bauen, die in andere Teile des Kosmos führen: befahrbare Wurmlöcher, vielleicht von der Art, wie Thorne, Morris, Yurtsever und Visser sie entworfen haben. Mit Hilfe solcher kosmischer Verbindungen wird sich die menschliche Zivilisation über die Grenzen der Erde hinaus entfalten und sich über die ganze Galaxis ausbreiten können.

Wir stehen am Anfang des dritten Jahrtausends, eines neuen und entscheidenden Kapitels des abenteuerlichen Menschheitsepos. Vor knapp tausend Jahren landeten Leif Erikson und seine Wikingergefährten als erste Europäer an der Küste Nordamerikas. Fast fünfhundert Jahre später entdeckte Kolumbus die amerikanische Küste und schuf damit die Voraussetzungen für die ersten europäischen Kolonien und das Zeitalter der Entdeckungen. Die gefährlichen Unternehmungen eröffneten der abendländischen Zivilisation neue Horizonte und führten zu einer gewaltigen Expansion von Handel und Industrie. Man entdeckte neue Pflanzen und Tiere, neue Heilmittel, neue Kulturen. Sind wir im Begriff, die letzte Grenze zu überwinden und in die Fußstapfen unserer wagemutigen Vorfahren zu treten? Sind wir bereit, das zweite Zeitalter der Entdeckungen zu beginnen? Diesmal über die kosmischen Meere? Die Antworten auf diese wichtigen Fragen kann nur das nächste Jahrtausend bringen.

Versuchen wir uns vorzustellen, wie ein neues Zeitalter der Entdeckungen aussehen könnte und welche Gestalt eine Zivilisation wohl hätte, die über die Möglichkeiten raschen interstellaren Verkehrs verfügte. Die folgenden Abschnitte sind als spekulativer Ausblick auf das Leben im Jahre 2500 zu verstehen:

Unser Bericht beginnt im dritten Jahrtausend auf einem irdischen Spaceport, der als Ausgangspunkt für extraterrestrische Reisen dient. In dem ausladenden Gebäude führen Korridore in alle Richtungen. Einige tragen die Namen terrestrischer Orte, während über einem die Bezeichnung

«Erdorbit-Raumstation» zu lesen steht. Passagiere strömen mit ihren Gepäckstücken, die sie mühelos auf magnetischen Schwebevorrichtungen mit sich führen, durch diesen Eingang. Das Tor geleitet sie zu Hochgeschwindigkeitsfahrstühlen, die sie auf die Raumfahrtebene des Flughafens befördern. Nach einer kurzen Gesundheitskontrolle gehen sie einen schwach erleuchteten Gang zum Einlaß einer Raumfähre hinunter.

Im Inneren der Fähre haben die Passagiere die Wahl zwischen verschiedenen Möglichkeiten. Einige entscheiden sich dafür, den Raumflug wachend in einer bequemen Kabine im Vorschiff zuzubringen. Andere ziehen den ruhigen Zustand des Kälteschlafs vor und begeben sich in den hinteren Teil der Raumfähre. Dort bringt man sie in sorgfältig überwachten Tiefkühleinrichtungen unter. Diese Apparate sind tragbar und mit dem endgültigen Bestimmungsort der Reisenden beschriftet. Da die meisten Winterschlafreisenden beabsichtigen, während ihres Flugs mehrfach das Raumschiff zu wechseln, ist Vorsorge getroffen, daß die Apparate auf den entsprechenden Umsteigestationen automatisch in die richtigen Fahrzeuge umgeladen werden. Viele Passagiere, deren Reisen Wochen oder länger dauern, entscheiden sich deshalb dafür, diese Zeit in einem angenehmen Schlummer zu verbringen, in dem sie von den Unbequemlichkeiten des Umsteigens nichts spüren.

Wer wach bleiben möchte, bereitet sich selbst auf den Start vor. Nach ein paar Minuten jagt die Raumfähre eine lange Rollbahn hinunter und erhebt sich in die Atmosphäre. In der Luft wird der Kernfusionsantrieb eingeschaltet, und in wenigen Minuten erreicht die Fähre die Raumstation im Erdorbit.

Die Station ist ein gewaltiges Bauwerk mit einem Durchmesser von ungefähr anderthalb Kilometern, das die Erde etwa im 24-Stunden-Rhythmus umkreist. Sie dient verschiedenen Zwecken: Ihre eine Seite ist abgeflacht und bietet den Raumfähren, die von der Erde eintreffen, einen Landeplatz, eine andere Fläche ist ein Startfeld für interplanetarische Raumschiffe.

Doch die riesenhafte Rauminsel dient nicht nur als Zwischenstation, sondern enthält auch dauerhafte Einrichtungen für Handel, Freizeit, Industrie und Wissenschaft. Für die Gesundheit und Bequemlichkeit von Besatzung und Gästen sorgt regulierte Atemluft. Im Inneren der Station liegen Schlafräume, Foyers und Vergnügungseinrichtungen.

Da es auf der Insel keine Schwerkraft gibt, machen sich viele der an Bord angebotenen Aktivitäten diese Bedingung zunutze. So führen internationale Amateur- und Berufssportler schwerelose Wettkämpfe, zum Beispiel dreidimensionale Fußballturniere, in der großen würfelförmigen Sporthalle durch. Nebenan befindet sich ein Reha-Zentrum, in dem sich Hunderte von Unfallopfern und Behinderten unter den idealen Bedingungen der Schwerelosigkeit rasch erholen.

In einer weiteren Abteilung finden schwerelose Produktionsprozesse statt. So werden makellose Kristalle zu Bestimmungszwecken gezüchtet. Bei absoluter Schwerelosigkeit lassen sich Produkte herstellen, die man auf der Erde wegen der Schwerkrafteinschränkungen nicht erzeugen kann. Deshalb lassen sich im All auch Kristalle züchten, die so empfindlich sind, daß sie auf der Erde unter ihrem eigenen Gewicht zusammenbrächen.

Mit genetischer Forschung ist man in einem Nachbarraum beschäftigt. Unter den Bedingungen der Schwerelosigkeit kann man ohne Schwierigkeiten gutartige, therapeutisch verwendbare «Viren» aus Proteinen und DNA-Ketten zusammensetzen, die man ebenfalls im Weltall hergestellt hat. Diese maßgeschneiderten genetischen Invasoren kann man in den Körper «einschleusen», wo sie bestimmte Krankheiten heilen. Die Herstellung solcher hochspezialisierter Viren würde auf der Erde große Schwierigkeiten bereiten, weil sich die Schwerkraft verheerend auf die empfindlichen Organismen auswirken würde. Im Weltraum dagegen kann man die schwerkraftbedingten Probleme vermeiden und das genetische Material mühelos herstellen.

Einige dieser Vorgänge finden in speziellen Vakuumkammern, isoliert vom Rest der Station, statt. Die übrigen Aktivitäten werden in dem weit größeren, atmosphärisch kontrollierten Abschnitt durchgeführt. Die Umweltbedingungen der gesamten Rauminsel reguliert ein komplexes Computersystem, das auch die Bahnen der vielen hundert eintreffenden und startenden Raumschiffe überwacht.

Ein solches vor dem Aufbruch stehendes Fahrzeug wird auf einem der unteren Decks zum Start vorbereitet. Nachdem man es aufgetankt, überprüft und alle Tiefkühlapparate und Frachtstücke eingeladen hat, dürfen sich die Passagiere zum ersten Abschnitt ihrer transgalaktischen Reise an Bord des Stellarkreuzers *Hawking* begeben. Die Luken werden geschlossen, und behutsam hebt das Gefährt von der Raumstation ab.

Die Passagiere bereiten sich auf die erste Zündung der Antriebsaggregate vor. Ein kurzer Ruck, und das Schiff erreicht eine Geschwindigkeit von fünfzehntausend Kilometern pro Stunde. Eine zweite Zündung verdreifacht dieses Tempo. Durch eine Reihe weiterer Explosionen wird der Raumkreuzer auf seine Endgeschwindigkeit von 75 Prozent der Lichtgeschwindigkeit gebracht.

Der Bestimmungsort der *Hawking* liegt weit jenseits der äußersten Planetenbahnen, mehr als zehnmal so weit von der Sonne entfernt wie Pluto. Doch obwohl das Objekt, zu dem die Reise führt, einen Abstand von fast 160 Milliarden Kilometer zur Erde aufweist, gehört es noch zum Sonnensystem. Das Raumschiff *Hawking* befindet sich auf dem Weg zu einer Raumstation in der Nähe eines interstellaren

Tores, eines künstlichen Wurmlochs, das die Sonne auf weiträumiger Ellipsenbahn umkreist.

Gut eine Woche braucht das Schiff für diesen Weg. Für die Winterschlaf haltenden Reisenden vergeht die Woche wie im Flug. Den wachenden Passagieren helfen zahlreiche Zerstreuungen an Bord, die Zeit zu überbrücken. Die meisten nutzen die Gelegenheit, sich eine Woche lang zu entspannen und nichts zu tun. Viele haben Urlaub und genießen den Frieden und die Ruhe des Weltalls.

Endlich erreicht die *Hawking* ihren Bestimmungsort: die Wurmloch-Orbit-Raumstation (WORS), die das Wurmloch in einem Abstand von fünf Kilometern umkreist. Obwohl dieses Wurmloch viel, viel kleiner als die Sonne ist, besitzt es ungefähr doppelt soviel Masse. Befände es sich näher am Mittelpunkt des Sonnensystems, würde es irreparablen Schaden anrichten und das Gleichgewicht der Planetenbewegung stören. Doch da es so weit entfernt ist, hat es nur geringe Gravitationseffekte auf die Bewegung von Sonne, Erde und den übrigen Planeten.

Computer steuern das Andocken der *Hawking* an die WORS. Die Passagiere gehen von Bord, während die Tiefschlaf-Apparate und die Frachtstücke in eine Lagerhalle kommen. Derweilen begeben sich die Reisenden in einen Wartesaal, wo sie den nächsten Abschnitt ihrer Reise erwarten.

Die Wurmloch-Orbit-Raumstation erfüllt verschiedene Aufgaben, die alle mit dem von ihr umkreisten kosmischen Korridor zu tun haben. In erster Linie ist sie der Heimathafen der *Transgalactica*, einer Spezialfähre, die Passagiere durch das Wurmloch befördert. Des weiteren kontrollieren Techniker und Computer an Bord der WORS sorgfältig den Wurmloch-Eingang, wobei sie von Zeit zu Zeit kleine Korrekturen vornehmen, damit er nicht einstürzt. Wenn erforderlich, können Roboterfrachtschiffe, die reichlich exotische Materie in speziellen Behältern mit sich führen, in die Wurmloch-Passage entsandt werden. Falls eine Reparatur erforderlich ist, laden die Roboterschiffe die exotische Materie rasch an den erforderlichen Stellen der Passage ab, bevor sie von den starken Gravitationsfeldern dieses Bereichs auseinandergerissen werden. Zum Teil ist die WORS also eine Basis für Roboterschiffe, die Notreparaturen vornehmen.

Seitlich weist die Raumstation ein Beobachtungsdeck auf, von dem aus Besucher mit Spezialteleskopen aus einer Entfernung von 160 Milliarden Kilometern einen Blick auf die inneren Planeten des Sonnensystems werfen können. So dient die WORS zugleich dem Vergnügen und praktischen Zwecken.

Schließlich ist die *Transgalactica* startbereit. Alle Passagiere, die in andere Teile der Galaxis reisen wollen, gehen an Bord und werden speziellen Sicherheitsvorkehrungen unterzogen. Die Bordcomputer errechnen einen Kurs, der genau ins Zentrum der Wurmloch-Front führt. Dann zünden die Raketen der *Transgalactica*, treiben sie schneller und schneller voran und bringen sie auf den Weg ins Herz des kosmischen Tores.

Nach einigen Stunden erreicht das Schiff die Wurmloch-Außenseite dort, wo eine sichere Durchquerung der Passage möglich ist, weit ab von aller exotischen Materie. Den Passagieren an Bord erscheint dieser Eingang wie eine dunkle, rechteckige Scheibe, die das Licht der nahen Sterne ausblendet. Beim Eintritt gibt es einen kurzen Ruck, dann hat sie die Dunkelheit verschlungen: Sie befinden sich im Inneren der Passage. Dieser Zustand dauert nur ein paar Minuten, denn plötzlich zeigen sich wieder Sterne am Himmel. Nach dem Austritt aus dem Wurmloch setzt sich der Flug noch einen Tag lang fort, bis die *Transgalactica* auf einer anderen, größeren Raumstation landet – der Zentralstation Galaxis.

Diese Zentralstation liegt im Herzen der Milchstraße,

einer Region, in der die Sterne dicht an dicht am Himmel stehen. Rund um die Station gelegen, wenn auch Hunderte von Millionen Kilometer entfernt, befinden sich Tausende von Wurmloch-Öffnungen. Diese Passagen, einschließlich derjenigen, die die *Transgalactica* gerade durchquert hat, führen in alle Teile der Galaxis. Damit dient die Zentralstation Galaxis als transgalaktischer Knotenpunkt, in dem Flüge aus und in alle Regionen des Kosmos zusammenlaufen.

In den Gängen lassen Gruppen von Passagieren ein buntes Gewirr aus Sprachen und Dialekten erklingen. Typisch für den interstellaren Verkehr, der sich inzwischen entwickelt hat, ist die Familie von der Wega, die einen Gang zu einem Raumkreuzer entlangeilt, dessen Zielort Sirius ist. Derweilen erkundigen sich einige Passagiere aus der *Transgalactica* im Informationszentrum nach der Möglichkeit, an Panoramaflügen zum Crab-Nebel teilzunehmen. Eine Gruppe von Weltraumwissenschaftlern versucht, sich über eine neue Art von Mineralien klarzuwerden, die man in der Nähe von Beteigeuze entdeckt hat. Techniker, die von Cygnus X–1 zurückkehren, betrauern den Tod eines Teammitglieds, das bei der Bergung exotischer Materie in der Nähe eines Schwarzen Lochs verunglückt ist. Eine andere Gruppe irdischer Urlauber schlendert zum Liegeplatz der *Transgalactica*, die sie zu ihrem Heimatplaneten zurückbringen soll.

Plötzlich ertönt eine kurze Durchsage: Die Passagiere der *Transgalactica* werden gebeten, sich für den Flug zum Sonnensystem an Bord zu begeben. Hastig strebt eine Traube Reisender, zahllosen Nationalitäten und Herkunftswelten entstammend, dem Tor zu. Bevor die Passagiere an Bord dürfen, werden sie auf mögliche Krankheitskeime und Weltraumleiden untersucht.

Der Rückflug der *Transgalactica* verläuft nicht ganz so wie die Hinreise. Viele Insassen kommen von Urlaubsfahrten, Geschäftsreisen oder Handelsexpeditionen in andere Teile der Galaxis zurück. Einige haben die Erde seit Monaten nicht gesehen und möchten jetzt ungern noch mehr Zeit verlieren. Deswegen macht die *Transgalactica* auf dem Rückflug einen kleinen, aber nützlichen Umweg: Sie steuert ein kleines Wurmloch an, das speziell für Zeitreisen in die Vergangenheit konstruiert worden ist. Das Raumschiff benutzt dieses kosmische Tor zu einem «Slingshot-Effekt» und fliegt dann durch den normalen Raum zurück – dadurch stellen sich die Uhren auf dem Schiff um zwei Wochen zurück. So haben die Passagiere die Zeit, die durch den Flug von und zur Erde verlorengegangen ist, wieder wettgemacht. Im günstigsten Falle haben sie durch den interstellaren Flug überhaupt keinen Zeitverlust erlitten.

Nun nimmt die *Transgalactica* den nächsten Abschnitt der Rückreise in Angriff. Rasch gelangt sie durch das ursprüngliche Wurmloch wieder ins Sonnensystem und taucht in der Nähe der WORS wieder auf. Nachdem das Schiff dort angedockt hat, können die Reisenden in Raumfähren umsteigen, die sie zur Erde zurückbringen. Endlich setzen sie ihren Fuß wieder auf irdischen Boden. In ihrem Gepäck haben sie kostbare Erwerbungen und Souvenirs aus allen Teilen des Kosmos. Ihre aufregende Reise ist zu Ende, und sie kehren nach Hause zurück, um sich auszuruhen.

Die zweite Renaissance

Obwohl dieses Szenario rein spekulativ ist, vermittelt es doch, so denke ich, eine gewisse Ahnung davon, wie das Leben im nächsten Jahrtausend aussehen könnte. Natürlich würde die Existenz befahrbarer Wurmlöcher eine radikale Umgestaltung der menschlichen Gesellschaft bewirken und könnte uns sogar mit einigen der außerirdischen Kulturen in Verbindung bringen, die es auf den zahllosen Planeten unserer Galaxis sicherlich gibt. Im übrigen läßt die Möglichkeit eines neuen Zeitalters der Entdeckungen auf eine zweite Renaissance in bildender Kunst, Musik, Literatur und Wissenschaft hoffen. Eine Ursache der ersten Renaissance war die Erschließung neuer Handelswege, vor allem von Europa in den Orient und nach Amerika. Da scheint die Annahme berechtigt, daß durch die Einrichtung neuer interstellarer Passagen ein ähnlicher kultureller Aufschwung ausgelöst werden könnte.

Selbst wenn in fernen Sternensystemen keine anderen Gesellschaften gefunden werden sollten, würde ein neues Entdeckungszeitalter dennoch ungeheure Neuerungen auf dem Gebiet der Geologie, Biologie, Medizin und Technik bringen. Wenn man indessen auf außerirdische Rassen stieße, wer weiß, was für eine Vielfalt von außerordentlichen Veränderungen dadurch heraufbeschworen würde? Der Kontakt mit hochentwickelten außerirdischen Zivilisationen könnte zu einem Prozeß enormer Entwicklung und Innovation führen, eine Fülle neuen Wissens bringen und auch wichtige geistig-moralische Erkenntnisse vermitteln.

Nach dem Zweiten Hauptsatz der Thermodynamik geht das Universum unaufhaltsam dem Wärmetod entgegen: Am Ende werden von den Sternen nur verbrannte Trümmer, dünne interstellare Gase, Neutronensterne oder Schwarze Löcher übrigbleiben. Möglicherweise wird das kosmische Ende eines Tages auch in Form einer gigantischen Katastrophe, des großen Endkollapses, kommen. In jedem Falle sind es finstere Aussichten.

Andererseits ist durchaus möglich, daß die kommenden Jahrhunderte ein Zeitalter schrankenloser Kreativität und Innovation bringen. Mit Hilfe kosmischer Tore könnte die Menschheit ihre irdische Heimat verlassen und sich frei durch den Sternenhimmel bewegen. Dadurch wäre sie in der Lage, schier unendliche Zeiträume zu überleben, selbst wenn die Erde eines Tages zerstört werden sollte. Auf diese Weise könnte die Menschheit vielleicht sogar das Ende der Zeit überleben.

Das neue Zeitalter befahrbarer Wurmlöcher könnte uns neue Kraft und Intensität schenken. Wahrscheinlich wird die Entdeckung von Neutronensternen, Schwarzen Löchern und Quasaren neue, gewaltige Energiequellen erschließen. Vielleicht wird man speziell konstruierte Wurmlöcher als Zeitmaschinen nutzen können, so daß die Menschheit ihre zeitliche Zwangsjacke abstreifen und in die Vergangenheit oder Zukunft reisen kann, um das Geheimnis ihres Ursprungs und ihrer Bestimmung zu lüften.

Kosmische Wurmlöcher gehören mit den Schwarzen Löchern, Weißen Löchern, Pulsaren und Quasaren zu den rätselhaftesten Konstrukten der modernen wissenschaftlichen Theorie. In ihnen begegnen wir außerordentlichen und verblüffenden Kontrasten: grenzenloser Produktivität und totaler Destruktivität, unüberwindlichen Barrieren und befahrbaren Abkürzungen, dem Zugang zur fernen Vergangenheit und der Aussicht auf das Ende der Zeit. Die Möglichkeit, daß es solche Risse und Tunnel im Raumzeitgewebe geben könnte, zwingt uns zur Auseinandersetzung mit unseren tiefsten Ängsten und aberwitzigsten Hoffnungen. Natürlich kann nur die Zeit zeigen, was für ein Geschick uns erwartet: So leicht gibt das Schicksal seine Geheimnisse nicht preis, auch Physikern nicht.

Literaturhinweise

Relativitätstheorie

Bergman, Peter G.: *The Riddle of Gravitation.* New York, Charles Scribner's Sons, 1987.

Bohm, David: *The Special Theory of Relativity.* New York, Benjamin, 1965.

Chaisson, Eric: *Relatively Speaking.* New York, Norton und Co., 1988.

Einstein, Albert: *Über die spezielle und allgemeine Relativitätstheorie.* Braunschweig, Vieweg, 1972.

Epstein, Lewis Carroll: *Relativitätstheorie, anschaulich dargestellt.* Basel, Birkhäuser, 1985.

Gribbin, John: *Spacewarps.* New York, Delacorte, 1983.

Misner, Charles, Thorne, Kip, und Wheeler, John: *Gravitation.* San Francisco, W.H. Freedman, 1973.

Pais, Abraham: *Raffiniert ist der Herrgott – Albert Einstein: eine wissenschaftliche Biographie.* Braunschweig, Vieweg, 1986.

Russell, Bertrand: *Das ABC der Relativität.* München, Drei-Masken, 1928.

Tauber, Gerald E.: *Relativity: From Einstein to Black Holes.* New York, Venture, 1988.

Kosmologie und das frühe Universum

Barrow, John, und Silk, Joseph: *Die asymmetrische Schöpfung.* München, Piper, 1986.

Ferris, Timothy: *Kinder der Milchstraße.* Basel, Birkhäuser, 1989.

Gribbin, John, und Rees, Martin: *Ein Universum nach Maß. Bedingungen unserer Existenz.* Basel, Birkhäuser, 1991.

Harrison, Edward R.: «*Kosmologie. Die Wissenschaft vom Universum*». *Darmstädter Blätter*, 1990.

Hawking, Stephen W.: *Eine kurze Geschichte der Zeit.* Reinbek, Rowohlt, 1988.

Jastrow, Robert: *Red Giants and White Dwarfs.* New York, Norton und Co., 1979.

Sagan, Carl: *Nachbarn im Kosmos.* München, Kindler, 1975.

Sagan, Carl: *Unser Kosmos. Eine Reise durch das Weltall.* Droemer/Knaur, München, 1982.

Silk, Joseph: *Der Urknall. Die Geburt des Universums.* Basel, Birkhäuser, 1990.

Tucker, Wallace, und Tucker, Kevin: *The Dark Matter.* New York, William Morrow und Co., 1988.

Weinberg, Steven: *Die ersten drei Minuten. Ursprung des Universums.* 5. Aufl., München, Piper, 1983.

Raumfahrt und die Suche nach außerirdischem Leben

Ryan, Peter, und Pesek, Ludek: *Das Sonnensystem.* München, List, 1981.

Nicholson, Ian: *The Road to the Stars.* New York, William Morrow und Co., 1978.

Shklovskii, I. S., und Sagan, Carl: *Intelligent Life in the Universe.* New York, Dell, 1967.

Zeitreisen und Paralleluniversen

De Witt, Bryce, und Graham, Neill (Hg.): *The Many-Worlds Interpretation of Quantum Mechanics.* Princeton, N. J., Princeton University Press, 1973.

Gardner, Martin: *Time Travel and Other Mathematical Bewilderments.* New York, Freedman, 1988.

Gribbin, John: *Auf der Suche nach Schrödingers Katze.* München, Piper, 1987.

Gribbin, John: *Timewarps.* New York, Dell, 1979.

Halpern, Paul: *Time Journeys: A Search for Cosmic Destiny and Meaning.* New York, McGraw-Hill, 1990.

Herbert, Nick: *Faster Than the Light: Superluminal Loopholes in Physics.* New York, New American Library, 1989.

Nicholls, Peter: «Time Travel and Other Universes» in: Nicholls, Peter (Hg.): *The Science in Science Fiction.* New York, Alfred A. Knopf, 1983.

Wolf, Fred Allan: *Parallel Universes: The Search for Other Worlds.* New York, Touchstone Books, 1988.

Schwarze Löcher

Asimov, Isaac: *Die schwarzen Löcher. Die Lebensgeschichte des Universums.* Köln, Kiepenheuer und Witsch, 1982.

Berry, Adrian: *Die eiserne Sonne, Überwindung der Lichtgeschwindigkeit mit Hilfe der Schwarzen Löcher.* Wien u. a., Econ, 1981.

Chandrasekhar, S.: *The Mathematical Theory of Black Holes.* New York, Oxford University Press, 1983.

Greenstein, George: *Der gefrorene Stern.* München, dtv, 1988.

Gribbin, John: *White Holes: Cosmic Gushers in the Universe.* New York, Delacorte, 1977.

Laplace, Pierre Simon: *Darstellung der Weltsysteme.* Frankfurt/M., 1987/88.

Novikov, Igor: *Schwarze Löcher im All.* Leipzig, Teubner, 1986.

Shapiro, Stuart, und Teukolsky Saul: *Black Holes, White Dwarfs and Neutron Stars.* New York, John Wiley, 1983.

Shipman, Harry: *Black Holes, Quasars and the Universe.* Boston, Houghton Mifflin Co., 1980.
Sullivan, Walter: *Black Holes: The Edge of Space, The End of Time.* New York, Doubleday, 1979.
Taylor, John: *Black Holes: The End of the Universe?* New York, Avon Books, 1973.

Science-fiction

Allen, Woody: *Ohne Leit kein Freud.* Berlin u. a., 1983.
Asimov, Isaac: *Das Ende der Ewigkeit.* München, Heyne, 1986.
Bellamy, Edward: *Ein Rückblick aus dem Jahr 2000.* Frankfurt/M., Fischer-Taschenbuch, 1973.
Benford, Gregory, und Greenberg, Martin (Hg.): *Hitler Victorious.* New York, Berkley Books, 1987.
Bloch, Robert: «Der Zug zur Hölle» in: *Die besten SF-Stories von Robert Bloch.* Rastatt, Moewig, 1980.
Borges, Jorge Luis: «Der Garten der Pfade, die sich verzweigen» in: *Labyrinthe.* Hanser, München, 1959.
Boulle, Pierre: *Planet of the Apes.* New York, Signet Books, 1964.
Bradbury, Ray: «Ferner Donner» in: *Geh nicht zu Fuß durch stille Straßen.* Düsseldorf, Marion von Schröder, 1970.
Bradbury, Ray: «The Toynbee Convector» in: *The Toynbee Convector.* New York, Bantam Books, 1989.
Brown, Frederic: «Das Experiment» in: *Die besten SF-Stories von Frederic Brown.* Rastatt, Moewig, 1981.
Calvino, Italo: *Das Schloß, darin sich Schicksale kreuzen.* München, dtv, 1984.
Clarke, Arthur C.: *2001, Odyssee im Weltraum.* (Nach einem Drehbuch von Stanley Kubrick und Arthur C. Clarke) Düsseldorf/Wien, 1969.
Dahl, Roald: «Charlie und der große gläserne Fahrstuhl» und «Charlie und die Schokoladenfabrik». Reinbek, Wunderlich, 1987.
Dick, Philip K.: *Das Orakel vom Berge.* München, König, 1973.
Dickson, Gordon: *Sturm der Zeit.* München, Hoffmans, 1982.

Heinlein, Robert: «Wer bin ich?» in: Boucher, Anthony (Hg.): *Science-Fiction-Stories, Heyne Anthologien 5.* München, Heyne, 1964.
Irving, Washington: *Rip Van Winkle.* Stuttgart, Reclam, 1980.
Leiber, Fritz: *Eine tolle Zeit.* Frankfurt, Fischer, 1974.
Leiber Fritz: «Ein Versuch, die Vergangenheit zu ändern» in: *Die besten Stories, Play Boy Science Fiction 6709.* Rastatt, Moewig, 1980.
Moorcock, Michael: *I.N.R.I. oder die Reise mit der Zeitmaschine.* Düsseldorf, Marion von Schröder, 1972.
Moore, Ward: *Der große Süden.* München, Heyne, 1988.
Sagan, Carl: *Contact.* München, Droemer/Knaur, 1986.
Twain, Mark: *Ein Yankee am Hofe des Königs Artus.* Wien, Stein-Verlag, 1923.
Watson, Ian: «Die sehr langsame Zeitmaschine» in: Fuchs, Werner (Hg.): *Grotte des tanzenden Wildes.* München, Droemer/Knaur, 1982.
Wells, Herbert G.: *Die Zeitmaschine.* Zürich, Diogenes, 1974.
Wells, Herbert G.: *Die ersten Menschen auf dem Mond.* Reinbek, 1968.
Williamson, Jack: *Die Zeitlegion.* Bergisch Gladbach, Bastei-Lübbe, 1982.

Wissenschaftliche Artikel

Benford G. A., Book, D. L., und Newcomb, W. A.: «The Tachyonic Antitelephone» in: *Physical Review* 2D (1970), S. 263.
Clarke, C. J. S.: «Opening a Can of Wormholes» in: *Nature,* 348 (1990), S. 287.
De Witt, Bryce: «Quantum Mechanics and Physical Reality» in: *Physics Today,* 23 (1970), S. 4.
Eardley, Douglas M.: «Death of White Holes in the Early Universe» in: *Physical Review Letters,* 33 (1974), S. 442.
Friedman, John, Morris, Michael S., Novikov, Igor D., Echeverria, Fernando, Klinkhammer, Gunnar, Thorne, Kip S. und Yurtsever, Ulvi: «Cauchy Problem in Spacetimes with Closed Timelike Curves» in: *Physical Review,* 42D (1990), S. 1915.

Frolov, Valery P., und Novikov, Igor D.: «Physical Effects in Wormholes and Time Machines» in: *Physical Review*, 42D (1990), S. 1057.

Gödel, Kurt: «An Example of a New Type of Cosmological Solutions of Einstein's Field Equations of Gravitation» in: *Review of Modern Physics*, 21 (1949), S. 417.

Gott, J. Richard III.: «Closed Timelike Curves Produced by Pairs of Moving Cosmic Strings: Exact Solution» in: *Physical Review Letters*, 66 (1991), S. 1126.

Kerr, Roy P., und Schild, P.: «A New Class of Vacuum Solutions of the Einstein Field Equations» in: G. Barbera (Hg.): *Proceedings of the Galileo Galilei Centenary Meeting on General Relativity, Problems of Energy and Gravitational Waves.* Florenz, Comitato Nazionale per la Manifestazione Celebrative, 1965, S. 222.

Lightman, Alan: «Still Wanted: Black Holes» in: *Discover* (März 1990), S. 26.

Metzenthen, William E.: «Appearance of Distant Objects to an Observer in a Charged Black Hole Spacetime» in: *Physical Review*, 42D (1990), S. 1105.

Michell, John: *Philosophical Transactions of the Royal Society of London*, 74 (1784), S. 35.

Morris, Michael S. und Thorne, Kip S.: «Whormholes in Spacetime and Their Use for Interstellar Travel: A Tool for Teaching General Relativity» in: *American Journal of Physics*, 56 (1988), S. 395

Morris, Michael S., und Yurtsever, Ulvi: «Wormholes, Time Machines and the Weak Energy Condition» in: *Physical Review Letters*, 61 (1988), S. 1446.

Redmount, Ian: «Wormholes, Time Travel and Quantum Gravity» in: *New Scientist* (April 1990), S. 57.

Tipler, Frank: «Rotating Cylinders and the Possibility of Global Causality Violation» in: *Physical Review*, 9D (1974), S. 2203.

Unruh, William G.: «Notes on Black Hole Evaporation» in: *Physical Review*, 14D (1976), S. 870.

Unruh, William G., und Wald, Robert M.: «Entropy Bounds, Acceleration Radiation and the Generalized Second Law» in: *Physical Review*, 27D (1983), S. 2271.

Visser, Matt: «Traversable Wormholes from Surgically Modified Schwarzschild Spacetimes» in: *Nuclear Physics,* B328 (1989), S. 203.
Visser, Matt: «Traversable Wormholes: Some Simple Examples» in: *Physical Review,* 39D (1989), S. 3182.
Visser, Matt: «Wormholes, Baby Universes and Causality» in: *Physical Review,* 41D (1990), S. 116.

Register

Antonio R. Damasio

Descartes' Irrtum

1995, 288 Seiten, gebunden

»Ich denke, also bin ich.«

Mit diesem Satz schuf Descartes das Bild des vernunftbegabten Menschen, das die westliche Kultur bis heute prägt. Der Neurologe Antonio R. Damasio kommt zu neuen Erkenntnissen: Ohne Fühlen ist kein vernünftiges Handeln möglich. Es müßte also eigentlich heißen:

»Ich fühle, also denke ich.«

»Ein Buch, das nicht nur gut zu lesen ist, sondern auch zeigt, daß man mit ein bißchen Fingerspitzengefühl den Kopf nicht zu verlieren braucht.«

Bild der Wissenschaft

LIST

science

Die Reihe **rororo science** bietet Lesern, die sich für Naturwissenschaft und Technologien interessieren, aktuelle und verläßliche Informationen. Die Autoren sind Wissenschaftler und Wissenschaftsjournalisten, die ohne Formelhuberei und Fachauderwelsch, dafür mit Sachverstand, Witz und farbiger Sprache über verschiedene Bereiche der Forschung und deren Auswirkungen auf unser Leben berichten.

Bernhard Borgeest
Ein Baum und sein Land
24 Symbiosen
(rororo science 9536)
Ein neuer, ungewohnter Blick auf unsere knorrigen Gesellen – der Baum ist nicht nur aus botanischer Sicht faszinierend, sondern auch als kulturhistorisches und ethnologisches Phänomen.

Christoph Drösser
Fuzzy Logic
Methodische Einführung in krauses Denken
(rororo science 9619)
Alle reden von Fuzzy Logic – und keiner weiß genau, was das ist. Der Wissenschaftsjournalist Christoph Drösser lädt ein zu einer vergnüglichen Zickzackfahrt durch Fuzzyland: die Grauzonen der graduellen Übergänge, des Noch-nicht-und-nicht-Mehr.

Claus Emmeche
Das lebende Spiel
Wie die Natur Formen erzeugt
(rororo science 9618)

rororo sachbuch

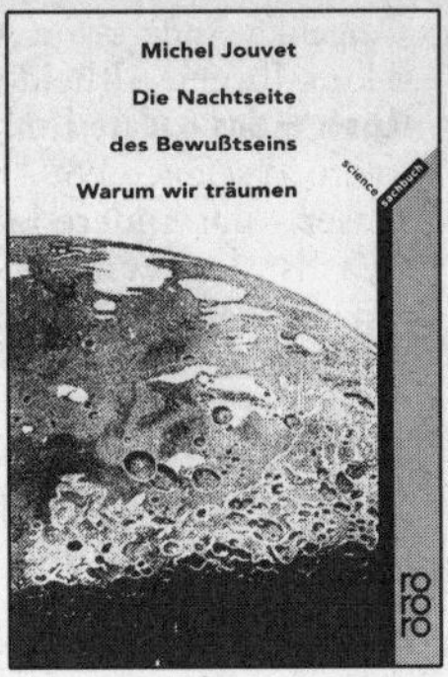

Michel Jouvet
Die Nachtseite des Bewußtseins
Warum wir träumen
(rororo science 9621)

R. Ornstein/ R.F. Thompson
Unser Gehirn: das lebendige Labyrinth
(rororo science 9571)
«Unter den Veröffentlichungen der letzten Jahre auf dem Gebiet der Hirnforschung erhält das Buch seinen besonderen Stellenwert durch die eindrucksvollen Zeichnungen von Macaulay, der mit ungewöhnlichen, perspektivischen Darstellungen der Gehirnstukturen auch den vorgebildeten Leser verblüfft.» *bild der wissenschaft*

Gero von Randow (Hg.)
Der Fremdling im Glas und weitere Anlässe zur Skepsis, entdeckt im «Skeptical Inquirer»
(rororo science 9665)
Mein paranormales Fahrrad und andere Anlässe zur Skepsis, entdeckt im «Skeptical Inquirer»
(rororo science 9535)

science

Angelika Anders-von Ahlften/
Hans-Jürgen Altheide
Laser – das andere Licht
(rororo science 9664)
Laser – das andere Licht: Was ist das? Wie funktioniert es? Was kann man damit machen?

John D. Barrow
Theorien für Alles
Die Suche nach der Weltformel
(rororo science 9534)
Gibt es eine Theorie, in der alle Naturkräfte und -gesetze vereinigt sind und die das Weltgeschehen vom Anfang bis zum Ende erklären kann? Das ist die zentrale Frage der Naturwissenschaft. Schon Sokrates geriet bei diesem Gedanken ins Schwärmen – und Ende des 20. Jahrhunderts zeigen sich Wissenschaftler wie Stephen W. Hawking zuversichtlich: «Es ist möglich, daß uns eines Tages der Durchbruch zu einer vollständigen Theorie des Universums gelingt.»

Hans Christian von Baeyer
Regenbogen, Schneeflocken und Quarks *Physik und die Welt, die wir täglich erleben*
(rororo science 9709)

Valentin Braitenberg
Vehikel *Experimente mit kybernetischen Wesen*
(rororo science 9531)

J. Hoff/ J. i. d. Schmitten(Hg.)
Wann ist der Mensch tot?
Organverpflanzung und «Hirntod»-Kriterium. Mit einem Geleitwort von Rita Süssmuth und fünfzehn neuen Beiträgen
(rororo science 9991)

rororo sachbuch

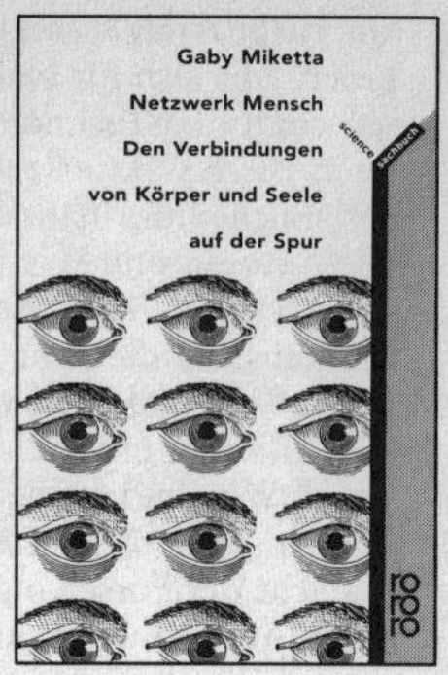

A. Desmond/J. Moore
Darwin
(rororo science 9574)
Als «erste wirkliche Darwin-Biographie» würdigte die britische Presse dieses Werk, das in weiten Teilen erst seit wenigen Jahren zugängliches Material auswertet: die umfangreichen geheimen Tagebücher und die 14000 Briefe umfassende Korrespondenz. «Desmond und Moore haben aus dieser Fundgrube ein Darwin-Bild von bislang nicht denkbarer Lebensnähe rekonstruiert», schreibt *Peter Brügge* in seiner *Spiegel*-Rezension.

Gaby Miketta
Netzwerk Mensch
Den Verbindungen von Körper und Seele auf der Spur
(rororo science 9662)

Reimara u. Otto E. Rössler (Hg.)
Jonas' Welt *Das Denken eines Kindes*
(rororo science 9710)

3414/6a

Stephen W. Hawking

Ein «Jahrhundertgenie wie Albert Einstein» *(Der Spiegel)*, ein Wissenschaftler, der der Weltformel auf der Spur ist, ein Mann, der entgegen allen Prognosen der Ärzte seit zwanzig Jahren mit einer unheilbaren tödlichen Nervenerkrankung lebt, kurz ein Mythos – **Stephen W. Hawking**, 1942 geboren, Physiker und Mathematiker an der Universität Cambridge, seit 1979 Nachfolger Newtons auf dem berühmten «Lukasischen Lehrstuhl» und der wohl bekannteste Wissenschaftler unserer Zeit.

Eine kurze Geschichte der Zeit
Die Suche nach der Urkraft
Deutsch von Hainer Kober. Mit einer Einleitung von Carl Sagan
224 Seiten. Gebunden und als rororo science 8850
Der Bestseller, der Hawking weltberühmt machte. «Eine rasante Geisterbahnfahrt durch das Labyrinth kosmologischer Denkmodelle.» *Der Spiegel*

Stephen W. Hawking (Hg.)
Stephen Hawkings Kurze Geschichte der Zeit
Ein Wissenschaftler und sein Werk
Deutsch von Hainer Kober. Mit Illustrationen von Ted Bafaloukos
224 Seiten mit zahlreichen Abbildungen. Gebunden und unter dem Titel **Stephen Hawkings Welt** als rororo science 9961

rororo sachbuch

Die illustrierte Kurze Geschichte der Zeit *Aktualisierte und erweiterte Ausgabe*
Deutsch von Hainer Kober
248 Seiten. Gebunden
Der Klassiker der modernen Astrophysik, auf den aktuellen Erkenntnisstand gebracht, mit einem neuen Kapitel über Wurmlöcher und Zeitreisen, vielen Fotos und über 150 Farbillustrationen.

Einsteins Traum *Expeditionen an die Grenzen der Raumzeit*
Deutsch von Hainer Kober
192 Seiten. Gebundenund als rororo science 60132

Über Stephen Hawking:

Michael White /John Gribbin
Stephen Hawking
Die Biographie
Deutsch von Hainer Kober
352 Seiten. Gebunden und als rororo science 9992